全国中等职业学校机械类专业通用教材

全国技工院校机械类专业通用教材（中级技能层级）

焊工技能训练

（第五版）

人力资源社会保障部教材办公室组织编写

中国劳动社会保障出版社

简介

本书主要内容包括焊接劳动保护和安全检查，气焊、气割与钎焊，焊条电弧焊，埋弧焊，CO_2焊和MAG焊，手工钨极氩弧焊，等离子弧焊与等离子弧切割，电阻焊，焊接机器人操作与编程等。

本书由米光明任主编，夏兆纪任副主编，符浩、张银辉、伊西前、赵文育、武伟、王文安、王玉朋、韩光山、赵阳参与编写，裘红军任主审。

图书在版编目（CIP）数据

焊工技能训练 / 人力资源社会保障部教材办公室组织编写 . -- 5版 . -- 北京：中国劳动社会保障出版社，2020

全国中等职业学校机械类专业通用教材　全国技工院校机械类专业通用教材 . 中级技能层级

ISBN 978-7-5167-4553-3

Ⅰ . ①焊…　Ⅱ . ①人…　Ⅲ . ①焊接 - 中等专业学校 - 教材　Ⅳ . ①TG4

中国版本图书馆 CIP 数据核字（2020）第 118216 号

中国劳动社会保障出版社出版发行

（北京市惠新东街 1 号　邮政编码：100029）

*

三河市华骏印务包装有限公司印刷装订　新华书店经销

787 毫米 ×1092 毫米　16 开本　17.75 印张　409 千字

2020 年 8 月第 5 版　2021 年 12 月第 3 次印刷

定价：39.00 元

读者服务部电话：（010）64929211/84209101/64921644

营销中心电话：（010）64962347

出版社网址：http：//www.class.com.cn

http：//jg.class.com.cn

前 言

为了更好地适应全国技工院校机械类专业的教学要求，全面提升教学质量，人力资源社会保障部教材办公室组织有关学校的一线教师和行业、企业专家，在充分调研企业生产和学校教学情况、广泛听取教师对教材使用反馈意见的基础上，对全国技工院校机械类专业通用教材中所包含的车工、钳工、机修钳工、铣工、焊工、冷作工、机床加工等工艺学、技能训练教材进行了修订。

本次教材修订工作的重点主要体现在以下几个方面：

第一，合理更新教材内容。

根据机械类专业毕业生所从事岗位的实际需要和教学实际情况的变化，合理确定学生应具备的能力与知识结构，对部分教材内容及其深度、难度做了适当调整；根据相关专业领域的最新发展，在教材中充实新知识、新技术、新设备、新材料等方面的内容，体现教材的先进性；采用最新国家技术标准，使教材更加科学和规范。

第二，紧密衔接国家职业技能标准要求。

教材编写以国家职业技能标准《车工（2018年版）》《钳工（2020年版）》《铣工（2018年版）》《焊工（2018年版）》等为依据，涵盖国家职业技能标准（中级）的知识和技能要求，并在与教材配套的习题册、技能训练图册中增加了针对相关职业技能鉴定考试的练习题。

第三，精心设计教材形式。

在教材内容的呈现形式上，尽可能使用图片、实物照片和表格等形式将知识点生动地展示出来，力求让学生更直观地理解和掌握所学内容。针对不同的知识点，设计了许多贴近实际的互动栏目，在激发学生学习兴趣和自主学习积极性的同时，使教材“易教易学，易懂易用”。在教材插图的制作中采用了立体造型技术，同时部分教材在印刷工艺上采用了四色印刷，增强了教材的表现力。

第四，引入“互联网+”技术，进一步做好教学服务工作。

在《车工工艺学（第六版）》《车工技能训练（第六版）》《钳工工艺学（第六版）》等教材中使用了增强现实（AR）技术。学生在移动终端上安装App，扫描教材中带有AR图标的页面，可以对呈现的立体模型进行缩放、旋转、剖切等操作，以及观察模型的运动和拆分动画，便于更直观、细致地探究机构的内部结构和工作原理，还可以浏览相关视频、图片、文本等拓展资料。在部分教材中使用了二维码技术，针对教材中的教学重点和难点制作了动画、视频、微课等多媒体资源，学生使用移动终端扫描二维码即可在线观看相应内容。

本套教材中的工艺学教材配有习题册，技能训练教材配有技能训练图册。另外，还配有方便教师上课使用的电子课件，电子课件和习题册答案可通过技工教育网（http://jg.class.com.cn）下载。

本次教材的修订工作得到了辽宁、江苏、浙江、山东、河南等省人力资源和社会保障厅及有关学校的大力支持，在此我们表示诚挚的谢意。

人力资源社会保障部教材办公室

2020年8月

目录

第一单元

焊接劳动保护和安全检查

课题一　焊接劳动保护

学习目标及技能要求

1. 了解焊接劳动保护的知识，增强安全意识，提高焊工自我保护能力。
2. 能正确使用焊接劳动保护用品。

焊接作为制造业的传统基础工艺，已在各领域发挥越来越重要的作用。焊接与切割技术的迅速发展及广泛应用，如焊条电弧焊、氩弧焊、二氧化碳气体保护焊（简称 CO_2 焊）、等离子弧焊与等离子弧切割、激光焊接与切割等技术的不断涌现，使焊接在生产上的应用范围日趋广泛，焊工人数也在不断增加。

在焊接操作过程中，焊工需接触各种可燃易爆气体、压力容器、燃料容器、电气设备及使用明火等，有时还需要在高处或水下作业，或者在密闭容器、锅炉、船舱、坦克、地沟或管道等环境下操作，可能发生爆炸、火灾、触电、灼烫、高处坠落和溺水等工伤事故。焊接过程中产生的焊接烟尘、有毒气体、弧光辐射、噪声、高频电磁场和射线等有害因素会伤害焊工的眼睛、皮肤和神经系统。当长期在狭小的作业空间里操作而又通风不良时，会使呼吸系统受到伤害。这不仅危害着焊工及其他有关生产人员的安全和健康，焊接过程中发生的爆炸、火灾等事故还会使国家财产遭受严重损失，影响生产的顺利进行。因此，我国把焊工定为特殊工种，为保护焊工的身体健康和生命安全，作业人员必须了解及掌握焊接安全技术知识，熟知在焊接过程中可能发生的事故和职业危害的原因，学会正确使用焊接劳动保护用品。

表 1–1 列出了焊接过程中存在的各种有害因素。

一、劳动保护用品的种类及使用要求

如图 1–1 所示为焊接操作现场，从中可以仔细观察焊工的着装保护。

表 1-1　　焊接过程中存在的各种有害因素

工艺方法	有害因素						
	弧光辐射	高频电磁场	焊接烟尘	有毒气体	金属飞溅	射线	噪声
酸性焊条电弧焊	○		○○	○	○		
低氢型焊条电弧焊	○		○○○	○	○○		
高效铁粉焊条电弧焊	○		○○○○	○	○		
碳弧气刨	○		○○○	○			○
镀锌铁焊条电弧焊	○		○○○○	○	○		
电渣焊			○				
埋弧焊			○○	○			
实心细丝 CO_2 焊	○		○	○	○		
实心粗丝 CO_2 焊	○○		○○	○	○○		
钨极氩弧焊（铝、铁、铜、镍）	○○	○○	○	○○	○	○	
钨极氩弧焊（不锈钢）	○○	○○	○	○	○	○	
熔化极氩弧焊（不锈钢）	○○		○	○○	○		

注：○表示强烈程度。其中，○为轻微，○○为中等，○○○为强烈，○○○○为最强烈。

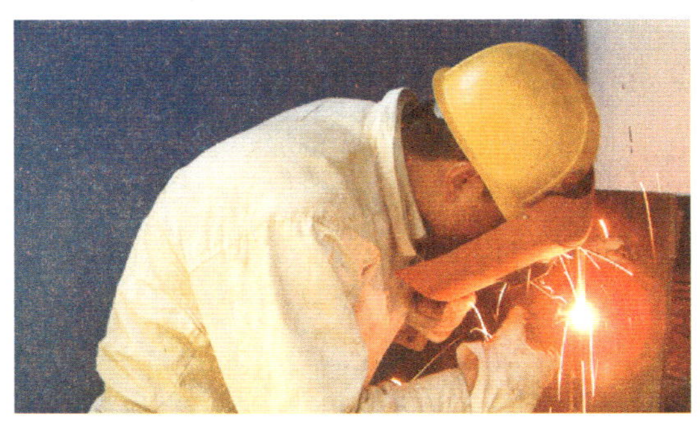

图 1-1　焊接操作现场

1. 焊工工作服

焊工工作服的种类很多，最常见的是棉质白色帆布工作服。白色对弧光有反射作用，棉质帆布有隔热、耐磨、不易燃烧、可防止烧伤等作用。焊接与切割作业的工作服不能用一般合成纤维织物制作。

2. 焊工防护手套

焊工防护手套一般为牛（猪）革制手套或以棉帆布和皮革合成材料制成，具有绝缘、耐辐射、抗热、耐磨、不易燃烧和防止高温金属飞溅物烫伤等作用。所用手套应经耐压 3 000 V 试验，合格后方能使用。

3. 焊工防护鞋

焊工防护鞋应具有绝缘、抗热、不易燃、耐磨损和防滑的性能，焊工防护鞋的橡胶鞋底须经 5 000 V 耐压试验合格（不击穿）后方能使用。在易燃、易爆场合焊接时，鞋底不应有鞋钉，以免产生摩擦火星。在有积水的地面焊接或切割时，焊工应穿经过 6 000 V 耐压试验合格的防水橡胶鞋。

4. 焊接防护面罩

焊接防护面罩（见图 1–2）上有符合作业条件的滤光镜片，起防止焊接弧光、保护眼睛的作用。镜片颜色以墨绿色和橙色为多。面罩壳体应选用阻燃或不燃且不刺激皮肤的绝缘材料制成，应遮住面部和耳部，结构牢靠，无漏光，起防止弧光辐射和熔融金属飞溅物烫伤面部与颈部的作用。在狭窄、密闭、通风不良的场合，还应采用送风头盔，如图 1–3 所示。

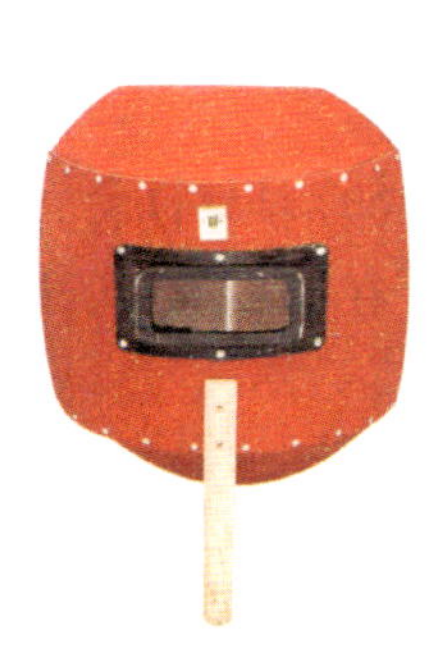

图 1–2　焊接防护面罩

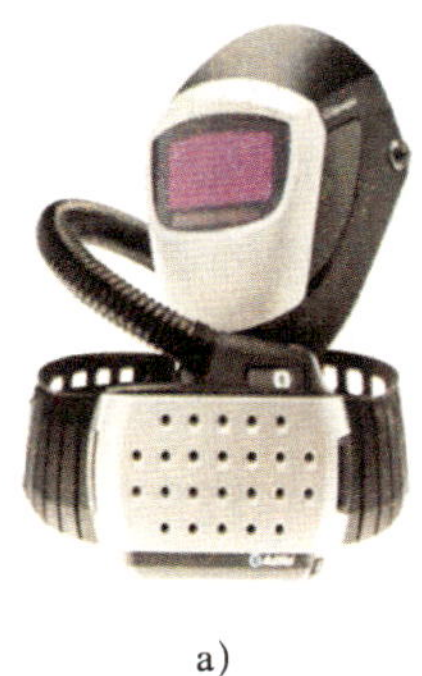

a）

b）

图 1–3　送风头盔及其使用

a）送风头盔　b）电动式送风头盔的使用

5. 焊接护目镜（见图 1–4）

气焊、气割的防护眼镜主要起滤光、防止金属飞溅物烫伤眼睛的作用。应根据气焊、气割工件的厚度和火焰的性质选择，工件越厚，火焰的性质越接近氧化焰，防护镜镜片的颜色应越深。

图 1–4　焊接护目镜

6. 防尘口罩和防毒面具

在进行焊接、切割作业时，若通过整体或局部通风仍不能使烟尘浓度降低到允许浓度标准以下，必须选用合适的防尘口罩和防毒面具，如图 1–5 所示，以过滤或隔离烟尘和有毒气体。

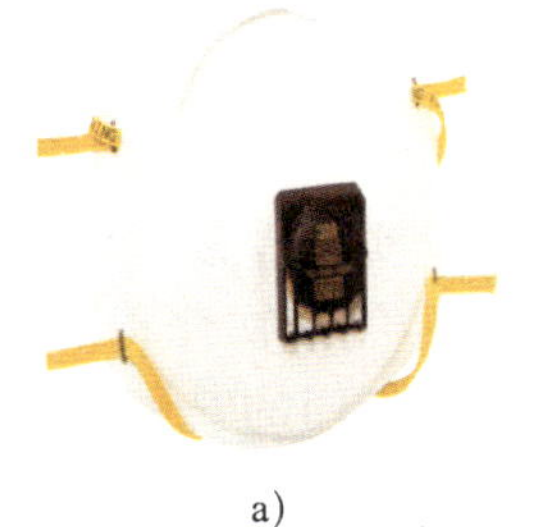

a）

b）

图 1–5　防尘口罩和防毒面具

a）防尘口罩　b）防毒面具

7. 耳塞、耳罩和防噪声头盔

国家标准规定工业噪声一般应不超过 85 dB，最高不能超过 90 dB。为消除和降低噪声，应采取隔音、消声、减振等一系列噪声控制技术。当仍不能将噪声降低到允许标准以下时，则应采用耳塞、耳罩或防噪声头盔等个人噪声防护用品。

二、劳动保护用品的正确使用方法

1. 正确穿戴工作服。穿工作服时要把衣领和袖口扣好，上衣不应扎在工作裤内，裤腿不应塞到鞋内，工作服不应有破损、孔洞和缝隙，不允许沾有油脂或穿潮湿的工作服。

2. 在仰位焊接、切割时，为了防止火星、熔渣从高处溅落到头部和肩上，焊工应在颈部围毛巾，头上戴隔热帽，穿戴用防燃材料制成的护肩、长套袖、围裙和鞋盖。

3. 焊工防护手套和焊工防护鞋不应潮湿和破损。

4. 正确选择焊接防护面罩上护目镜的遮光号以及气焊、气割防护镜的镜片。

5. 采用送风头盔时，应经常使口罩内保持适当的正压。若在寒冷季节，应将空气适当加温后再供人使用。

6. 戴各种耳塞时，要将塞帽部分轻轻推入外耳道内，使它与耳道贴合，不要用力太猛和塞得太紧。

7. 使用耳罩时，应先检查外壳有无裂纹和漏气，使用时务必使耳罩软垫圈与周围皮肤贴合。

课题二　焊接安全检查

学习目标及技能要求

能对焊接与切割场地、设备及工具、夹具进行安全检查。

国家标准《焊接与切割安全》（GB 9448—1999）规定了在实施焊接、切割操作过程中避免人身伤害及财产损失所必须遵守的基本原则，为安全实施焊接、切割操作提供了依据。2015 年 5 月 29 日，国家安全生产监督管理总局令第 80 号第二次修正的《特种作业人员安全技术培训考核管理规定》中规定，特种作业人员必须经专门的安全技术培训并考核合格，取得《中华人民共和国特种作业操作证》（以下简称特种作业操作证）后，方可上岗作业。所以焊工在操作时，除加强个人防护外，还必须严格执行焊接安全规程，掌握安全用电、防火、防爆常识，最大限度地避免安全事故。

一、焊接与切割场地、设备安全检查

1. 检查焊接与切割作业点的设备、工具、材料是否排列整齐，不得乱堆乱放。

2. 检查焊接与切割场地是否具备必要的通道，且车辆通道宽度不小于 3 m；人行通道宽度不小于 1.5 m。

3. 检查所有气焊和气割胶管、焊接电缆线是否互相缠绕，如有缠绕，必须分开；气瓶用后是否已移出工作场地；在工作场地各种气瓶不得随便横躺竖放。

4. 检查焊工作业面积是否足够，焊工作业面积应不小于 4 m^2；地面应干燥；工作场地要有良好的自然采光或局部照明。

5. 检查焊接与切割场地周围 10 m 范围内各类可燃、易爆物品是否清除干净。如不能清除干净，应采取可靠的安全措施，如用水喷湿或用防火盖板、湿麻袋、石棉布等进行覆盖。

6. 室内作业时应检查通风是否良好。多点焊接作业或与其他工种混合作业时，各工位间应设防护屏。

7. 室外作业现场要检查以下内容：登高作业现场是否符合安全要求；在地沟、坑道、检查井、管段或半封闭地段等作业时，应该用仪器（如测爆仪、有毒气体分析仪等）进行检查分析，检查有无爆炸和中毒危险，禁止用明火及其他不安全的方法进行检查。对附近敞开的孔洞和地沟，应用石棉板盖严，防止火花进入。

8. 检查焊接与切割场地时要仔细观察环境，分析各类情况，认真加强防护。为保证安全生产，在下列情况下不得进行焊、割作业：

（1）施焊人员没有特种作业操作证不能进行焊、割作业。

（2）凡属于有动火审批手续者，手续不全不得擅自进行焊、割作业。

（3）焊工不了解焊、割现场周围情况时，不能盲目进行焊、割作业。

（4）焊工不了解焊、割件内部是否安全时，不能进行焊、割作业。

（5）对盛装过可燃气体和液体、有毒物质的各种容器，未经清洗，不能进行焊、割作业。

（6）用可燃材料进行保温、冷却、隔音、隔热的部位，若火星能飞溅到，在采取可靠的安全措施前，不能进行焊、割作业。

（7）有电流、压力的导管、设备、器具等在断电、泄压前，不能进行焊、割作业。

（8）焊、割部位附近堆放有易燃、易爆物品，在彻底清理或采取有效防护措施前，不能进行焊、割作业。

（9）与外围设备相接触的部位，在没有弄清楚外围设备有无影响或明知存在危险性又未采取切实有效的安全措施时，不能进行焊、割作业。

（10）焊、割场所与附近其他工种互相抵触时，不能进行焊、割作业。

二、工具和夹具的安全检查

为了保证焊工的安全，在焊接前应对所使用的工具和夹具进行检查。

1. 焊钳

焊接前应检查焊钳与焊接电缆接头是否牢固。如果两者接触不牢固，焊接时将影响电流的传导，甚至会出现电火花。另外，接触不良将使接头处产生较大的接触电阻，造成焊钳发热、变烫，影响焊工的操作。此外，还应检查钳口是否完好，以免影响焊条的夹持。

2. 面罩和护目镜

主要检查面罩和护目镜是否遮挡严密，有无漏光的现象。

3. 角向磨光机

检查角向磨光机转动是否正常，有无漏电的现象；磨光片是否紧固牢靠，是否有裂纹、破损，杜绝使用过程中磨光片飞出伤人。

4. 锤子

检查锤头是否松动，避免在打击中锤头甩出伤人。

5. 扁铲、錾子

检查其边缘有无毛刺、裂痕，若有应及时清除，防止使用中碎块飞出伤人。

6. 夹具

各类夹具，特别是带有螺栓的夹具（见图 1–6），要检查其上的螺栓是否转动灵活，若已锈蚀则应除锈，并加以润滑，否则使用中会失去作用。

图 1–6　带螺栓的简单夹具

第二单元

气焊、气割与钎焊

基础知识

学习目标及技能要求

1. 掌握气焊、气割设备的正确连接和使用方法。
2. 掌握气焊、气割、钎焊的主要参数。
3. 掌握气焊、气割火焰的点燃、调节和熄灭方法。
4. 掌握气焊和气割过程中回火现象的正确处理方法。
5. 掌握焊炬和割炬射吸能力的检查方法。

气焊（割）是利用可燃气体与助燃气体混合燃烧所释放出的热量进行金属焊接（切割）的一种工艺方法，如图 2-1 所示。它具有设备简单、不需电源、操作方便、成本低、应用广泛等特点。因此，气焊技术常用于薄钢板和低熔点材料（有色金属及其合金）、铸铁件、硬质合金刀具等的焊接，以及磨损零件的补焊等；气割可用于切割不同厚度的钢制构件。

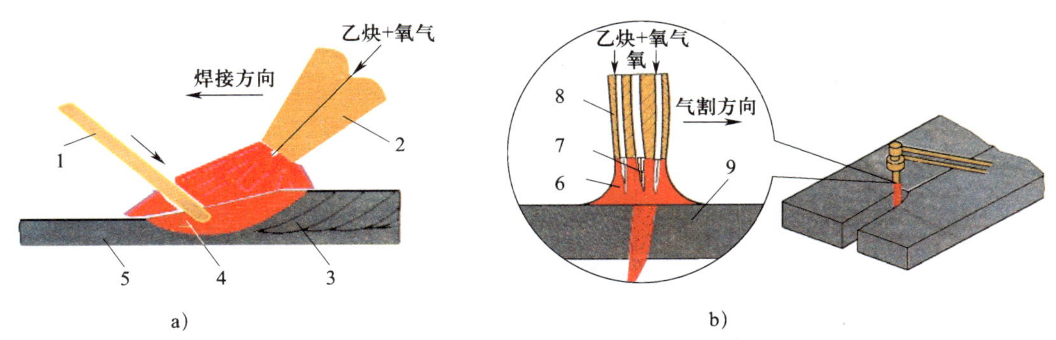

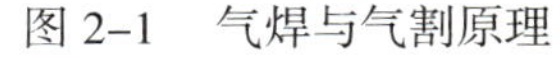

图 2-1　气焊与气割原理

a）气焊原理图　b）气割原理图

1—焊丝　2—焊炬　3—焊缝　4—熔池　5—焊件　6—预热焰　7—切割氧射流　8—割嘴　9—割件

此外，还可利用氧乙炔焰进行有色金属和异种材料火焰钎焊和结构件变形矫正等。

一、气焊、气割设备及其连接

1. 气焊、气割设备

常用的气焊、气割设备见表 2–1。

表 2–1　　常用的气焊、气割设备

设备名称	图示	说明
氧气瓶	1 2 3 4 氧 a）结构图　b）实物图 1—瓶帽　2—瓶阀　3—防振圈　4—瓶体	氧气瓶是用低合金钢经热挤压制成的高压容器。气瓶的容积为 40 L，在 15 MPa 压力下可储存 6 m^3 的氧气，瓶体外表按国家标准《气瓶颜色标志》（GB /T 7144—2016）漆成淡（酞）蓝色，并标注黑色“氧”字样
乙炔瓶	3 2 1 4 5 乙炔 不可 近火 a）结构图　b）实物图 1—石棉　2—瓶阀　3—瓶帽　4—瓶体　5—多孔填料	乙炔瓶是由低合金钢板经轧制、焊接制成的低压容器。瓶体外表按国家标准《气瓶颜色标志》（GB/T 7144—2016）漆成白色，并标注大红色“乙炔　不可近火”字样。瓶内最高压力为 1.5 MPa。为使乙炔稳定而安全地储存，瓶内装有浸满丙酮的多孔填料

续表

设备名称	图示	说明
氧气减压器		氧气减压器是将气瓶内的高压氧气降为工作时低压氧气的调节装置。氧气的工作压力一般要求为 0.1 ～ 0.4 MPa
乙炔减压器		乙炔减压器是将瓶内具有较高压力的乙炔降为工作时低压乙炔的调节装置。乙炔的工作压力一般要求为 0.01 ～ 0.04 MPa 乙炔瓶阀旁侧没有侧接头，必须使用带有夹环的乙炔减压器
氧气胶管、乙炔胶管	a）氧气胶管　b）乙炔胶管	国家标准《气体焊接设备　焊接、切割和类似作业用橡胶软管》（GB 2550—2016）规定，氧气胶管的外观为蓝色，乙炔胶管的外观为红色
焊炬	1 2 3 4 5 6 7 a）结构图 乙炔 8 氧气 b）原理图 1—焊嘴　2—混合气管　3—乙炔调节阀　4—乙炔管接头　5—氧气管接头　6—氧气调节阀　7—射吸管　8—喷嘴	焊炬分为射吸式和等压式两种，现在常用的是射吸式焊炬，如图 a 所示 工作原理：打开氧气调节阀，氧气即从喷嘴口快速射出，并在喷嘴外围造成负压（吸力），再打开乙炔调节阀，乙炔即聚集在喷嘴的外围。由于氧射流负压的作用，聚集在喷嘴外围的乙炔很快地被氧气吸入，并按一定的比例（体积比约为 1∶1）与氧气混合，同时以很高的流速经过射吸管混合后从焊嘴喷出

设备名称	图示	说明
割炬	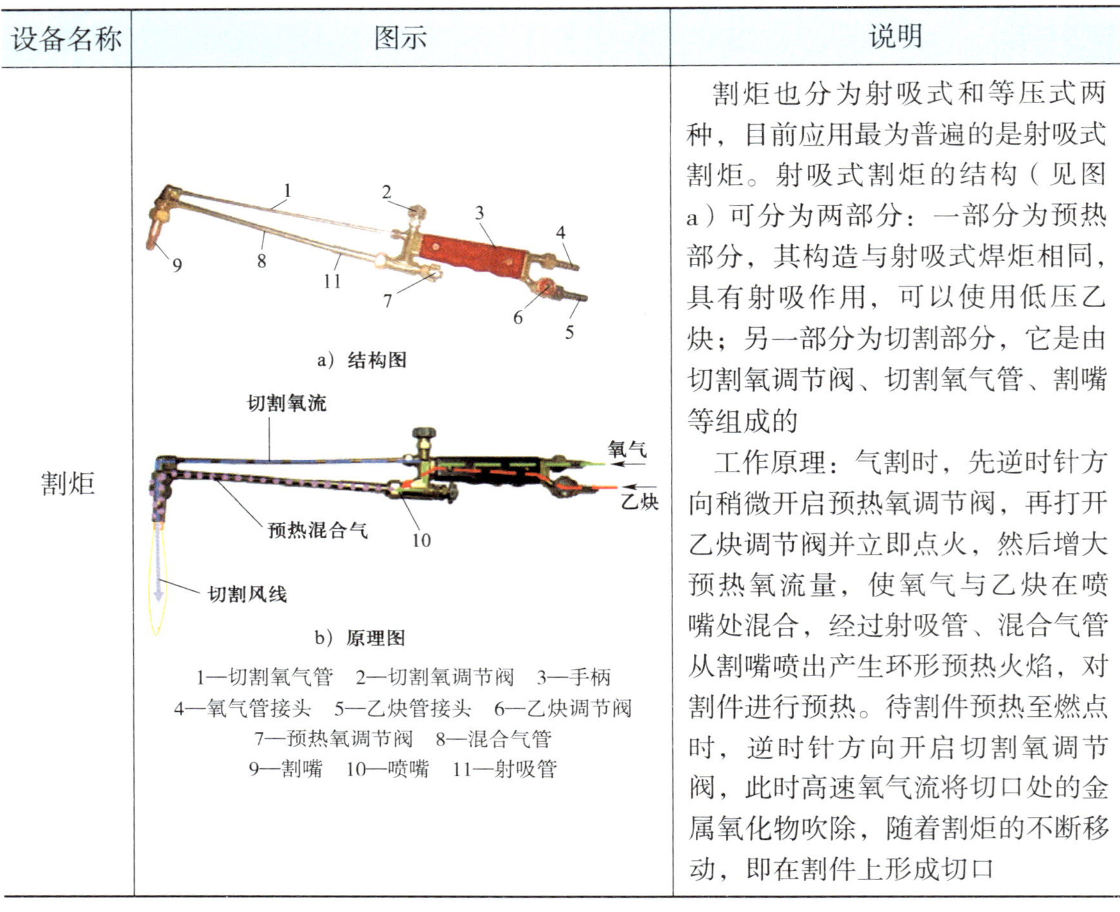 a）结构图 b）原理图 1—切割氧气管　2—切割氧调节阀　3—手柄 4—氧气管接头　5—乙炔管接头　6—乙炔调节阀 7—预热氧调节阀　8—混合气管 9—割嘴　10—喷嘴　11—射吸管	割炬也分为射吸式和等压式两种，目前应用最为普遍的是射吸式割炬。射吸式割炬的结构（见图a）可分为两部分：一部分为预热部分，其构造与射吸式焊炬相同，具有射吸作用，可以使用低压乙炔；另一部分为切割部分，它是由切割氧调节阀、切割氧气管、割嘴等组成的 工作原理：气割时，先逆时针方向稍微开启预热氧调节阀，再打开乙炔调节阀并立即点火，然后增大预热氧流量，使氧气与乙炔在喷嘴处混合，经过射吸管、混合气管从割嘴喷出产生环形预热火焰，对割件进行预热。待割件预热至燃点时，逆时针方向开启切割氧调节阀，此时高速氧气流将切口处的金属氧化物吹除，随着割炬的不断移动，即在割件上形成切口

2. 气焊、气割设备的连接

气焊、气割设备的连接和使用方法见表2–2。

表2–2　　气焊、气割设备的连接和使用方法

操作步骤	图示
（1）氧气瓶、氧气减压器、氧气胶管及焊炬（或割炬）的连接 首先用活扳手将氧气瓶阀稍打开（逆时针方向为开），吹去瓶阀口黏附的污物，以免进入氧气减压器中，随后立即关闭。开启瓶阀时，操作者必须站在瓶阀气体喷出方向的侧面并缓慢开启，避免氧气流吹向人体	开启 向外旋松开 氧气胶管接头 氧气减压器接头 氧气瓶、氧气减压器和氧气胶管的连接

续表

操作步骤	图示
在使用氧气减压器前，调压螺钉应向外旋出，使减压器处于非工作状态，然后将氧气减压器拧在氧气瓶瓶阀上，必须拧足5圈以上，再把氧气胶管的一端接在氧气减压器的出气口上，另一端接在焊炬（或割炬）的氧气胶管接头上 （2）乙炔瓶、乙炔减压器、乙炔胶管及焊炬（或割炬）的连接 乙炔瓶必须直立放置，严禁在地面卧放。首先将乙炔减压器上的调压螺钉松开，使减压器处于非工作状态，然后将夹环紧固螺钉松开，把乙炔减压器上的连接管对准乙炔瓶阀出气口并夹紧，再把乙炔胶管的一端与乙炔减压器上的出气口接牢，另一端与焊炬（或割炬）的乙炔胶管接头相连	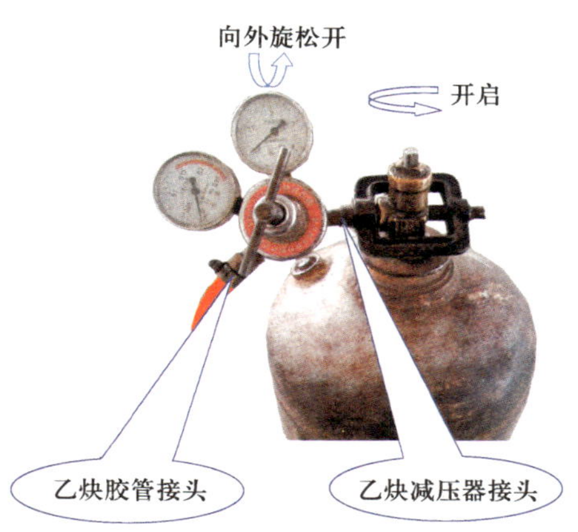 乙炔瓶、乙炔减压器和乙炔胶管的连接

连接完成后可对照图2–2进行检查。

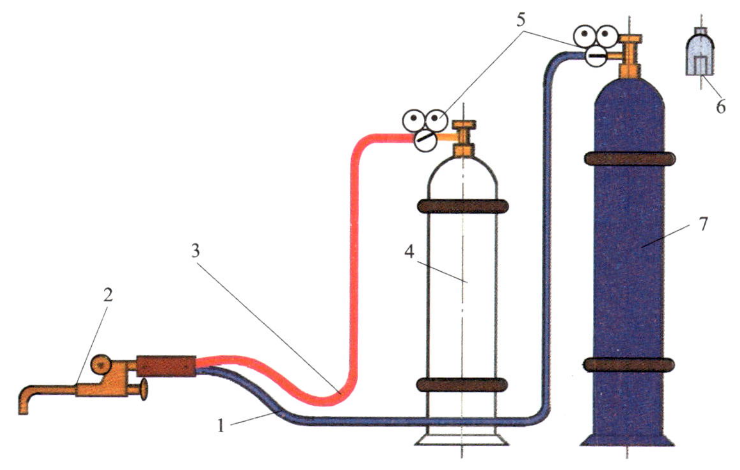

图2–2　气焊（气割）设备的连接

1—氧气胶管　2—焊炬（割炬）　3—乙炔胶管　4—乙炔瓶　5—减压器　6—瓶帽　7—氧气瓶

二、焊炬、割炬的握法和送丝手法

1. 焊炬的握法

右手的小指、无名指、中指和掌心握着焊炬手柄（也可只用拇指与掌心握着，小指、中指、无名指与焊件接触作为支承），使焊炬在焊接过程中保持稳定，而拇指和食指则放于氧气调节阀侧，以便及时调节氧气流量大小，如图 2–3 所示。调节火焰大小时，左手的拇指、食指、中指控制乙炔调节阀；焊接时左手用来拿焊丝。

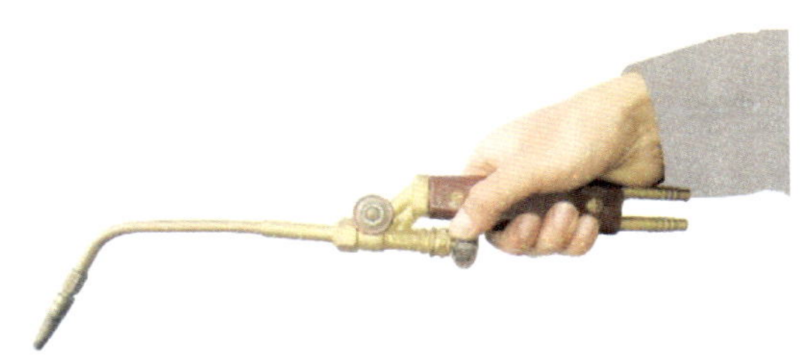

图 2–3　焊炬的握法

2. 割炬的握法

右手的小指、无名指、中指和掌心握着割炬手柄，拇指和食指放于氧气调节阀侧，以便及时调节氧气流量大小。左手的拇指和食指放于切割氧调节阀侧（用于打开和关闭切割氧），中指置于切割氧气管和混合气管之间（用于支承和稳固割炬），无名指和小指置于混合气管下方（用于支承割炬），如图 2–4 所示。调节火焰大小时，用左手拇指、食指和中指控制乙炔调节阀。

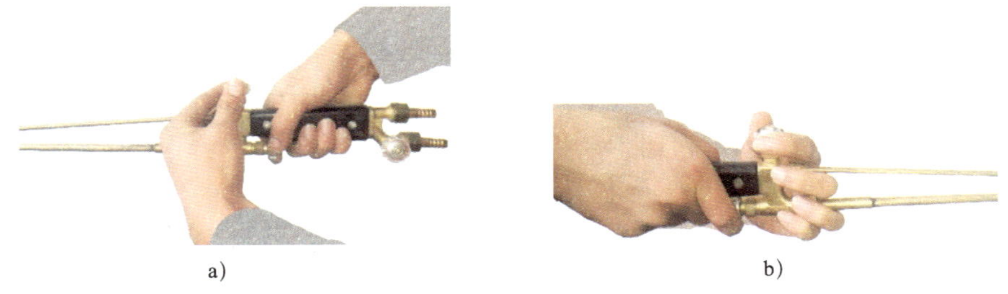

a)　　　b)

图 2–4　割炬的握法

a）正面　b）背面

3. 送丝的手法

送丝的手法有断续送丝和连续送丝两种。

（1）断续送丝

用左手的拇指与食指拿着焊丝，将焊丝置于食指第三节指腹上侧与无名指指甲上侧，小指掌侧与焊件接触作为支承，利于手腕向右的断续移动完成送丝，随着焊丝熔化，要不时地停焊以改变拿焊丝的位置，这种送丝手法比较容易掌握。

（2）连续送丝

用左手拇指与食指拿着焊丝，用食指与中指的第一节指腹与小指的指背夹着焊丝，通过拇指与食指的配合连续不断地向熔池中送进焊丝，这种送丝手法比较难掌握，但熟练后有利于提高焊接速度与效率。

三、气焊主要参数

1. 火焰能率

火焰能率的选择是由焊炬型号和焊嘴代号大小来决定的，每个焊炬都配有不同规格的焊嘴，焊嘴代号分别为 1、2、3、4、5，数字越大，焊嘴孔径越大，火焰能率也越大；反之则小。

2. 火焰性质

（1）通常所用的氧乙炔焰可分为碳化焰、中性焰和氧化焰三种，其原理和应用范围见表 2–3。

表 2–3　氧乙炔焰的原理和应用范围

火焰性质	原理	图示	应用范围
碳化焰	氧与乙炔的混合比（按体积计算，下同）小于 1.1 时燃烧所形成的火焰	1 2 3 a）示意图 b）实物图 1—焰心　2—内焰（轻微闪动）　3—外焰	轻微碳化焰适用于高碳钢、铸铁、高速钢、硬质合金、蒙乃尔合金、碳化钨和铝青铜等材料的焊接（气割）
中性焰	氧与乙炔的混合比为 1.1 ~ 1.2 时燃烧所形成的火焰	1 2 3 a）示意图 b）实物图 1—焰心　2—内焰　3—外焰	中性焰适用于低碳钢、中碳钢、低合金钢、不锈钢、纯铜、锡青铜及灰铸铁等材料的焊接（气割）

续表

火焰性质	原理	图示	应用范围
氧化焰	氧与乙炔的混合比大于1.2时燃烧所形成的火焰	1 2 a）示意图 b）实物图 1—焰心　2—外焰	氧化焰适用于黄铜、锰黄铜、镀锌钢板等材料的焊接（气割）

（2）火焰性质主要根据焊件的材质选择，具体可参照表2–4。

表2–4　各种金属材料气焊时火焰性质的选择

焊件材料	火焰性质	焊件材料	火焰性质
低碳钢、中碳钢	中性焰	铅、锡	中性焰
高碳钢	轻微碳化焰	锰钢	轻微氧化焰
低合金钢	中性焰	镍	中性焰或轻微碳化焰
纯铜	中性焰	铸铁	碳化焰或乙炔稍多的中性焰
黄铜	氧化焰	镀锌钢板	氧化焰
青铜	中性焰或轻微氧化焰	高速钢	碳化焰
铝及铝合金	中性焰或轻微碳化焰	硬质合金	碳化焰
不锈钢	中性焰或轻微碳化焰	铬镍钢	中性焰或轻微碳化焰

3. 焊丝直径

焊丝的直径应根据焊件厚度、坡口形式、焊缝位置、火焰能率等因素确定。在火焰能率一定时，即焊丝熔化速度确定的情况下，如果焊丝过细，则焊接时往往在焊件尚未熔化时焊丝已熔化下滴，容易造成焊缝组织熔合不良和焊波高低不平、焊缝宽窄不一等缺陷；如果焊丝过粗，则熔化焊丝所需要的加热时间会延长，同时增大对焊件的加热范围，使焊件焊接热影响区增大，容易造成组织过热，降低焊接接头的质量。

焊丝直径常根据焊件厚度初步选择，试焊后再调整确定。碳钢气焊时焊丝直径的选择可参照表 2–5。

表 2–5　焊丝直径与焊件厚度的关系　mm

焊件厚度	1 ~ 2	2 ~ 3	3 ~ 5	5 ~ 10	10 ~ 15
焊丝直径	1 ~ 2	2 ~ 3	3 ~ 4	3 ~ 5	4 ~ 6

4. 焊炬倾斜角

焊炬倾斜角的大小主要取决于焊件厚度及材料的熔点和导热性。焊件越厚，导热性越好，熔点越高，焊炬的倾斜角应越大，使火焰的热量集中；反之，则应采用较小的倾斜角。焊炬倾斜角 α 与焊件厚度的关系如图 2–5 所示。

在焊接过程中，焊炬的倾斜角是不断变化的，如图 2–6 所示。

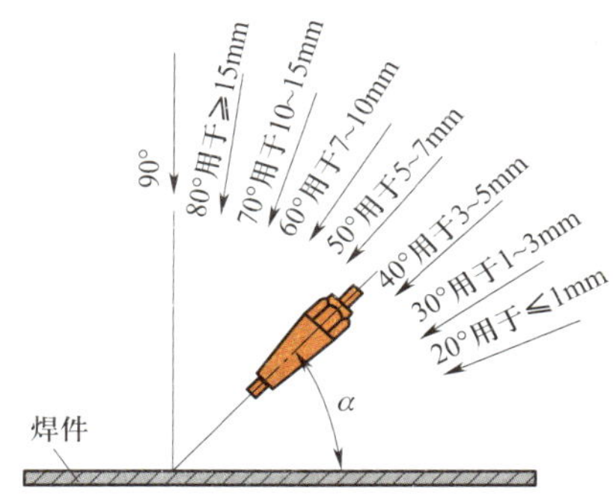

图 2–5　焊炬倾斜角与焊件厚度的关系

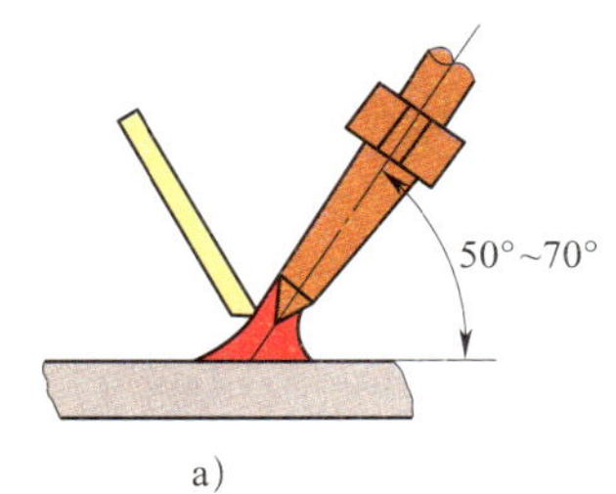

a)

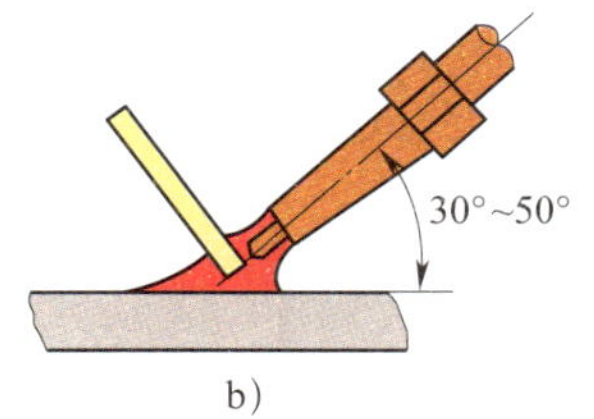

b)

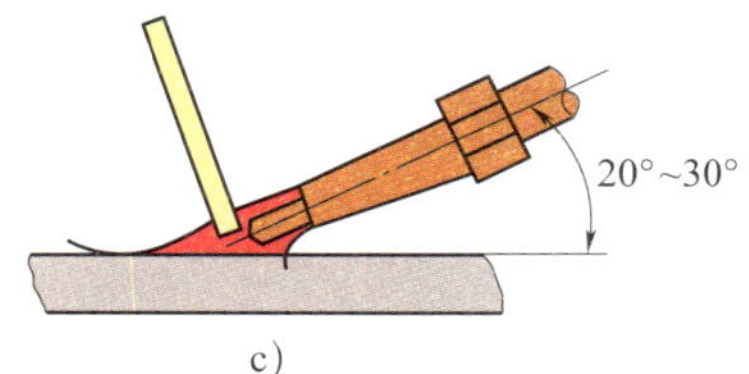

c)

图 2–6　焊炬倾斜角的变化过程

a）焊前预热　b）焊接过程中　c）收尾时

5. 焊丝倾角

在气焊中，焊丝与焊件表面的夹角一般为 30° ~ 40°；它与焊炬中心线的夹角为 90° ~ 100°，如图 2–7 所示。

四、气割主要参数

1. 气割氧压力

气割氧压力一般随割件厚度的增大而加大，或随割嘴代号的增大而加大。在割件厚度、割嘴代号、氧气纯度均已确定的条件下，气割氧压力的大小对气割质量有直接的影响。

若气割氧压力不够，氧气供应不足，会导致金属燃烧不完全，降低切割速度，不能将熔渣全部从切口处吹除，使切口的背面留下很难清除的挂渣，甚至会出现割不透的现象。若气割氧压力太高，则过剩的氧气对割件有冷却作用，会使切口表面粗糙，切口加大，切割速度减慢，氧气消耗量也增大。

2. 切割速度

切割速度主要取决于割件的厚度。割件越厚，切割速度越慢，有时还要增加横向摆动。切割速度不能过慢或过快，否则会造成清渣困难或后拖量大。后拖量是指气割面上切割氧流轨迹的始点与终点在水平方向上的距离，如图 2–8 所示。

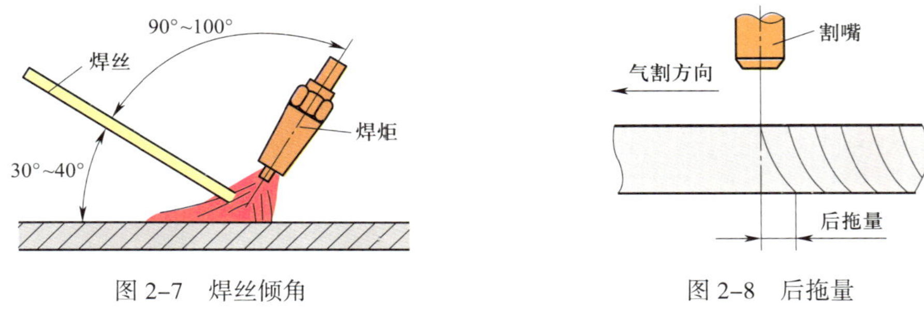

图 2–7　焊丝倾角

图 2–8　后拖量

3. 火焰能率

火焰能率与割件厚度有关。割件越厚，火焰能率越大；反之则越小。火焰能率选择过大，会使切口上缘产生连续的珠状钢粒（见图 2–9），甚至熔化成圆角，切口背面熔渣增多。火焰能率过小，会使切割速度减慢而中断气割工作。

4. 割嘴与割件的倾斜角度

割嘴与割件倾斜角度（见图 2–10）的大小主要根据割件的厚度来确定，见表 2–6。割嘴与割件的倾斜角度会对切割速度和后拖量产生直接影响，如果选择不当，不但不能提高切割速度，反而会增加氧气的消耗量，甚至造成气割困难。

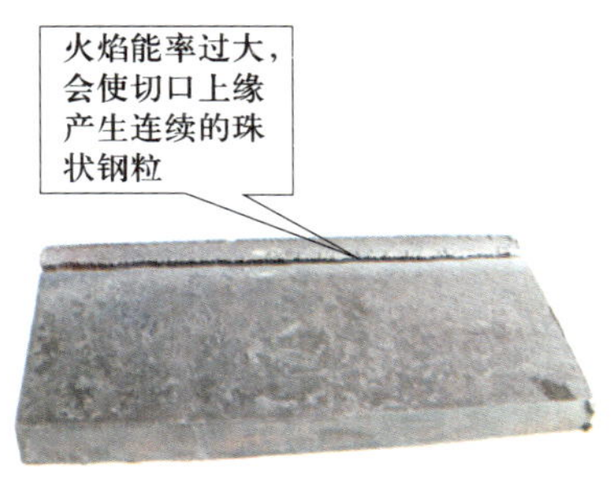

图 2–9　气割火焰能率过大

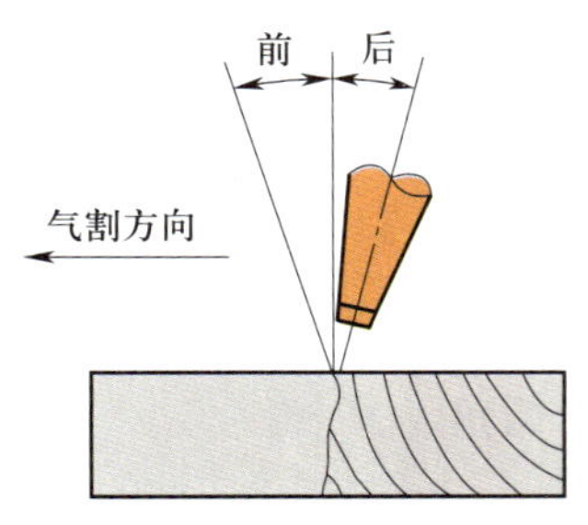

图 2–10　割嘴与割件的倾斜角度

表 2–6　　割嘴与割件倾斜角度同割件厚度的关系

割件厚度（mm）	<4	4 ~ 20	20 ~ 30	>30		
				起割	割穿后	停割
倾角方向	后倾	后倾	垂直	前倾	垂直	后倾
倾斜角度	25° ~ 45°	5° ~ 10°	0°	5° ~ 10°	0°	5° ~ 10°

5. 割嘴离割件表面的距离

割嘴离割件表面的距离可由割件厚度和预热火焰的长度来确定，如图 2–11 所示。一般情况下为 3 ~ 5 mm；当割件厚度在 20 mm 以下时，距离可适当加大，预热火焰可长些；当割件厚度在 20 mm 以上时，距离要适当减小，预热火焰可短些。

图 2–11　割嘴离割件表面的距离

手工气割参数见表 2–7。

表 2–7　　手工气割参数

板材厚度（mm）	割炬				气体压力（MPa）		切割速度（mm/min）
	型号	割嘴			氧气	乙炔	
		号码	切割氧孔直径（mm）	切割氧孔形状			
4.0 以下	G01–30	1	0.6	环形	0.3 ~ 0.4	0.001 ~ 0.12	450 ~ 500
4 ~ 10	G01–30	1 ~ 2	0.6	环形	0.4 ~ 0.5	0.001 ~ 0.12	400 ~ 450
10 ~ 25	G01–30	2	0.8	环形	0.5 ~ 0.7	0.001 ~ 0.12	250 ~ 350
		3	1.0				

续表

<table>
<tr><th rowspan="3">板材厚度（mm）</th><th colspan="4">割炬</th><th colspan="2">气体压力（MPa）</th><th rowspan="3">切割速度（mm/min）</th></tr>
<tr><th rowspan="2">型号</th><th colspan="3">割嘴</th><th rowspan="2">氧气</th><th rowspan="2">乙炔</th></tr>
<tr><th>号码</th><th>切割氧孔直径（mm）</th><th>切割氧孔形状</th></tr>
<tr><td rowspan="2">25 ~ 50</td><td rowspan="2">G01–100</td><td rowspan="2">3 ~ 5</td><td>1.0</td><td rowspan="2">环形
梅花形</td><td rowspan="2">0.5 ~ 0.7</td><td rowspan="2">0.001 ~ 0.12</td><td rowspan="2">180 ~ 250</td></tr>
<tr><td>1.3</td></tr>
<tr><td rowspan="2">50 ~ 100</td><td rowspan="2">G01–100</td><td>3 ~ 5</td><td>1.3</td><td rowspan="2">梅花形</td><td rowspan="2">0.5 ~ 0.7</td><td rowspan="2">0.001 ~ 0.12</td><td rowspan="2">130 ~ 180</td></tr>
<tr><td>5 ~ 6</td><td>1.6</td></tr>
</table>

五、气焊（割）火焰的点燃、调节和熄灭

1. 火焰的点燃

先逆时针方向旋转乙炔调节阀放出乙炔，再逆时针微开氧气调节阀，使焊（割）炬内存在的混合气体从焊（割）嘴喷出，然后将焊（割）嘴靠近电子点火枪点火。开始时，可能不易点燃或出现连续的“放炮”声，原因是氧气量过大或乙炔不纯，应微关氧气调节阀或放出不纯的乙炔后重新点火。点火时，拿火源的手不要正对焊（割）嘴，也不要将焊（割）嘴指向他人，以防烧伤。

2. 火焰的调节

火焰的调节方法如图 2–12 所示。开始点燃的火焰多为碳化焰，如要调成中性焰，应逐渐增加氧气的供给量，直至火焰的内焰、外焰无明显界限。如继续增加氧气或减少乙炔，可得到氧化焰；反之，减少氧气或增加乙炔，可得到碳化焰。调节氧气和乙炔流量大小，还可得到不同的火焰能率：先减少氧气，后减少乙炔，可减小火焰能率；先增加乙炔，后增加氧气，可增大火焰能率。

3. 火焰的熄灭

先顺时针方向旋转乙炔调节阀，直至关闭乙炔，再顺时针方向旋转氧气调节阀关闭氧气，这样可避免黑烟和火焰倒袭。注意关闭阀门时以不漏气为准，不要关得太紧，以防阀门磨损太快，缩短焊（割）炬的使用寿命。

六、气焊、气割过程中回火现象的处理

在气焊或气割过程中，有时会出现气体火焰倒流入喷嘴内逆向燃烧的现象，这种现象称为回火。产生回火的原因如下：

1. 焊（割）嘴离熔融金属太近，使焊（割）嘴喷孔附近阻力增大，焊（割）炬内混合气体难以流出，压力升高，将部分混合气体压进乙炔系统。

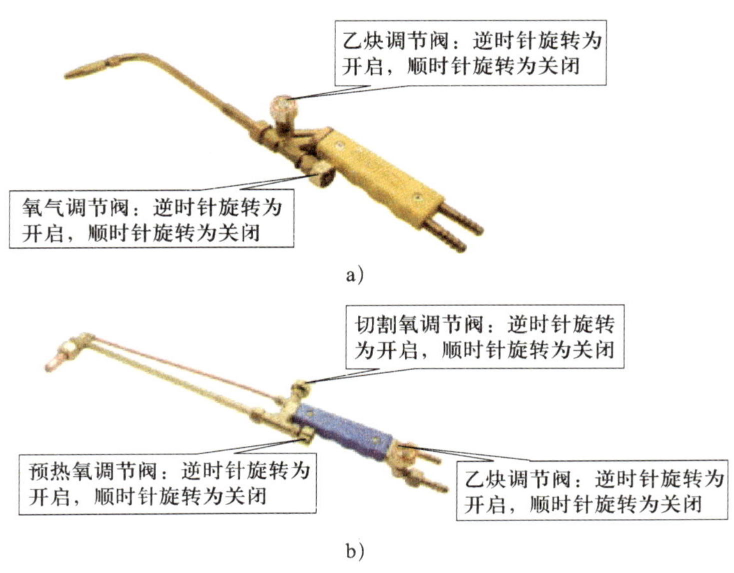

图 2–12　火焰的调节方法

a）气焊火焰的调节　b）气割火焰的调节

2. 焊（割）嘴过热，使混合气体膨胀，增大了混合气体的流动阻力。如焊（割）嘴温度超过 400 ℃时，一部分混合气体来不及流出焊（割）嘴，就在喷嘴内部燃烧而发出“啪啪”的爆炸声。

3. 焊（割）嘴被熔化金属或飞溅的火星堵塞，混合气体难以喷出而倒流入乙炔系统。

4. 乙炔压力过小，氧气容易进入乙炔系统，在熄火的瞬间，往往因氧气或空气进入焊（割）炬的乙炔管而引起爆炸。

5. 焊（割）炬年久失修，阀门渗漏，造成氧气倒流入乙炔系统内，点火时即发生回火爆炸，这种情况危险性最大。

回火有逆火和回烧两种情况，逆火是火焰向喷嘴孔逆行，并瞬时自行熄灭，同时伴有爆鸣声的现象，又称爆鸣回火；回烧是火焰向喷嘴孔逆行，并继续向气体管路燃烧的现象，这种回火可能烧毁焊（割）炬、管路及引起可燃气体储罐的爆炸，又称倒袭回火。因此，若发生回火现象，操作者要迅速做现场处理，否则会造成严重的损失。

当发生回火现象，听到“嗞嗞”响声时，不要慌张，应立即按顺时针方向关闭氧气调节阀和乙炔调节阀（若是气割，还要关闭切割氧调节阀），切断气源。当回火火焰熄灭后，再打开氧气调节阀，将残留在焊（割）炬内的余焰和烟灰彻底吹除，再重新点燃火焰即可，如图 2–13 所示。

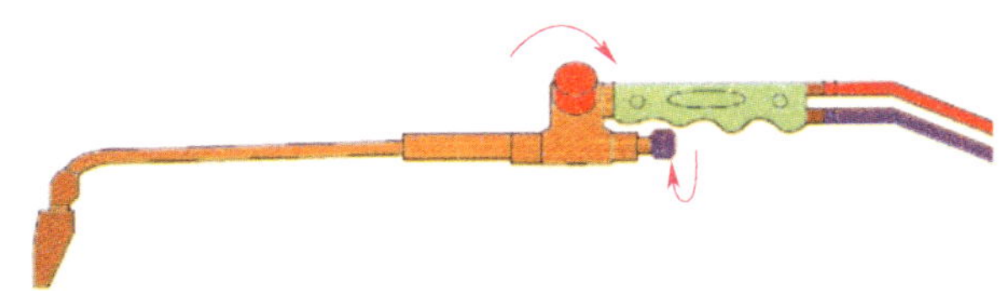

图 2–13　回火现象的处理

七、检查焊（割）炬射吸能力

使用射吸式焊（割）炬前，必须检查其射吸能力。检查时，不接乙炔胶管，只接上氧气胶管，然后按逆时针方向打开氧气调节阀和乙炔调节阀，用手指按在乙炔进气管接头上，如手指上感到有吸力，说明射吸能力正常；如果没有吸力，说明射吸能力不正常，不能使用，如图 2–14 所示。

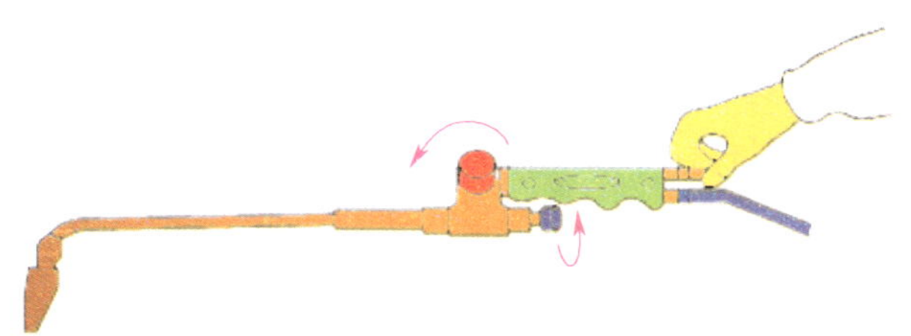

图 2–14　焊（割）炬射吸能力的检查

八、钎焊

钎焊是指利用熔点比母材低的金属作为焊缝的填充材料，把两个焊件在固态下连接起来的一种特殊焊接方法，如图 2–15 所示。氧乙炔焰钎焊是使用乙炔与氧气混合燃烧的火焰作为热源的一种钎焊方法，其所用设备与气焊用设备相同，也可使用专用工具。

由于一般钎焊接头强度较低，而且对装配间隙要求较高，因此钎焊多采用搭接接头。通过增加搭接长度达到增强接头抗剪能力的目的。常用的钎焊接头形式如图 2–16 所示。

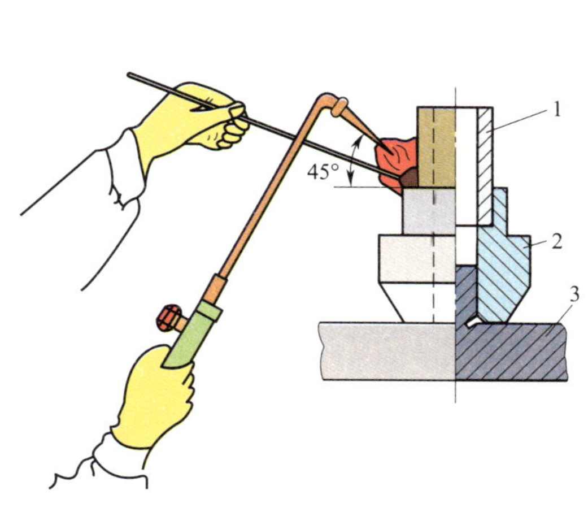

图 2–15　火焰钎焊

1—导管　2—套嘴　3—支承块

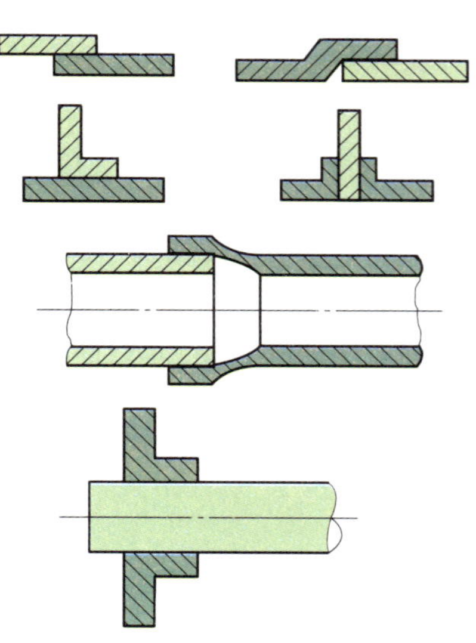

图 2–16　钎焊接头形式

钎焊焊接参数主要包括钎焊温度、钎焊保温时间和钎焊间隙等。

1. 钎焊温度

通常选择高于钎料液相线温度 25 ~ 60 ℃，以保证钎料能填满间隙。

2. 钎焊保温时间

钎焊保温时间可根据焊件大小及钎料与母材相互作用的剧烈程度而定。较大的焊件保温时间应长些，以保证熔合均匀。钎料与母材相互作用剧烈的，保温时间要短。

3. 钎焊间隙

钎焊间隙是指在钎焊温度下待焊焊件之间狭窄的间隙。间隙太小，妨碍钎料流入；间隙太大，会破坏毛细管作用，两者都将使钎料不能填满间隙。因此，钎焊接头预留间隙的大小和均匀程度直接决定接头的致密性和强度。适合于不同材料钎焊时的间隙见表 2–8。

表 2–8　　钎焊间隙　　mm

母材	钎料	间隙
碳钢	铜基钎料	0.01 ~ 0.15
	银钎料	0.02 ~ 0.15
	镍基钎料	0.01 ~ 0.04
	锰基钎料	0.05 ~ 0.20
不锈钢	铜基钎料	0.02 ~ 0.08
	锰基钎料	0.05 ~ 0.20
	镍基钎料	0.01 ~ 0.08

教师指导

【问题 1】怎样正确使用氧气瓶？

回答：（1）氧气瓶在使用时应直立放置，安放稳固，以防止倾倒。只有在特殊情况下才允许卧放，但瓶头一端必须垫高，并防止滚动。

（2）氧气瓶开启时，焊工应站在出气口的侧面，先拧开瓶阀，吹掉出气口内的杂质，再与氧气减压器连接。开启和关闭氧气瓶阀时用力不要过猛。

（3）氧气瓶内的氧气不能全部用完，至少要保持 0.1 ~ 0.3 MPa 的压力，以便充氧时便于鉴别气体性质及吹除瓶阀内的杂质，还可以防止使用中可燃气体倒流或空气进入瓶内。

（4）夏季露天操作时，氧气瓶应放在阴凉处，避免阳光的强烈照射。

【问题 2】怎样正确使用乙炔瓶？

回答：（1）乙炔瓶在使用时只能直立放置，不能横放；否则会使瓶内的丙酮流出，甚至会通过减压器流入乙炔胶管和焊炬内，引起燃烧或爆炸。

（2）乙炔瓶应避免剧烈的振动和撞击，以免填料下沉形成孔洞，影响乙炔的储存甚至造成乙炔瓶爆炸。

（3）乙炔瓶的表面温度应不超过 40 ℃。温度过高会降低乙炔在丙酮中的溶解度，使瓶内的乙炔压力急剧升高。在一个大气压下，温度为 15 ℃时，1 L 丙酮可溶解 23 L 乙炔，而在 30 ℃时可溶解 16 L 乙炔，在 40 ℃时可溶解 13 L 乙炔。

（4）工作时，使用乙炔的压力不能超过 0.15 MPa，输出流量不能超过 2.5 m^3/h。

（5）乙炔减压器与乙炔瓶的瓶阀连接必须可靠，严禁在漏气的状况下使用。

（6）乙炔瓶内的乙炔不能全部用完，当高压表的读数为零，低压表的读数为 0.01 ~ 0.03 MPa 时，应立即关闭瓶阀。

由于乙炔是易燃、易爆气体，因此焊工在使用乙炔瓶时必须谨慎，应严格遵守乙炔瓶的安全使用方法。

【问题 3】怎样正确使用减压器？

回答：（1）安装减压器前，要略微打开瓶阀（如氧气瓶、二氧化碳气瓶、氩气瓶等），吹除污物，以防将灰尘和水分带入减压器。同时，要检查减压器接头螺母是否损坏，应保证减压器接头螺母与氧气瓶阀连接达到 5 圈以上，以防安装不牢而使高压气体射出伤人，还要检查高压表和低压表的表针是否处于零位。乙炔气瓶要直接安装减压器，不可以在安装减压器前打开瓶阀，以免乙炔泄漏，造成安全事故。

（2）在开启瓶阀时，瓶阀出气口不得对准操作者或者他人，以防高压气体突然冲出伤人。减压器的调压螺钉应处于旋松非工作状态，以免开启瓶阀时损坏减压器。

（3）在气焊工作中必须注意观察工作压力表的压力值。调节工作压力时，要缓慢地旋紧调压螺钉，以免高压氧冲坏弹簧、薄膜装置和低压表。停止工作时应先关闭高压气瓶的瓶阀，然后放出减压器内全部余气，旋松调压螺钉，使表针回到零位。

（4）减压器上不得沾染油脂、污物，如有油脂，应擦拭干净再用。

（5）严禁各种气体的减压器交替使用。

（6）减压器若有冻结现象，应用热水或水蒸气解冻，绝不能用火焰烘烤。

【问题 4】为什么严禁用纯铜或银制造与乙炔接触的器具和设备？

回答：乙炔与纯铜或银长期接触后生成的乙炔铜（Cu_2C_2）和乙炔银（Ag_2C_2）是一种具有爆炸性的化合物，两者受到剧烈振动或加热到 110 ~ 120 ℃时就会爆炸。因此，严禁用纯铜或银制造与乙炔接触的器具和设备，但可用含铜量不超过 70% 的铜合金（黄铜）制造。

【问题 5】乙炔燃烧时，为什么绝对禁止用四氯化碳灭火？

回答：乙炔与氯、次氯酸盐等反应会发生燃烧和爆炸，因此，乙炔燃烧时绝对禁止用四氯化碳灭火。

课题一　薄板对接平位气焊

学习目标及技能要求

1. 能正确使用气焊设备，合理选择气焊参数。
2. 掌握低碳钢薄板对接平位气焊的操作方法。

工艺分析

薄板气焊时，如果焊件较薄，焊缝数量较多，很容易产生焊接变形，应采取合理的焊接顺序，使焊件的热量得到均匀分布，避免焊件热量过于集中；当焊件较复杂时，应先焊接平面板并进行矫平后，再装配、焊接其他部件。

操作时要控制焊缝成形；焊缝余高和焊缝宽度要适宜；焊缝边缘与基体金属要圆滑过渡，无过深、过长的咬边；焊缝背面必须均匀焊透；焊缝不允许有粗大的焊瘤和凹坑等。

1. 焊前准备

（1）焊件材料：Q235 钢。

（2）焊件尺寸：200 mm × 50 mm × 1.5 mm，每组两块，如图 2–17 所示。

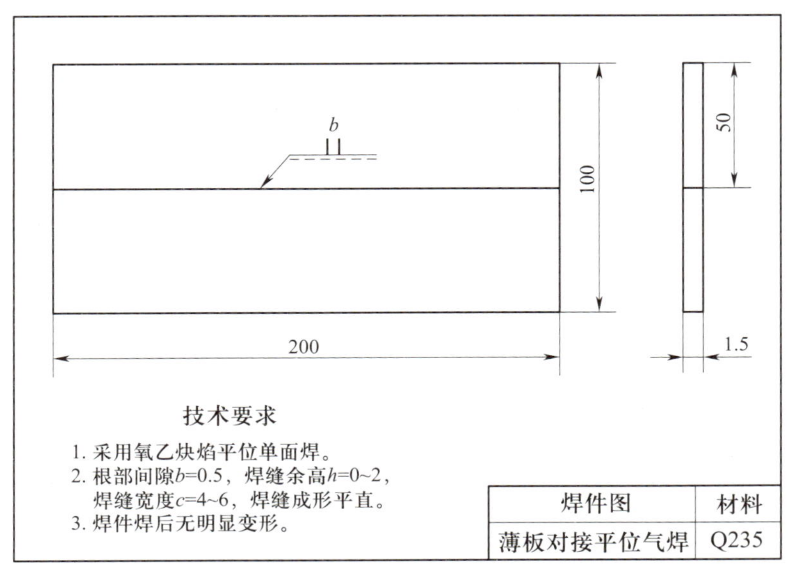

图 2–17　薄板对接平位气焊焊件图

（3）焊接材料：焊丝牌号为 H08A，直径为 2 mm。

（4）焊接要求：平位单面气焊。

（5）焊接设备：氧气瓶、氧气减压器、乙炔瓶、乙炔减压器、焊炬（H01-6 型）、橡胶软管。

（6）辅助器具：护目镜、点火枪、通针、钢丝刷等。

2. 焊前清理

焊前应将焊件表面的氧化皮、铁锈、油污、污物等用钢丝刷、砂布或抛光的方法进行清理，直至露出金属光泽。

3. 确定气焊参数

（1）选择左向焊法

焊丝在焊炬前面，火焰指向焊件待焊部分，两者同时从焊缝右端向左端移动。

（2）调节火焰能率

用与焊件同样材质、厚度的钢板作试验板，根据经验调节适于平焊位置的火焰能率。

（3）选择火焰性质

应选择中性焰进行焊接。

4. 定位焊

将准备好的两个焊件平整地放置在工作台上，预留根部间隙约 0.5 mm。定位焊缝的长度和间距视焊件的厚度和焊缝长度而定。焊件越薄，定位焊缝的长度和间距越小；反之则应加大。本课题焊件厚度为 1.5 mm，定位焊由焊件中间开始向两头进行，定位焊缝长度为 5 ~ 7 mm，间隔为 50 ~ 100 mm，定位焊的顺序如图 2-18 所示。定位焊缝不宜过长、过高或过宽，但要保证焊透。

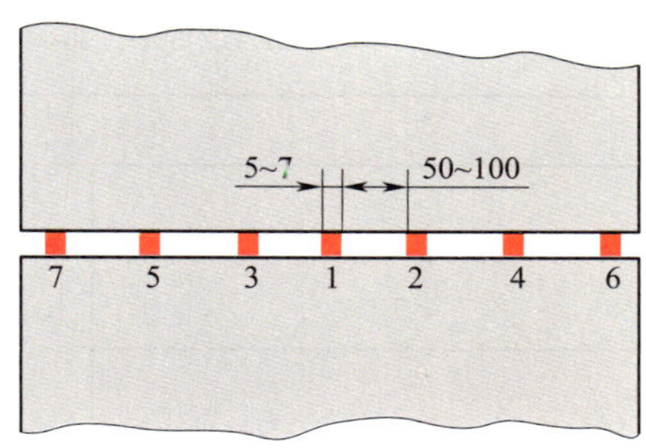

图 2-18　定位焊的顺序

定位焊缝横截面形状要求如图 2-19 所示。

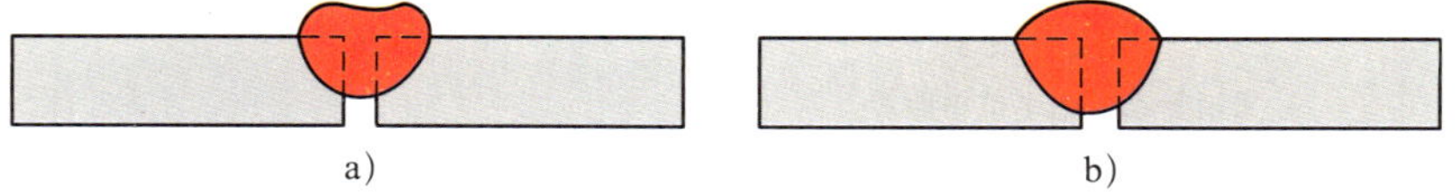

图 2-19　对定位焊缝的要求

a）不好　b）好

5. 预置反变形

定位焊后，可采用焊件预置反变形法来防止焊件产生角变形，即将焊件沿接缝处向下折成160°左右，如图2–20所示，然后用胶木锤将接缝处矫正齐平。

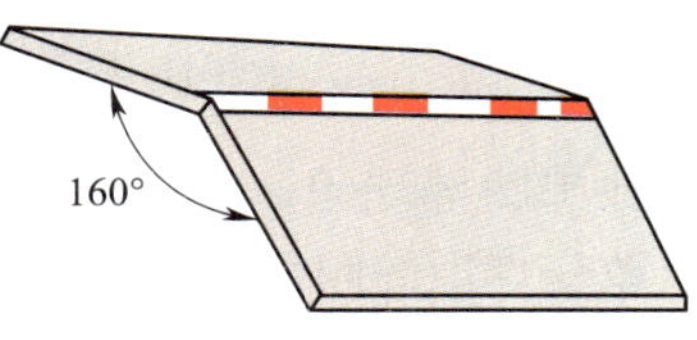

图2–20　预置反变形法

6. 焊接过程

薄板对接平位气焊操作步骤见表2–9。

表2–9　　薄板对接平位气焊操作步骤

操作步骤及要领	图示
（1）起焊 首先将焊炬的倾斜角放大些，然后对准焊件始焊端做往复运动，进行预热，如图2–21所示。在第一个熔池形成前，仔细观察熔池的形成，并将焊丝端部置于火焰中进行预热。当焊件由红色熔化成白亮而清晰的熔池时，便可熔化焊丝，将焊丝熔滴滴入熔池，随后立即将焊丝抬起，焊炬向前移动，形成新的熔池，如图2–22所示。	图2–21　焊前预热时焊炬的倾斜角 a）示意图　b）实物图 1—焊丝　2—焊炬 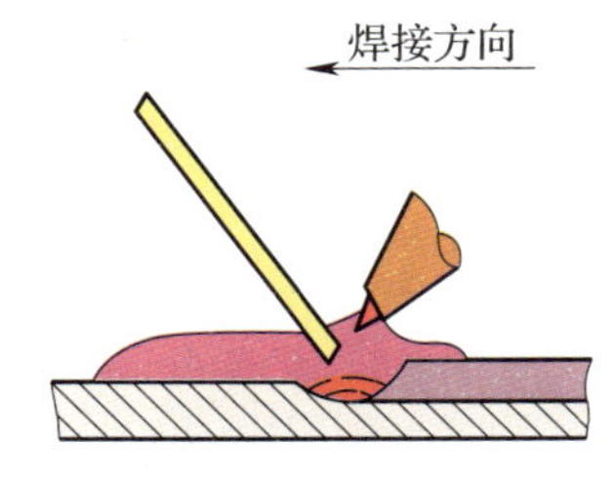 图2–22　采用左向焊法时焊炬与焊丝端部的位置
（2）焊接 在焊接过程中，必须保证火焰为中性焰；否则，易出现熔池不清晰、有气泡、火花飞溅或熔	

操作步骤及要领	图示
池沸腾等现象，如图 2–23 所示。同时，可通过改变焊炬的倾斜角、高度和焊接速度来控制熔池的大小。若发现熔池过小，焊丝与焊件材料不能充分熔合，应增大焊炬倾斜角，减慢焊接速度，以增加热量。若发现熔池过大，且没有流动金属时，表明焊件被烧穿。此时，应迅速提起焊炬或加快焊接速度，减小焊炬倾斜角，并多加焊丝，再继续施焊。 在焊接过程中，为了获得优质而美观的焊缝，焊炬与焊丝应保持合适的角度（见图 2–24）并做均匀、协调的摆动。通过摆动，既能使焊缝金属熔透、熔匀，又避免了焊缝金属的过热和过烧。在焊接某些有色金属时，还要不断地用焊丝搅动熔池，以促使熔池中各种氧化物及有害气体排出。 焊炬和焊丝均匀、协调摆动包括以下三个动作： 1）沿焊件接缝的纵向移动，以便不间断地熔化焊件和焊丝，形成焊缝。 2）焊炬沿焊缝做横向摆动，充分地加热焊件，并借混合气体的冲击力把液态金属搅拌均匀，使熔渣浮起，得到致密性好的焊缝。 3）焊丝在垂直于焊缝的方向送进并做上下移动，以调节熔池热量和焊丝的填充量。 焊炬和焊丝在操作时的摆动方法与幅度要根据焊件材料的性质、焊缝位置、接头形式及板厚等情况进行选择。本课题焊炬和焊丝的摆动方法如图 2–25 所示。	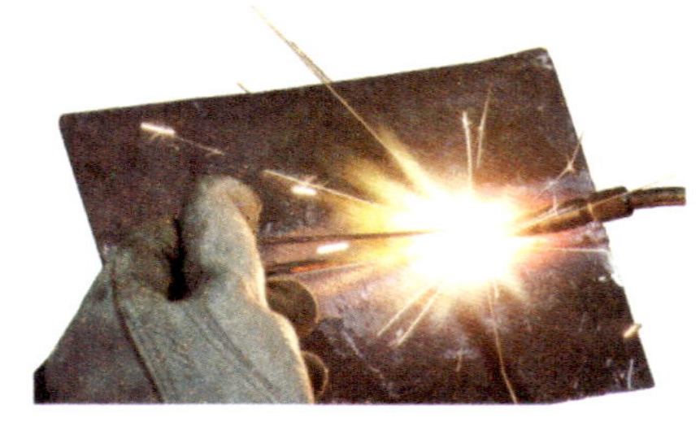 图 2–23　火花飞溅 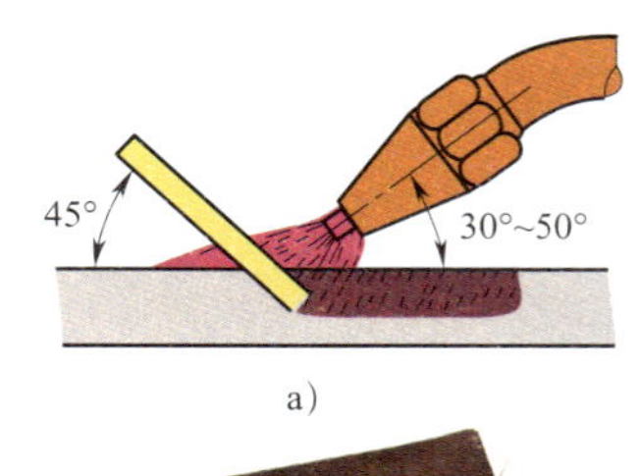 a） 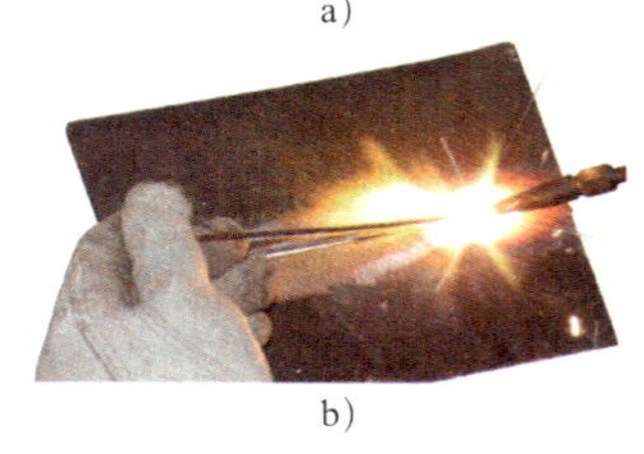 b） 图 2–24　焊接过程中焊炬与焊丝的角度 a）示意图　b）实物图 焊丝 焊炬 图 2–25　焊炬和焊丝的摆动方法
（3）接头 在焊接中途停顿后又继续施焊时，应用火焰将原熔池重新加热熔化，形成新的熔池后再加焊丝。重新开始焊接时，每次续焊应与前一焊缝重叠 5 ~ 10 mm，如图 2–26 所示，重叠焊缝可不加焊丝或少加焊丝，以保证焊缝高度合适及均匀、光滑过渡。	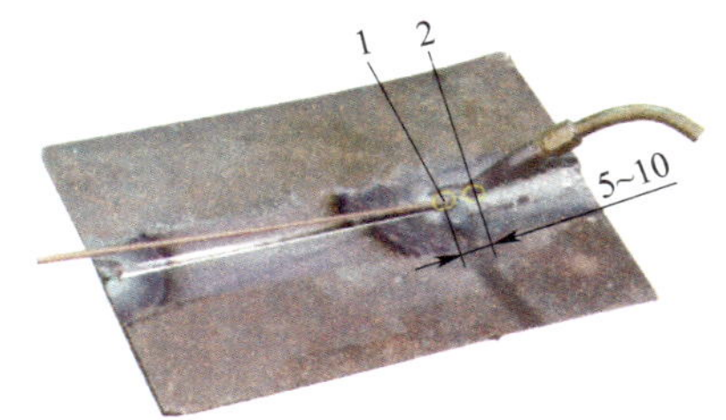 图 2–26　与前一焊缝重叠 1—原熔池　2—新熔池

续表

操作步骤及要领	图示
（4）收尾 当焊到焊件的终点时，要减小焊炬的倾斜角，增大焊接速度，并多加一些焊丝，避免熔池扩大，防止烧穿，如图 2–27 所示。同时，应用温度较低的外焰保护熔池，直至熔池填满，火焰才能缓慢离开熔池。	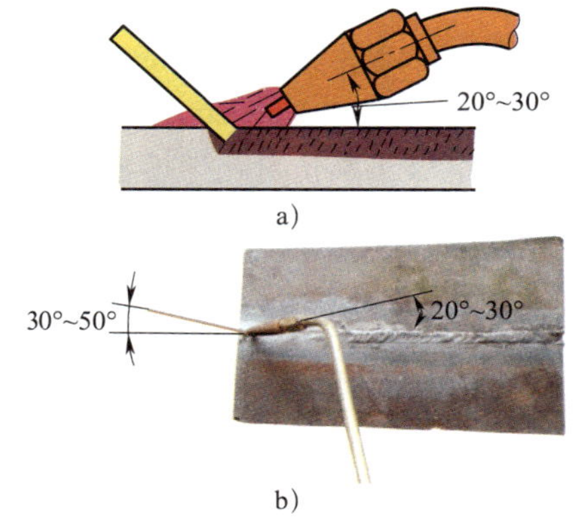 图 2–27　收尾时焊炬的倾斜角 a）示意图　b）实物图

经验点滴

（1）在焊接过程中，如果发现熔池不清晰、有气泡、火花飞溅或熔池沸腾，是因为中性焰变成了氧化焰，应及时用食指调整氧气调节阀，将火焰调节为中性焰，然后再进行焊接。

（2）若发现熔池金属被吹出或火焰发出“呼呼”声，则说明气体流量过大，应立即减小火焰能率。

（3）若发现焊缝过高，与基体金属熔合不圆滑，则说明火焰能率低，应增大火焰能率，减慢焊接速度。

7. 焊接质量要求

（1）焊缝宽度为 4 ~ 6 mm，焊缝余高为 0 ~ 2 mm，焊道成形应整齐、美观，不允许有粗大的焊瘤和凹坑。

（2）定位焊产生缺陷时，必须清除或打磨后修补，以保证质量。

（3）焊缝边缘和母材要圆滑过渡，无咬边。

（4）焊缝背面必须均匀焊透。

课题二 薄板 T 形接头平角焊气焊

学习目标及技能要求

1. 能够正确使用气焊设备，合理选择气焊参数。
2. 掌握低碳钢薄板 T 形接头平角焊气焊的操作方法。

工艺分析

T 形接头平角焊气焊具有平焊和立焊的特点，平板焊缝成形较好，而立板熔敷金属则容易下坠，焊缝表面不易形成均匀的焊缝波纹。焊接时的火焰能率应比平焊时小，并应严格控制熔池温度，熔池面积和深度应小一些。

焊炬与焊件的角度根据焊件厚度来决定。但各种厚度的焊件在刚开始焊接时，焊炬与焊件的角度应大些，随着焊接过程的进行，由于焊件的温度升高，则焊炬与焊件的角度可以减小些。焊丝端部始终沉浸在熔池内，并不断地搅拌熔池，在整个施焊过程中，火焰必须始终笼罩着熔池和焊丝端部，以免熔化金属与空气接触而氧化。

1. 焊前准备

（1）焊件材料：Q235 钢。

（2）焊件尺寸：200 mm × 50 mm × 5 mm 一块，200 mm × 100 mm × 5 mm 一块，如图 2-28 所示。

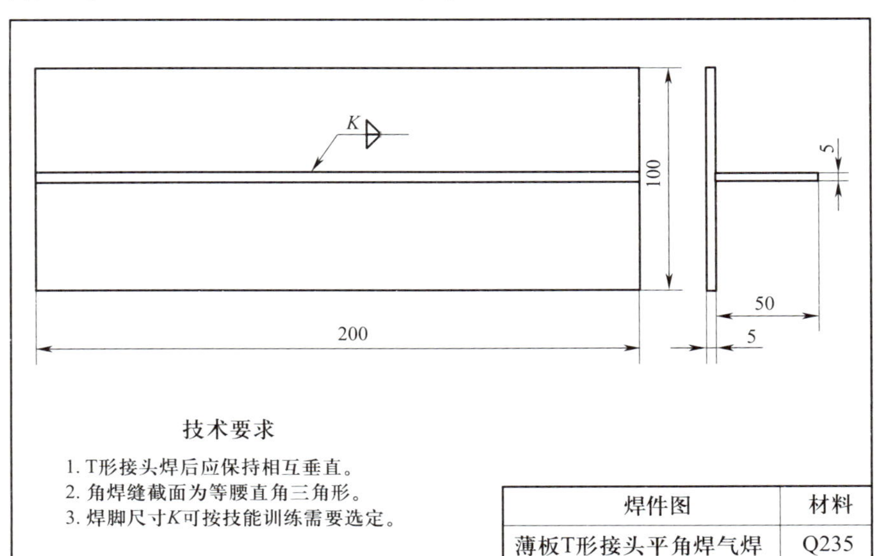

图 2-28 薄板 T 形接头平角焊气焊焊件图

（3）焊接材料：焊丝牌号为 H08A，直径为 2 mm。

（4）焊接要求：平角焊气焊。

（5）焊接设备：氧气瓶、氧气减压器、乙炔瓶、乙炔减压器、焊炬（H01–12 型）、橡胶软管。

（6）辅助器具：护目镜、点火枪、通针、钢丝刷等。

2. 焊前清理

焊前应将焊件表面的氧化皮、铁锈、油污、污物等用钢丝刷、砂布或抛光的方法进行清理，直至露出金属光泽。

3. 确定气焊参数

（1）选择左向焊法

焊丝在焊炬前面，火焰指向焊件待焊部位，两者同时从焊缝右端向左端移动。

（2）调节火焰能率

用与焊件同样材质、厚度的钢板作试验板，根据经验调节适于 T 形接头平角焊的火焰能率。

（3）选择火焰性质

应选择中性焰进行焊接。

4. 装配与定位焊

（1）装配

将准备好的两个焊件按图 2–28 所示的位置整齐地放置在工作台上，预留根部间隙约 0.5 mm。

（2）定位焊

定位焊采用与正式焊接相同牌号的焊丝，定位焊的位置应在焊件两端的对称处，将焊件组焊成 T 形接头，四条定位焊缝长度均为 10 ~ 15 mm，定位焊缝不宜过长、过高或过宽，但要保证熔合良好。定位完毕矫正焊件，保证立板与平板的垂直度，如图 2–29 所示。

图 2–29　定位与矫正后的焊件

5. 焊接过程

薄板 T 形接头平角焊气焊操作步骤见表 2–10。

6. 焊接质量要求

（1）焊缝焊脚尺寸为 4 ~ 5 mm，焊缝表面略呈内凹状，焊道成形应整齐、美观。

表 2-10　　　　　　薄板 T 形接头平角焊气焊操作步骤

操作步骤及要领	图示
（1）起头 首先使焊炬与焊接方向的反方向成 80°～90° 夹角，然后对准焊件始焊端定位焊缝处做往复运动，进行预热，如图 2-30 所示。在第一个熔池形成前，仔细观察熔池的形成情况，并将焊丝端部置于火焰中进行预热。当焊件及定位焊缝处由红色熔化成白亮而清晰的熔池时，便可熔化焊丝，将焊丝熔滴滴入熔池。焊接开始时要少量填加，焊炬进行小圆圈形摆动，注意摆到两边时稍作停留。焊过定位焊缝后可以多加焊丝，焊丝端部要始终浸在熔池中，并不断地把熔化金属向熔池斜右上方推去，焊丝做斜圆圈形运动，使熔池略倾斜，以便焊缝容易成形，并防止熔化金属形成咬边及焊瘤等缺陷。	 图 2-30　焊前预热焊炬的倾斜角
（2）焊接 在焊接过程中，应严格控制熔池温度，随时掌握熔池温度的变化，控制熔池形状，当发现熔池温度过高，熔化金属即将下淌时，应立即将火焰移开，使熔池温度降低后再继续进行焊接。一般为了避免熔池温度过高，可以把火焰较多地集中在焊丝上，同时加快焊接速度，以保证焊接过程正常进行。为了保证焊接质量和获得优质而美观的焊缝，焊炬与焊丝应保持合适的角度（见图 2-31）并做均匀、协调的摆动，当焊炬摆动到焊缝的两侧时要稍作停留，待焊丝熔滴与平板和立板熔合良好后再摆动，并保持均匀的送丝速度、焊接速度和摆动幅度。	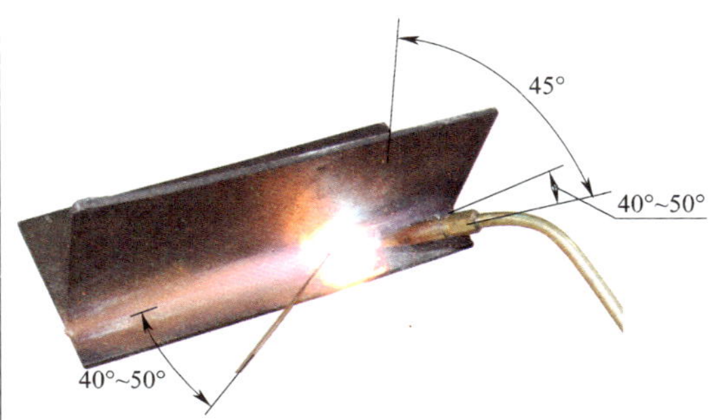 图 2-31　焊接过程中焊炬与焊丝的角度
（3）收尾 当焊到焊件的左侧终点时，要适当减小焊炬的倾斜角（见图 2-32），将气体火焰的热量较多地集中在焊丝上，多填加焊丝，从而加快焊接速度，以使焊缝收尾处成形饱满，防止烧穿。	 图 2-32　收尾时焊炬的倾斜角

（2）定位焊产生缺陷时，必须清除或打磨后修补，以保证质量。

（3）焊缝边缘和母材要圆滑过渡，无咬边。

（4）焊缝焊脚尺寸要均匀一致，不能过大或过小，焊缝两侧要界线清晰。

经验点滴

（1）在焊接过程中，要随时保持熔池向右倾斜的形状，以对熔化金属起到支承的作用，使其不易下坠，避免产生未熔合或金属焊瘤等缺陷。

（2）焊接过程中焊炬倾角是不断变化的，可以根据需要灵活调整。

课题三 管材对接水平转动气焊

学习目标及技能要求

掌握小直径低碳钢管对接水平转动氧乙炔焰气焊打底焊和盖面焊的操作方法。

钢管气焊时一般均采用对接接头。管的用途不同，对焊接质量的要求也不同。重要的管道要求单面焊双面成形，以满足较高工作压力的要求；工作压力较低的管道，对焊缝接头只要求不泄漏，并达到一定强度即可。

对于重要管道的焊接，当壁厚大于 2.5 mm 时，为了保证焊缝全部焊透，需开 V 形坡口并留有钝边。管道气焊时的坡口形式及尺寸见表 2–11。

表 2–11　　管道气焊时的坡口形式及尺寸

管壁厚度（mm）	≤ 2.5	2.5 ～ 6	6 ～ 10	10 ～ 15
坡口形式	I 形	V 形	V 形	V 形
坡口角度（°）	—	40 ～ 60	40 ～ 60	40 ～ 60
钝边（mm）	—	0.5 ～ 1.5	1 ～ 2	2 ～ 3
间隙（mm）	1 ～ 1.5	1 ～ 2	2 ～ 2.5	2 ～ 3

注：采用右向焊法时，坡口角度为 60° ～ 70°。

管材对接水平转动气焊分为左向爬坡焊和右向爬坡焊两种施焊方式。

左向爬坡焊：应始终控制在与管道水平中心线夹角为 50° ～ 70° 的范围内进行焊接，如图 2–33 所示。这样可以加大熔深，并易于控制熔池形状，使接头全部焊透；同时，被填充的熔滴金属自然流向熔池下边，使焊缝堆高快，有利于控制焊缝的高低，更好地保证焊缝质量。

右向爬坡焊：因火焰吹向熔化金属部分，为了防止熔化金属被火焰吹成焊瘤，熔池应控制在与管道垂直中心线夹角为 10° ~ 30° 的范围内进行焊接，如图 2–34 所示。

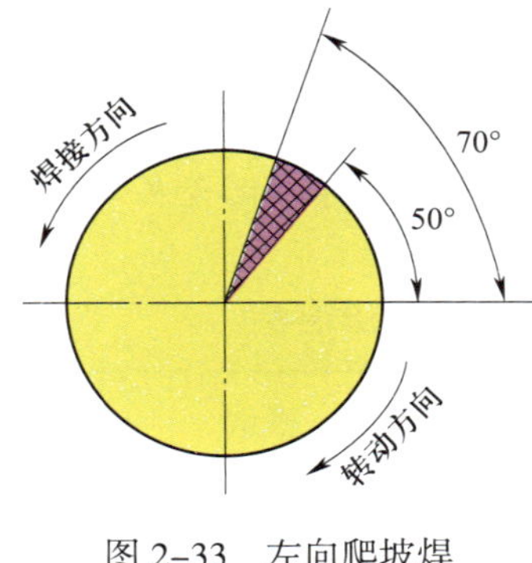

图 2–33　左向爬坡焊

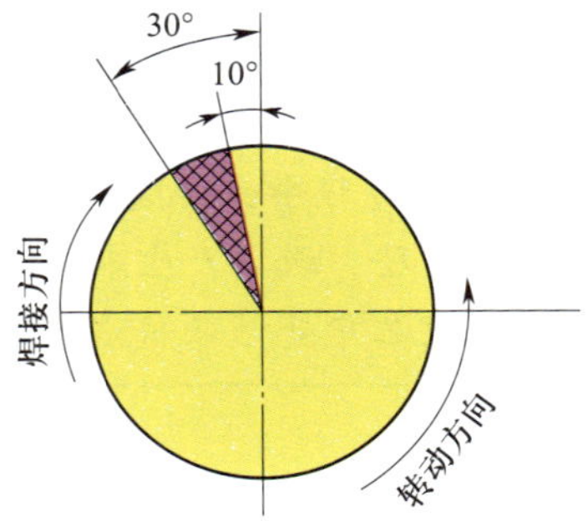

图 2–34　右向爬坡焊

工艺分析

在管材对接水平转动气焊中，应当灵活地改变焊丝、焊炬和钢管之间的夹角，才能保证不同位置的熔池形状，达到既能焊透又不产生过热和烧穿现象的目的。起点和终点处应相互重叠 10 ~ 15 mm，以避免起点和终点处产生焊接缺陷。

1. 焊前准备

（1）焊件材料：20 钢管。

（2）焊件尺寸：ϕ 57 mm × 4 mm，L=80 mm，每组两根；60° ± 5°V 形坡口，如图 2–35 所示。

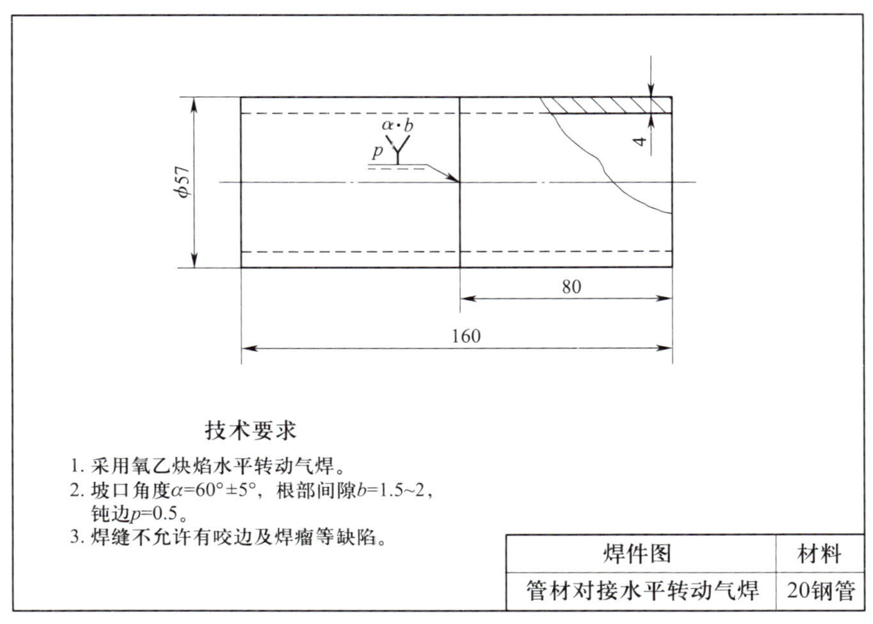

焊件图	材料
管材对接水平转动气焊	20钢管

图 2–35　管材对接水平转动气焊焊件图

（3）焊接要求：单面焊双面成形，采用左向焊法。

（4）焊接材料：焊丝牌号为 H08，直径为 2 mm。

（5）焊接设备：氧气瓶、氧气减压器、乙炔瓶、乙炔减压器、焊炬（H01–6 型）、橡胶软管。

（6）辅助器具：护目镜、点火枪、通针、钢丝刷等。

2. 焊前清理

将焊件坡口面及坡口两侧内、外表面的氧化皮、铁锈、油污、污物等用钢丝刷、砂布或抛光的方法进行清理，直至露出金属光泽。

3. 焊件装配

钝边为 0.5 mm，无毛刺，根部间隙为 1.5 ~ 2 mm，错边量≤ 0.5 mm。

4. 定位焊

对直径不超过 70 mm 的管子，一般只需定位焊 2 处；对直径为 70 ~ 300 mm 的管子可定位焊 4 ~ 6 处；对直径超过 300 mm 的管子可定位焊 6 ~ 8 处或以上。无论管子直径大小，定位焊的位置都要均匀、对称布置，焊接时的始焊点应在两个定位焊点中间，如图 2–36 所示。

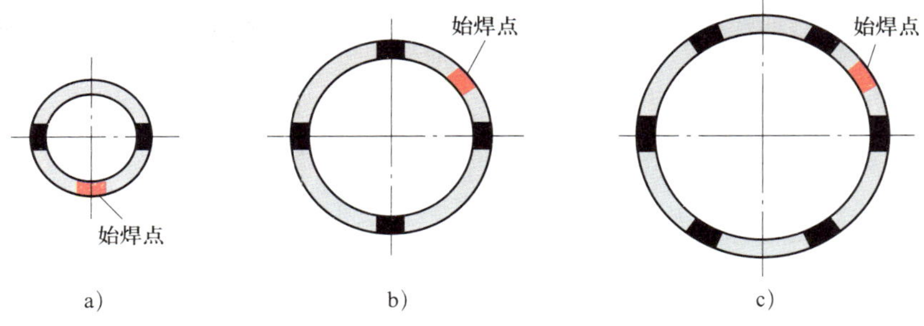

图 2–36　不同管径定位焊点及始焊点

a）直径 <70　b）直径为 70 ~ 300　c）直径 >300

5. 焊接过程

管材对接水平转动气焊操作步骤见表 2–12。

表 2–12　　管材对接水平转动气焊操作步骤

操作步骤及要领	图示
（1）打底焊 在打底焊过程中，焊嘴与钢管表面的倾斜角度为 45° 左右，如图 2–37 所示。在施焊位置加热始焊点，保证焰心端部到熔池的间距为 4 ~ 5 mm，当看到坡口钝边熔化并形成熔池后，立即把焊丝送入熔池前沿，使其熔化后填充熔池。	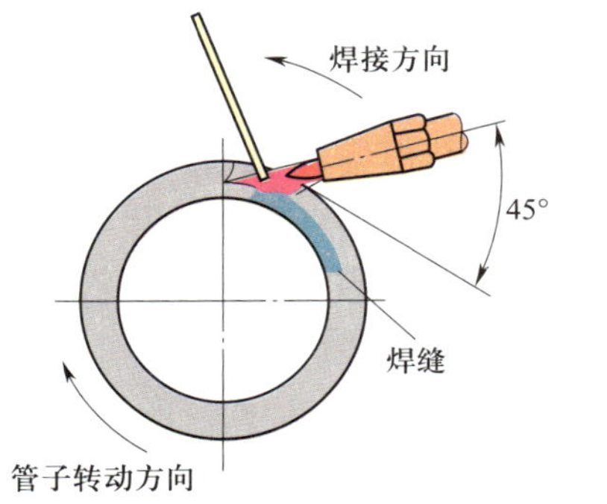 图 2–37　焊嘴与钢管表面的倾角

续表

操作步骤及要领	图示
焊嘴做圆圈形运动，熔孔不断前移，焊丝处于熔池的前沿并不断地向熔池中填充形成焊缝，如图 2-38 所示。收尾时，火焰要慢慢地离开熔池。	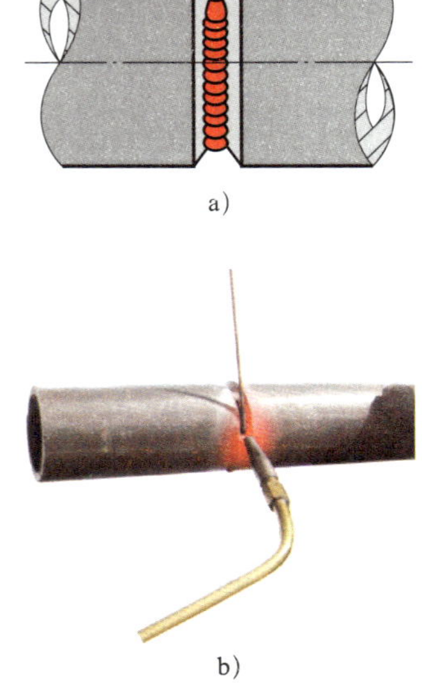 a) b) 图 2-38　打底层焊缝 a）示意图　b）实物图
（2）盖面焊 在盖面层焊接中，焊炬要做适当的横向摆动，火焰能率应适当小些，使焊缝表面成形良好，如图 2-39 所示。收尾时，应将终焊端和始焊端重叠 10 mm 左右，并使火焰慢慢离开熔池。 在整个焊接过程中，每一层焊缝应一次焊完，并且各层的始焊点互相错开 20 ~ 30 mm。每次焊接结束时，要填满熔池，火焰慢慢地离开熔池，防止产生气孔、夹渣等缺陷。	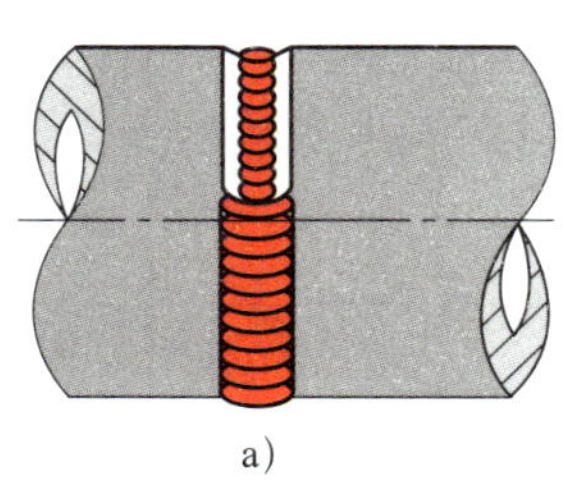 a) 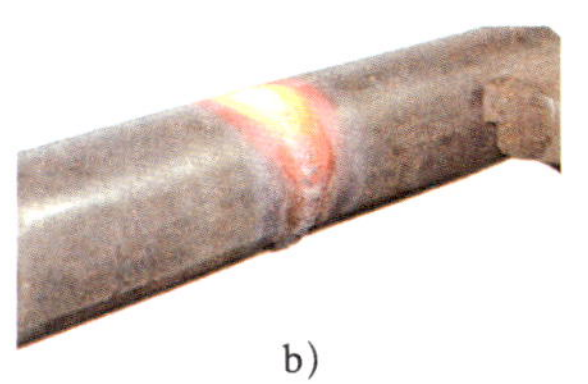 b) 图 2-39　盖面层焊缝 a）示意图　b）实物图

经验点滴

（1）在焊接过程中，应始终保持熔池大小一致，才能焊出均匀的焊缝。如发现熔池过小，焊丝不能与焊件熔合，仅敷在焊件表面，表明热量不足，因此应增大焊炬倾角，减慢焊接速度。如发现熔池过大，且没有流动金属时，表明焊件被烧穿。此时，应迅速提起火焰或加快焊接速度，减小焊炬倾角，并多加焊丝。

（2）焊炬和焊丝的移动要配合好。焊道的宽度、高度和笔直度必须均匀、整齐，表面的波纹要规则、平整，没有焊瘤、凹坑、气孔等缺陷。

6. 焊接质量要求

（1）焊缝表面宽度为 10 ~ 12 mm，正面高度为 0 ~ 2 mm，背面高度为 0 ~ 3 mm，焊缝表面成形美观。

（2）焊缝表面无裂纹、夹渣、咬边、气孔、未熔合或未焊透等缺陷。

（3）焊缝与母材应圆滑过渡。

（4）进行通球检验，检验球直径为 85% 管内径，通过为合格。

安全生产

乙炔是一种具有爆炸性的危险气体，当压力为 0.15 MPa，气体温度为 580 ~ 600 ℃时，乙炔就会自行爆炸。

乙炔与空气或氧气混合而成的气体也具有爆炸性。乙炔的含量（按体积计算，下同）在 2.2% ~ 81% 范围内与空气形成的混合气体，以及乙炔的含量在 2.8% ~ 93% 范围内与氧气形成的混合气体，只要遇到火星就会立刻爆炸。

乙炔爆炸时会产生高热，特别是产生高压气浪，其破坏力很强，因此，使用乙炔时必须注意安全。

课题四　厚板气割

学习目标及技能要求

1. 能合理地选择气割参数。
2. 掌握厚板直线气割的操作方法。

工艺分析

气割中、厚板时，如果气割参数选择不当，操作不熟练，容易产生挂渣、塌角、切割面不垂直及割纹不均匀等缺陷；还会因为切割速度掌握不当，出现割不透现象，或使切口产生后拖量等而影响气割质量。因此，气割参数的选择非常重要。

1. 气割前准备

（1）试件材料：Q235 钢。

（2）试件尺寸：450 mm × 300 mm × 30 mm，如图 2-40 所示。

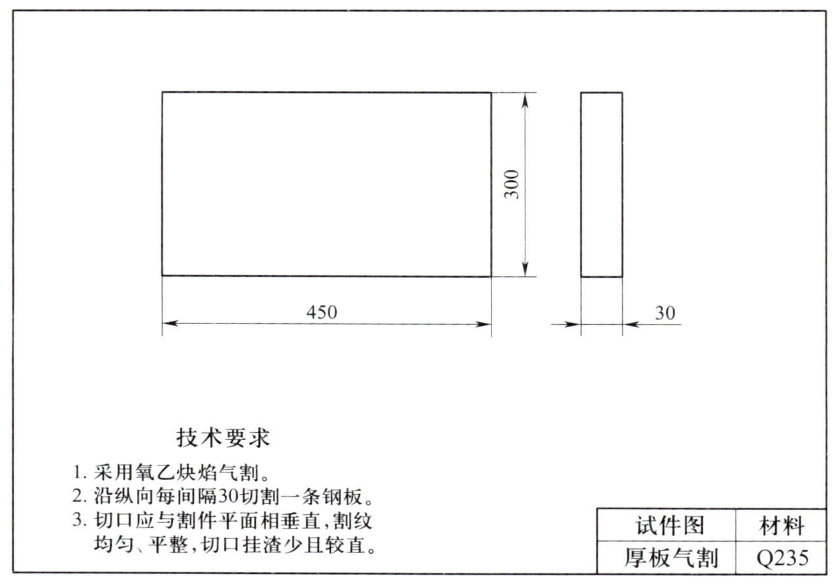

图 2-40　厚板气割试件图

（3）气割设备：氧气瓶、氧气减压器、乙炔瓶、乙炔减压器、割炬（G01-100 型）、3 号环形（或梅花形）割嘴、橡胶软管。

（4）辅助器具：护目镜、点火枪、通针、钢丝刷等。

2. 气割前清理

用钢丝刷等工具将试件表面的铁锈、鳞皮和污物等仔细清理干净，然后将割件用耐火砖垫空，以便于切割。

3. 气割过程

厚板气割操作步骤见表 2-13。

表 2-13　　厚板气割操作步骤

操作步骤及要领	图示
（1）点火 点火前应先检查割炬的射吸能力，然后逆时针方向旋转乙炔调节阀放出乙炔，再逆时针微开氧气调节阀，左手持点火枪置于割嘴的后侧，开始点火。点火时手要避开火焰，以防止烧伤，如图 2-41 所示。 将火焰调成中性焰或轻微氧化焰，然后打开割炬上的切割氧开关，并增大氧气流量，使切割氧流的形状（即风线形状）成为笔直而清晰的圆柱体，并有一定的长度；否则，应关闭割炬上所有的调节阀，用通针进行修整或者调整内嘴和外嘴的同轴度。预热火焰和风线调整好后，关闭割炬上的切割氧调节阀，准备起割。	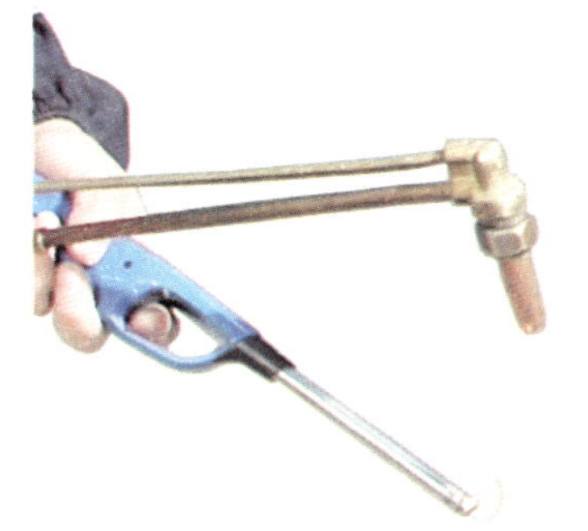 图 2-41　点火姿势
（2）起割 开始切割时，由割件边缘棱角处开始预热，要准确控制割嘴与割件间的垂直度，如图 2-42 所示。待边缘呈现亮红色时，表明割件金属已达到燃点，此时逐渐开大切割氧调节阀，并将割嘴稍向切割方向倾斜 5° ~ 10°，如图 2-43 所示。同时，将火焰局部移出边缘线以外。当看到被预热的红点在氧气流中被吹掉时，进一步开大切割氧调节阀，看到割件背面飞出鲜红的氧化金属渣时，证明割件已被割透，再加大切割氧流，并使割嘴垂直于割件，进入正常气割过程。	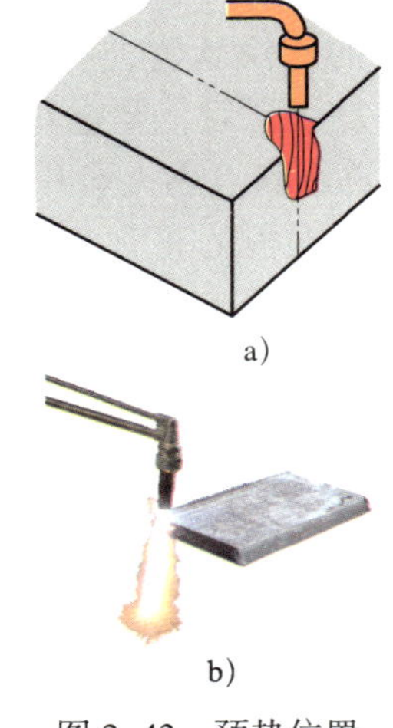 a） b） 图 2-42　预热位置 a）示意图　b）实物图 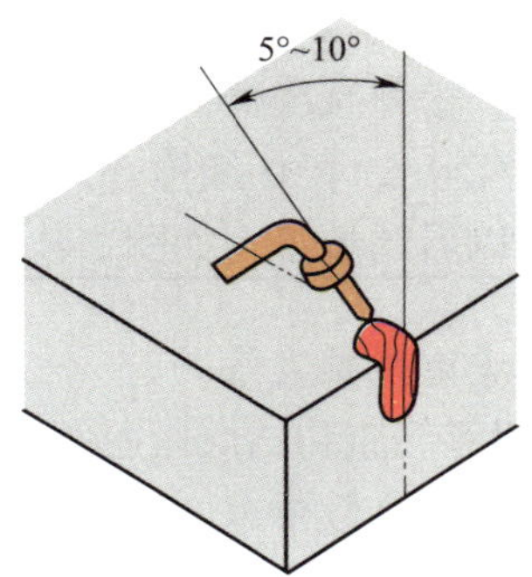 图 2-43　预热、起割钢板边缘

续表

操作步骤及要领	图示
（3）气割 起割后，为了保证切口的质量，在整个气割过程中，割炬移动速度要均匀，割嘴离割件表面的距离要保持一定。若身体需更换位置，应先关闭切割氧调节阀，待身体的位置移好后，再将割嘴对准待割处，适当加热，然后慢慢打开切割氧调节阀，继续向前切割。 在气割过程中，因割嘴过热或氧化铁渣的飞溅，使割嘴堵塞或乙炔供应不足时，会出现爆鸣或回火现象。此时，必须迅速关闭预热氧和切割氧调节阀，切断氧气供给，防止出现回火。如果仍然听到割炬里有“嗞嗞”的响声，则说明火焰没有完全熄灭，此时应迅速关闭乙炔调节阀，或者拔下割炬上的乙炔软管，将回火的火焰排出。经以上处理恢复正常后，要重新检查割炬的射吸能力，然后才允许重新点燃火焰开始工作。 在中、厚钢板的正常气割过程中，割嘴要始终垂直于割件做横向月牙形或“之”字形摆动，如图 2-44 所示。移动速度要慢，并且应连续进行，尽量不中断气割，避免割件温度下降。	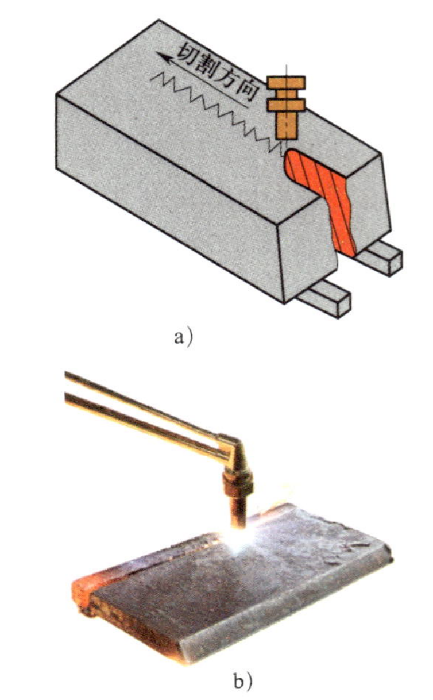 图 2-44　割嘴沿切割方向横向摆动 a）示意图　b）实物图
（4）停割 1）气割过程接近终点时，割嘴应沿切割方向的反方向倾斜 5° ~ 10°，将切割速度适当放慢，这样可以减少后拖量，以便将钢板的下部提前割透，使切口在收尾处整齐、美观。 2）到达终点时，应迅速关闭切割氧调节阀并将割炬抬起，再关闭乙炔调节阀，最后关闭预热氧调节阀。松开减压器调节螺钉，将氧气放出。 3）停割后，要仔细检查及清理切口边缘的挂渣，以便于以后的加工，如图 2-45 所示。	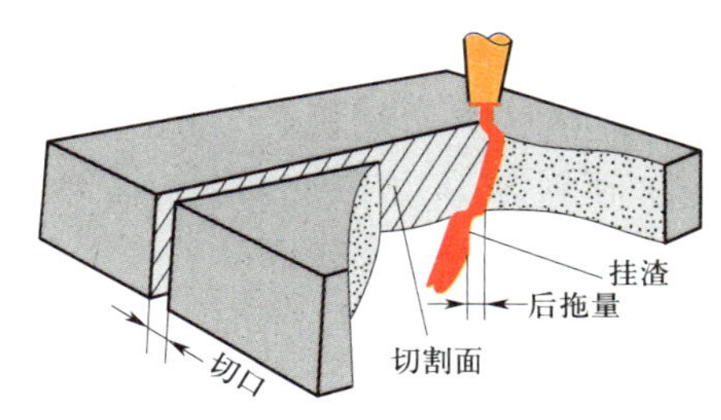 图 2-45　切口检查

4. 结束气割工作

关闭氧气瓶和乙炔瓶瓶阀。

5. 气割质量要求

气割切口表面应光滑、干净，而且粗细纹路一致，气割的挂渣容易脱落；气割切口缝隙较窄，而且宽窄一致；气割切口的钢板边缘棱角没有熔化等。

教师指导

【问题 1】怎样正确使用割炬？

回答：（1）根据割件的厚度，选用合适的割嘴。装配割嘴时，内嘴与外嘴必须保持同轴，这样才能使切割氧流位于预热火焰的中心而不发生偏斜。

（2）割炬经射吸情况检查正常后，方可把乙炔胶管接上，并用细铁丝扎紧。

（3）割炬点火后，应将火焰调整正常。如果出现打开切割氧时火焰立即熄灭的现象，则表明割嘴的外嘴与内嘴配合不当、气道之间有漏气等，此时需将射吸管螺母拧紧。

（4）随时用通针清除割嘴通道内的污物、飞溅物等，以保持通道清洁、光滑。

（5）当发生回火时，应立即关闭切割氧调节阀，然后关闭乙炔和预热氧调节阀。

【问题 2】气割时产生后拖量的主要原因是什么？

回答：（1）切口上层金属在燃烧时产生的气体冲淡了切割氧气流，使下层金属燃烧缓慢。

（2）下层金属无预热火焰的直接作用，因而使火焰不能充分地对下层金属加热，使割件下层不能剧烈燃烧。

（3）割件下层金属离割嘴距离较远，氧气流射线直径增大，吹除氧化物的能力降低。

（4）切割速度太快，来不及将下层金属氧化而造成后拖量。

气割的后拖量是不可避免的，尤其是在气割厚钢板时更为显著。因此，合理的切割速度应该以切口产生的后拖量较小为原则，以保证气割质量。

【问题 3】气割时要注意哪些问题？

回答：（1）乙炔瓶、氧气瓶距离割炬或其他火源不得小于 10 m。

（2）两瓶之间的距离不得小于 3 m。

（3）空油桶、空沥青桶等在经严格清洗前禁止进行气割。

（4）气割工作完毕，按规定及时清理场地。

课题五　铜管搭接钎焊

学习目标及技能要求

1. 能够进行铜管火焰钎焊前的清洗和表面处理以及焊后对焊缝的清洗。
2. 能够正确选择铜管火焰钎焊的钎剂和钎料。
3. 掌握铜及铜合金管搭接接头氧乙炔焰钎焊的操作方法。

工艺分析

管接头火焰钎焊时，钎焊件母材表面及钎料表面应清理干净；接头间隙应适当，并设出气孔，否则容易产生气孔。

焊后冷却不宜太快；否则凝固过程中会有振动，容易产生裂纹。

钎焊时间不宜过长，温度不宜过高；否则会促使钎料金属晶粒粗大，造成钎缝表面不光滑。

1. 钎焊前准备

（1）焊件材料：T2。

（2）焊件尺寸：具体尺寸如图 2–46 所示。

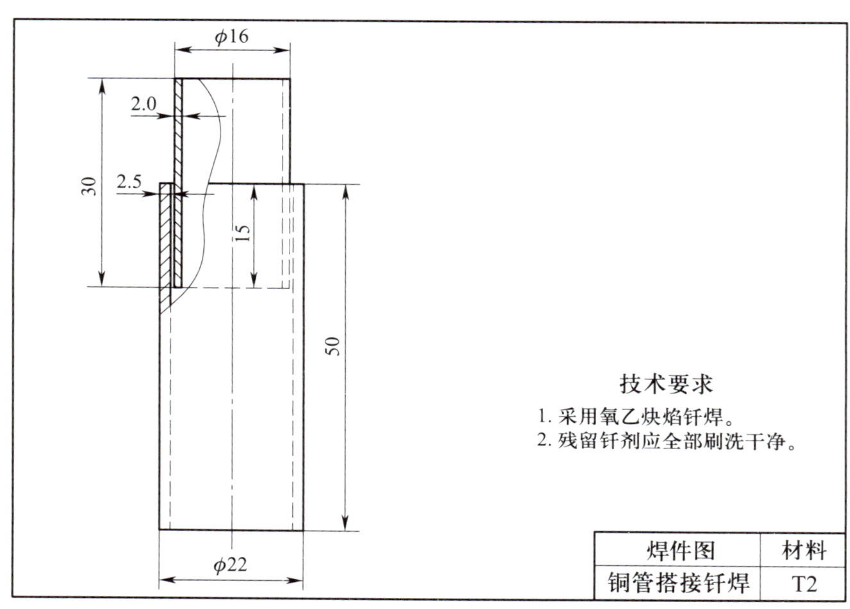

图 2–46　铜管搭接钎焊焊件图

（3）钎料和钎剂：选用丝状或棒状（ϕ 3.0 ~ 5.0 mm）的 BCu93P 为钎料，粉状 FB102 为钎剂。

（4）钎焊间隙：0.1 ~ 0.5 mm。

（5）钎焊设备及工具：氧气瓶、氧气减压器、乙炔瓶、乙炔减压器、焊炬（H01–12 型）、橡胶软管。

（6）辅助器具：护目镜、点火枪、通针、钢丝刷等。

2. 钎焊前清理

（1）修整管口边缘并去除毛刺，管口不应有裂纹、破裂或其他缺陷。

（2）在装配前需将铜管插入接头部分的表面及其连接部分的表面进行清理，用钢丝刷或砂布清除氧化物，用丙酮等有机溶剂清除油污。

3. 装配及定位焊

按照图 2–46 所示的要求，采用小管在上、大管在下的位置进行装配，如图 2–47 所示，用一处定位焊将其固定，并注意将定位焊缝熔入焊缝中。

图 2–47 装配及定位焊

4. 钎焊过程

铜管搭接钎焊操作步骤见表 2–14。

表 2–14 **铜管搭接钎焊操作步骤**

操作步骤及要领	图示
（1）预热 将火焰调成中性焰，在铜管插口至上方 15 mm 处采用俯位进行局部预热，在管件下部也进行局部预热，加热时，应不断将火焰上下移动，并做圆周运动，使管子受热均匀，如图 2–48 所示。加热至 400 ～ 500 ℃，使火焰在插口部位集中加热，注意加热要均匀。	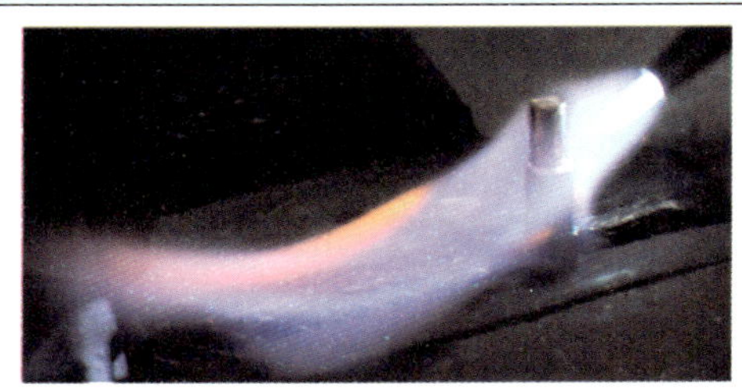 图 2–48 预热
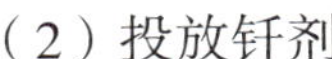（2）投放钎剂 将钎剂投入搭接的焊缝口，如图 2–49 所示，使钎剂受热熔成液态，在毛细作用下，钎剂被充分吸入环缝内。	 图 2–49 投放钎剂
（3）填加钎料 将钎料用焊炬加热，并涂以钎剂，填加至接头处，如图 2–50 所示。加热至熔融状态（650 ～ 700 ℃），熔融的钎料在毛细作用下流动，并被吸入后填充到接头间隙，直至环缝内钎料饱满。然后缓慢地将火焰移开，使接头自然冷却。	 图 2–50 填加钎料

续表

操作步骤及要领	图示
在钎料逐步冷却凝固呈完全固体状态时，温度下降到 400 ~ 500 ℃，此时，应仔细检查钎缝是否有缺陷，如有缺陷，可趁接口处温度较高进行补焊。 氧气和乙炔燃烧温度可达 3 250 ℃，但钎焊温度不能高于 800 ℃，因此，要注意加热均匀，掌握火候。	
（4）清理 钎焊后不允许立即移动焊件或将焊件的夹具卸下，应待接头温度降到 200 ℃以下时，接头已具有足够的强度，可用水清洗，并用毛刷清理残渣，这些残渣对钎焊接头有较强的腐蚀作用，清理不彻底会导致接头的早期失效，清理后的焊件如图 2–51 所示。	 图 2–51　清理后的焊件

5. 钎焊质量要求

钎缝表面应圆滑过渡、成形美观，无裂纹、气孔、未熔合等缺陷。

6. 钎焊注意事项

（1）焊件表面必须采取化学法严格清理，避免二次污染。

（2）钎剂的存放、使用应注意防潮，避免长时间暴露在空气中。

（3）两焊件接头要均匀加热。

（4）焊后及时清理，残渣一定要彻底清除。

（5）钎焊的时间应力求最短，以减少接触处的氧化。

（6）不能用火焰直接加热钎料，应加热焊件，使钎料接触焊件后熔化。

（7）火焰的高温区不要对着已熔化的钎料和钎剂；否则，会使钎料和钎剂过热、过烧，造成某些成分的挥发和氧化，从而导致接头的性能变差。

（8）钎焊后的焊件须待钎料凝固后方可挪动位置。

安全生产

火焰钎焊过程中除严格遵守气焊的有关安全操作规程外，还应注意以下问题：

（1）钎焊过程中接触的化学溶液较多，应严格遵守使用和保管有关化学溶液的规定。

（2）钎焊过程中要防止锌、镉等蒸气及氟化氢的毒害。凡使用含锌、镉等钎料及氟化物钎剂进行钎焊时，应在通风良好的条件下进行，操作时要戴防毒口罩。凡钎焊工作区域天花板的高度低于5 m，或在妨碍对流通风的场合进行钎焊时，必须安装通风装置，以防有毒物质的积聚。

第三单元

焊条电弧焊

基础知识

学习目标及技能要求

1. 了解焊条电弧焊设备、工具和防护用品。
2. 能正确使用焊缝检验尺。
3. 掌握焊条电弧焊焊接参数选择的依据。

焊条电弧焊是用手工操作焊条进行焊接的电弧焊方法，适用于焊接碳钢、低合金钢、不锈钢、铜及铜合金、铝及铝合金等金属材料。

一、焊条电弧焊设备

焊条电弧焊的设备简单，操作方便、灵活，适用于各种条件下的焊接，特别适用于结构和形状复杂、焊缝短小或弯曲以及各种空间位置焊缝的焊接。常用的焊条电弧焊设备有BX3–300型弧焊变压器、BX1–315型弧焊变压器或ZX5–400型弧焊整流器。

1. BX3–300型弧焊变压器

BX3–300型弧焊变压器属于动圈式变压器，是生产中应用最广泛的一种交流焊机，其外形如图3–1所示。它依靠一次绕组、二次绕组间漏磁获得陡降外特性，其结构如图3–2所示。它有一个高而窄的口字形铁心，变压器的一次绕组分成两部分，固定在口字形铁心两心柱的底部；二次绕组也分成两部分，装在两铁心柱的上部并固定于可动的支架上，通过调节丝杆连接，转动手柄可使二次绕组上下移动，以改变一次绕组、二次绕组间的距离，从而调节焊接电流的大小。

焊接电流的调节有两种方法，即粗调节和细调节。粗调节是通过改变一次绕组、二次绕组的接线方法（接法Ⅰ或接法Ⅱ），即通过改变一次绕组、二次绕组的匝数进行调节。当接成接法Ⅰ时，空载电压为75 V，焊接电流调节范围为40 ~ 125 A；当接成接法Ⅱ时，空载电压为60 V，焊接电流调节范围为115 ~ 400 A。粗调节应在切断电源的情况下进行，以防触电。

图 3-1　BX3-300 型弧焊变压器

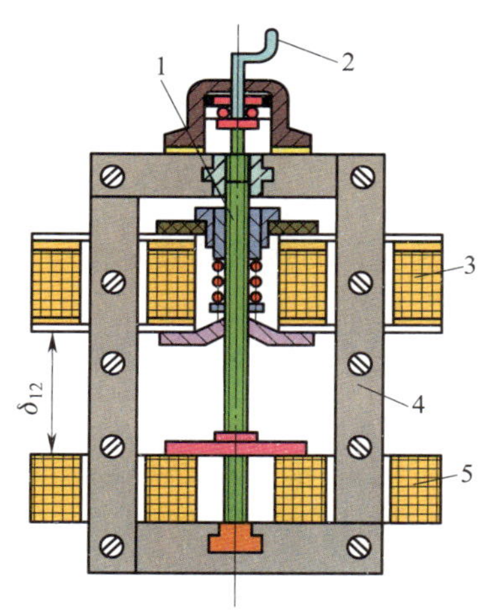

图 3-2　BX3-300 型弧焊变压器结构简图
1—调节丝杆　2—手柄　3—二次绕组
4—铁心　5—一次绕组

细调节通过手柄来改变一次绕组、二次绕组的距离进行。一次绕组、二次绕组距离增大，漏磁增加，焊接电流就减小；反之，焊接电流增大。

2. BX1-315 型弧焊变压器

BX1-315 型弧焊变压器是动铁式变压器，它由一个口字形固定铁心Ⅰ和一个梯形活动铁心Ⅱ组成。活动铁心构成了一个磁分路，以增强漏磁，使焊机获得陡降外特性。它的一次绕组 W1 和二次绕组 W2 各自分成两部分分别绕在变压器固定铁心上，一次绕组两部分串联接电源，二次绕组两部分并联接焊接回路。BX1-315 型弧焊变压器的外形及电路结构如图 3-3 所示。

BX1-315 型弧焊变压器的焊接电流调节方便，仅需移动铁心就可满足电流调节要求，其调节范围为 60 ~ 380 A，调节范围较广泛。当活动铁心由里向外移动而离开固定铁心时，漏磁减小，则焊接电流增大；反之，焊接电流减小。焊接电流调节方法如图 3-4 所示。

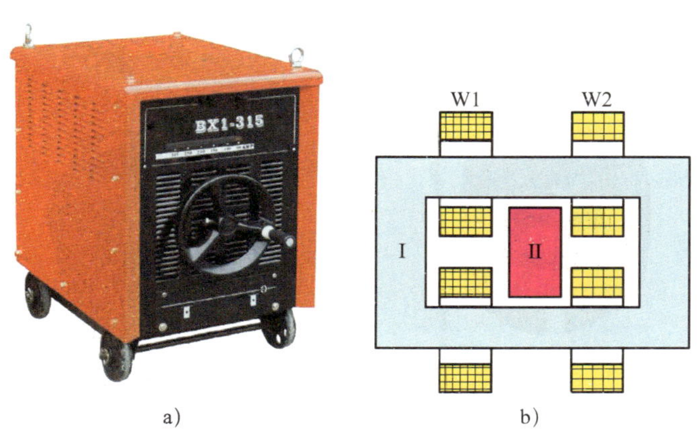

图 3-3　BX1-315 型弧焊变压器
a）外形　b）电路结构

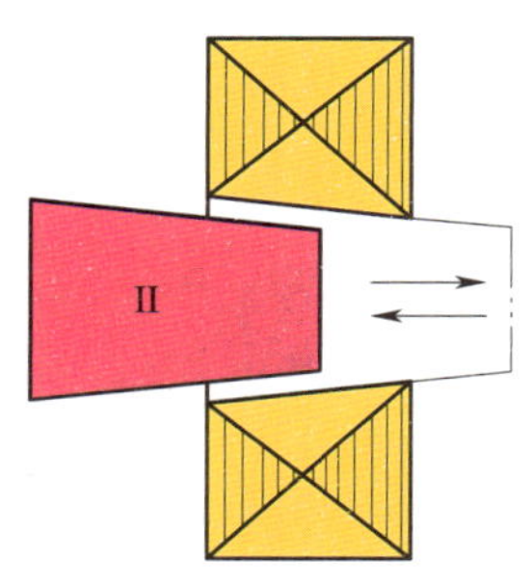

图 3-4　焊接电流调节方法

3. ZX5-400 型弧焊整流器

ZX5-400 型弧焊整流器属于晶闸管整流式，其外形和外部接线如图 3-5 所示。

操作焊接设备时要注意以下事项：

（1）焊接设备的接线和安装由电工负责，焊工不应自行动手操作。

（2）焊工闭合电源开关时，头部要闪开电源开关。

（3）焊接电缆与焊接设备接线柱应良好接触，螺母松动时要及时拧紧。

（4）当焊接设备发生故障时，应立即切断焊接电源，并及时进行检查和修理。

（5）焊钳与焊件接触短路时，不得启动焊接设备，以免启动电流过大而烧毁焊接设备。暂停工作时，不准将焊钳直接放在焊件上。

（6）工作结束或临时离开工作现场时，必须关闭焊接设备的电源。

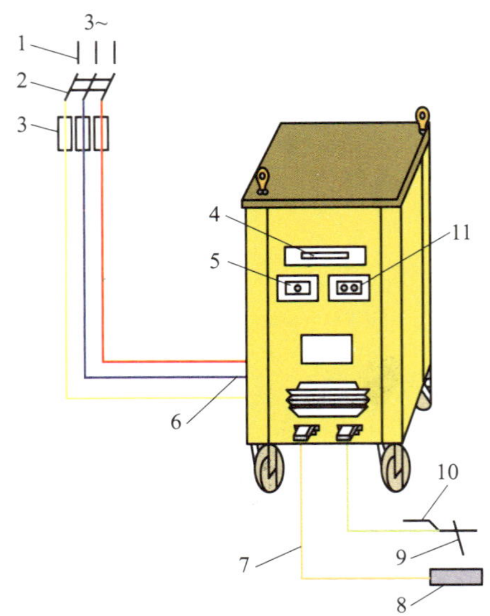

图 3-5　ZX5-400 型弧焊整流器的外形和外部接线

1—电源　2—开关　3—熔断器　4—电流表　5—电流调节器　6—电源电缆线　7—焊接电缆线　8—焊件　9—焊条　10—焊钳　11—电源开关

二、焊条电弧焊工具及防护用品

1. 焊钳

焊钳是用于夹持焊条并把焊接电流传输至焊条进行电弧焊的工具，如图 3-6 所示，规格有 300 A 和 500 A 两种。

2. 焊接电缆线

焊接电缆线是用于传输焊机和焊钳及焊条之间焊接电流的导线。

3. 面罩

面罩是防止焊接时的飞溅、弧光及熔池和焊件的高温对焊工面部与颈部造成灼伤的一种遮蔽工具，有手持式和头盔式两种，如图 3-7 和图 3-8 所示。其正面开有长方形孔，内嵌白色玻璃和黑色滤光玻璃。

图 3-6　焊钳

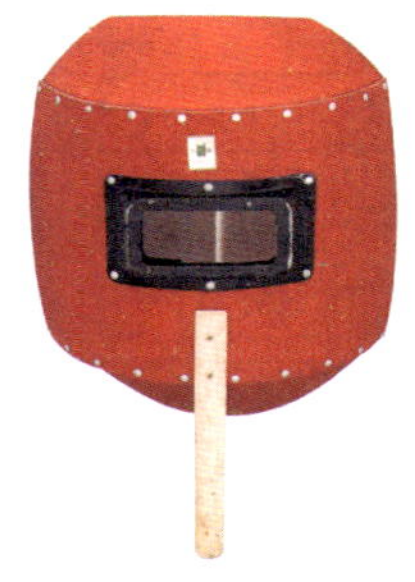

图 3-7　手持式面罩

图 3-8　头盔式面罩

4. 其他辅助工具

其他辅助工具包括敲渣锤、錾子、锉刀、钢丝刷、焊条烘干箱、焊条保温筒等。

三、焊缝检验尺

焊缝检验尺用于测量焊接前焊件的坡口角度、装配间隙、错边及焊接后焊缝的余高、焊缝宽度和角焊缝焊脚的高度、厚度等。其测量用法举例如图 3–9 ~ 图 3–14 所示。

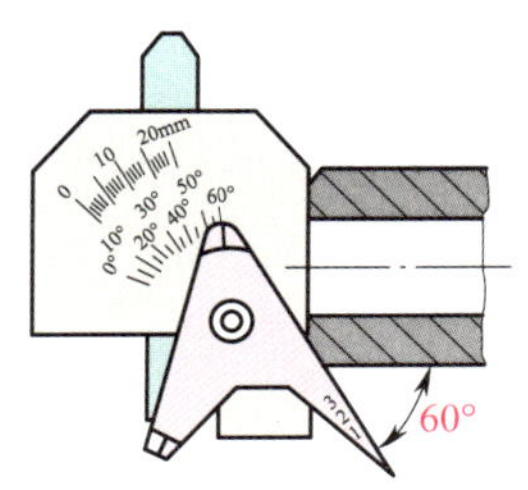

图 3–9　测量管子坡口角度

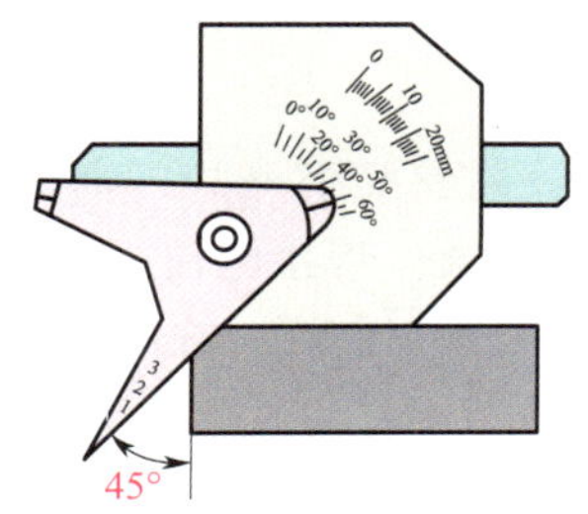

图 3–10　测量钢板坡口角度

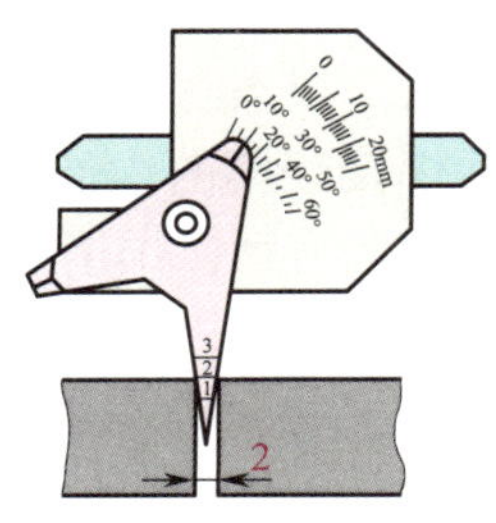

图 3–11　测量装配间隙

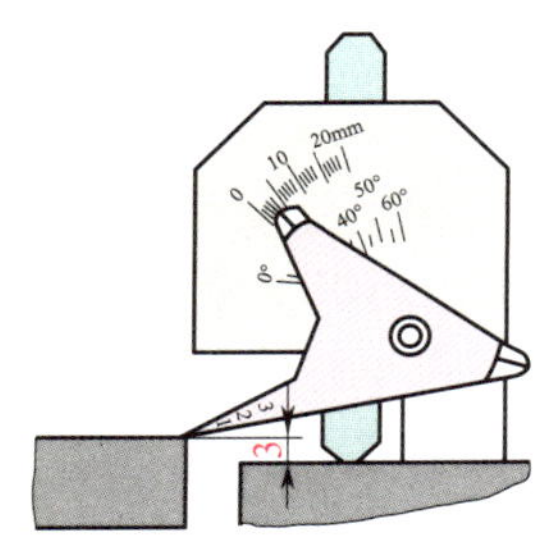

图 3–12　测量焊件错边

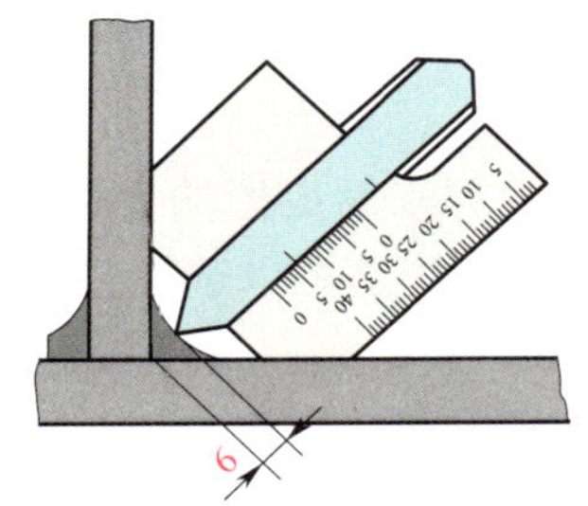

图 3–13　测量角焊缝厚度

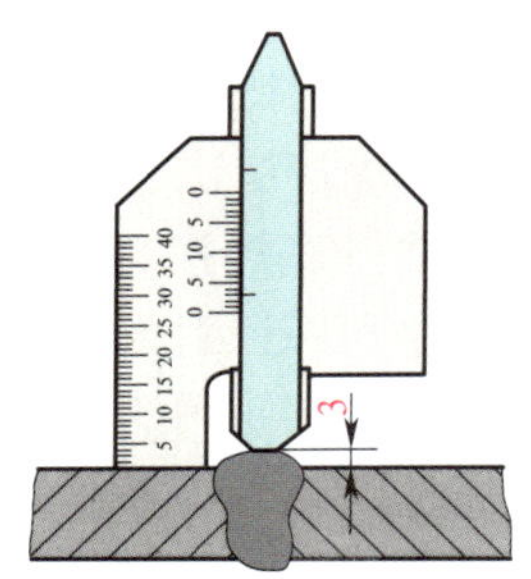

图 3–14　测量焊缝余高

四、焊条电弧焊焊接参数

1. 焊条直径

焊条直径的选择与下列因素有关：

（1）焊件厚度

厚度较大的焊件应选用直径较大的焊条；反之，则应选用直径较小的焊条。通常可参考表 3–1 进行选择。

表 3–1　焊条直径与焊件厚度的关系　mm

焊件厚度	≤ 2	2 ~ 3	4 ~ 6	7 ~ 12	≥ 13
焊条直径	2.5	2.5 ~ 3.2	3.2 ~ 4	3.2 ~ 4	4 ~ 5

（2）焊缝空间位置

平焊位置选择的焊条直径可比其他位置大一些，而仰焊、横焊位置选择的焊条直径应小些，一般不超过 4 mm；立焊位置选择的焊条直径最大不超过 5 mm，否则熔池金属容易下坠，甚至形成焊瘤。

（3）焊接层次

多层焊时第一层应采用小直径焊条，一般不超过 3.2 mm，以保证熔合良好。其他各层选用比第一层大一些的焊条直径。

2. 焊接电流

焊接电流大小主要取决于焊条直径和焊接位置，其次是焊件厚度、接头形式、焊接层次等。

（1）焊条直径

焊接较薄的焊件时，选用焊条直径要小一些，则焊接电流也相应小；反之，则应选择大的焊条直径，焊接电流也要相应增大。焊接电流可按下列经验公式选择：

$$I_h=(30\sim55)d$$

式中　d——焊条直径，mm。

（2）焊接位置

平焊位置时，运条及控制熔池中的熔化金属比较容易，可选择较大的焊接电流。横焊、立焊、仰焊位置时，为了避免熔池金属下淌，焊接电流应比平焊位置小 10% ~ 20%。角接焊焊接电流应比平焊焊接电流稍大些。

（3）焊接层次

通常打底焊接，特别是焊接单面焊双面成形的焊道时，使用的焊接电流要小，这样才便于操作和保证背面焊道的质量；填充焊道可以选择较大的焊接电流；而焊接盖面焊道时，为防止咬边，使用的焊接电流可稍小些。

另外，碱性焊条选用的焊接电流比酸性焊条小 10% 左右。不锈钢焊条比碳钢焊条选用的焊接电流小 20% 左右。

经验点滴

除了用电流表测量焊接电流外，在实际工作中，还可以凭经验从以下几个方面来判断焊接电流大小是否合适。

（1）听响声

焊接时可以从电弧的响声来判断焊接电流的大小。焊接电流较大时，会发出“哗哗”的声响，犹如大河流水一样；焊接电流较小时，则发出“沙沙”的声响，同时夹杂着清脆的“劈啪”声。

（2）观察熔滴飞溅状态

焊接电流过大时，电弧吹力大，有较大颗粒的熔融液体向熔池外飞溅，且焊接时爆裂声大，焊件表面不干净；焊接电流过小时，焊条熔化慢，电弧吹力小，熔渣和熔液很难分离。

（3）观察焊条熔化状况

焊接电流过大时，在焊条连续熔掉大半根后，可以发现剩余部分产生发红现象；焊接电流过小时，电弧燃烧不稳定，焊条易粘在焊件上。

(4) 看熔池形状

焊接电流较大时，椭圆形熔池长轴较长；焊接电流较小时，熔池呈扁形；焊接电流适中时，熔池呈鸭蛋形。

(5) 检查焊缝成形状况

焊接电流过大时，焊缝熔敷金属宽而低，熔深大，易产生咬边缺陷；焊接电流过小时，焊缝熔敷金属窄而高，且两侧与母材结合不良；焊接电流适中时，焊缝熔敷金属高度适中，其两侧与母材结合得很好。

课题一 平敷焊

学习目标及技能要求

1. 能合理地选择平敷焊焊接参数。
2. 掌握焊条电弧焊引弧操作和运条的基本方法。
3. 掌握焊缝起头、接头和收尾的方法。

平敷焊是在焊缝倾角为0°、焊缝转角为90°的焊接位置上堆敷焊缝的一种操作方法。它是焊条电弧焊其他位置焊接操作的基础，如图3–15所示。本课题的主要任务就是通过平敷焊训练掌握焊条电弧焊的基本操作要领。

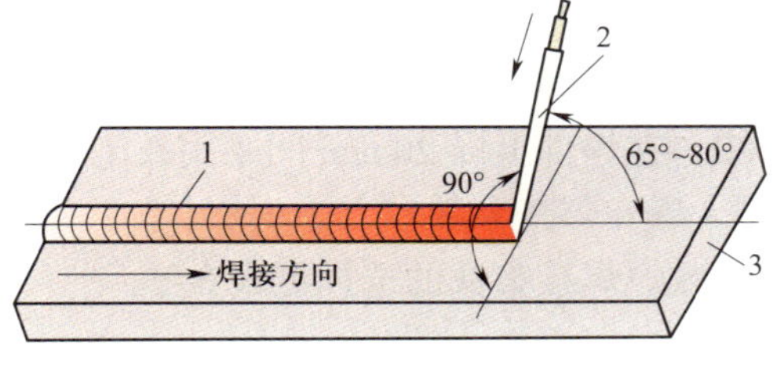

图3–15 平敷焊操作图

1—焊缝 2—焊条 3—母材

工艺分析

焊接时，若在引弧及平敷焊操作过程中手法不稳定，焊条会粘在焊件上；运条速度不均匀，焊缝的成形宽窄会不一致；焊条向熔池送进时，会出现电弧过长或过短现象；此外，还有熔渣分不清及焊接电流调整不当的问题。因此，在练习前期阶段可以只做焊条沿焊接方向移动和向熔池送进两个动作，待动作熟练掌握后，再加上焊条的横向摆动。特别需要注意的是，焊条沿焊接方向的移动速度要慢，以便形成饱满的焊缝。

1. 焊前准备

（1）焊件材料：Q235 钢。

（2）焊件尺寸：300 mm × 200 mm × 6 mm，如图 3–16 所示。

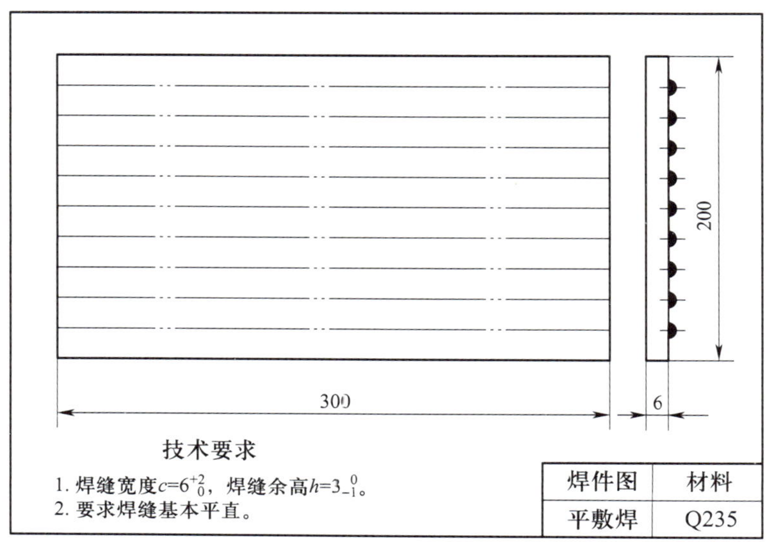

图 3–16　平敷焊焊件图

（3）焊接材料：E4303 型焊条，焊条直径为 3.2 mm 或 4.0 mm。E4303 型焊条适用于交流弧焊电源或直流弧焊电源，烘干温度为 75 ~ 150 ℃，恒温 1 ~ 2 h，随用随取。

（4）焊接设备：BX3–300 型弧焊变压器、BX1–315 型弧焊变压器或 ZX5–400 型弧焊整流器。

2. 焊件清理及画线

（1）清除焊件表面的油污、锈蚀、水分及其他污物，直至露出金属光泽。

（2）在焊件上以 20 mm 间距用石笔（或粉笔）画出焊缝位置线。

3. 确定焊接参数

平敷焊焊接参数的选择见表 3–2。

表 3–2　　平敷焊焊接参数

焊接层次	焊条直径（mm）	焊接电流（A）
盖面焊	3.2	100 ~ 120
	4.0	140 ~ 180

4. 焊接操作要点及注意事项

（1）平焊操作姿势

平焊时，一般采用蹲式操作，如图 3–17 所示。蹲姿要自然，两脚夹角为 70° ~ 85°，两脚距离为 240 ~ 260 mm。持焊钳的胳膊半伸开，要悬空无依托地操作。

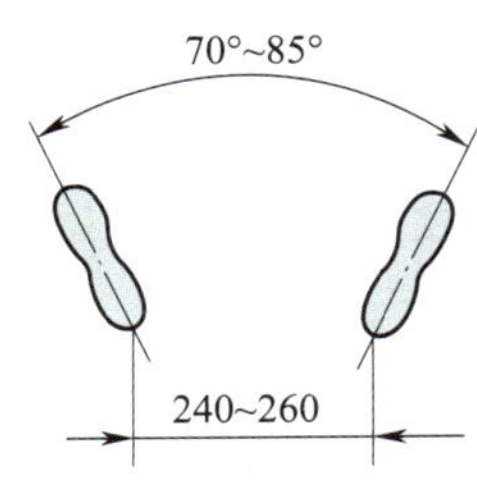

图 3-17　平焊操作姿势

（2）引弧

引弧操作时首先用防护面罩挡住面部，将焊条末端对准引弧处。焊条电弧焊采用接触法引弧，引弧方法有划擦法和直击法两种。

1）划擦引弧法。先将焊条末端对准引弧处，然后利用腕力像划火柴一样使焊条在焊件表面轻轻划擦一下（划擦距离为 10 ～ 20 mm），并将焊条提起 2 ～ 3 mm，如图 3-18a 所示，电弧即可引燃。引燃电弧后，应保持电弧长度不超过所用焊条直径。

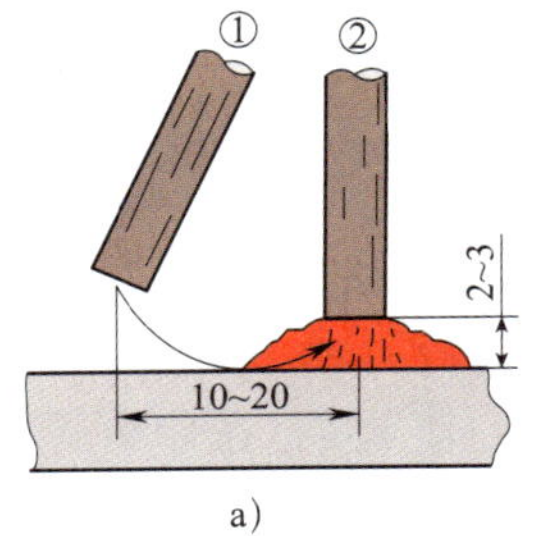

a)

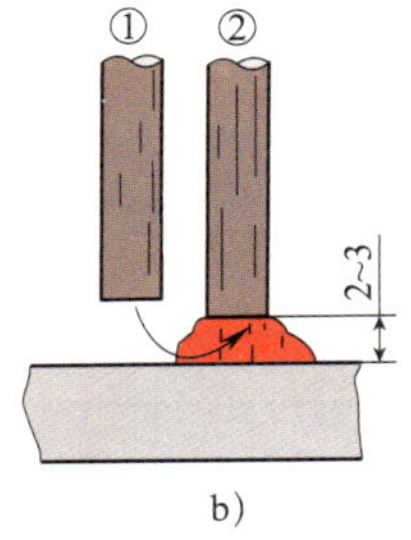

b)

图 3-18　引弧的方法

a）划擦引弧法　b）直击引弧法

2）直击引弧法。将焊条垂直对准焊件待焊部位轻轻触击，并适时提起 2 ～ 3 mm，如图 3-18b 所示，即引燃电弧。直击法引弧不能用力过大；否则，容易将焊条引弧端药皮碰裂，甚至脱落，影响引弧和焊接。

引弧时，不得随意在焊件（母材）表面“打火”，尤其是高强度钢、低温钢、不锈钢。这是因为电弧擦伤部位容易引起淬硬或微裂，降低焊件的耐腐蚀性，引起应力集中等。所以引弧应在待焊部位或坡口内进行。

经验点滴

在引弧过程中，如果焊条与焊件粘在一起，通过晃动不能取下焊条，应立即将焊钳与焊条脱离，待焊条冷却后，即可很容易地将其扳下。

（3）运条

运条一般分为三个基本运动（见图 3-19）：沿焊条中心线向熔池送进、沿焊接方向均匀移动、横向摆动。

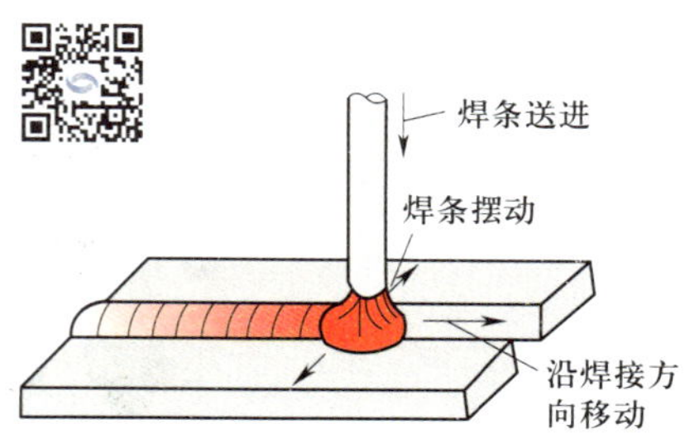

图 3–19　运条的三个基本运动

焊条向熔池方向逐渐送进既是为了向熔池填充金属，也是为了在焊条熔化后继续保持一定的电弧长度，因此，焊条送进的速度应与焊条熔化的速度相同；否则，会发生断弧现象或粘在焊件上。

焊条沿焊接方向均匀移动是为了随着焊条的不断熔化，逐渐形成一条焊道。若焊条移动速度太慢，则焊道会过高、过宽、外形不整齐，焊接薄板时会发生烧穿现象；若焊条移动速度太快，则焊条与焊件会熔化不均匀，焊道较窄，甚至发生未焊透现象。焊条移动时应与前进方向成 70° ~ 80° 的夹角，以使熔化金属和熔渣推向后方；否则，熔渣流向电弧的前方，会造成夹渣等缺陷。

焊条的横向摆动是为了对焊件输入足够的热量，以便于排气、排渣，并获得一定宽度的焊缝或焊道。焊条摆动的幅度根据焊件的厚度、坡口形式、焊接层次和焊条直径等来决定。

上述三个动作不能机械地分开，而应相互协调，才能焊出满意的焊缝。

运条的方法很多，选用时应根据接头的形式、装配间隙、焊缝的空间位置、焊条的直径与性能、焊接电流及焊工技术水平等方面而定。常用的运条方法及适用范围参见表 3–3。

表 3–3　　常用的运条方法及适用范围

运条方法		运条示意图	适用范围
直线形运条法			薄板对接平焊 多层焊的第一层焊道及多层多道焊
直线往返运条法			薄板焊 对接平焊（间隙较大）
锯齿形运条法			对接接头平焊、立焊、仰焊 角接接头立焊
月牙形运条法			管的焊接 对接接头平焊、立焊、仰焊 角接接头立焊
三角形运条法	斜三角形		角接接头仰焊 开 V 形坡口对接接头横焊
	正三角形		角接接头立焊 对接接头立焊
圆圈形运条法	斜圆圈形		角接接头平焊、仰焊 对接接头横焊
	正圆圈形		对接接头厚板平焊
8 字形运条法			对接接头厚板平焊

（4）焊缝的起头、收尾和接头

1）焊缝的起头。焊缝的起头是焊缝的开始部分，由于焊件的温度很低，引弧后又不能迅速地使焊件温度升高，一般情况下这部分焊缝余高略高，熔深较浅，甚至会出现熔合不良和夹渣等缺陷。因此，引弧后应稍拉长电弧对焊件预热，然后压低电弧进行正常焊接。平焊和碱性焊条多采用回焊法，从距离始焊点 10 mm 左右处引弧，再回焊到始焊点（见图 3–20），其间逐渐压低电弧，同时焊条做轻微摆动，从而达到所需要的焊缝宽度，然后进行正常的焊接。

2）焊缝的收尾。焊缝结束时不能立即拉断电弧，否则会形成弧坑，如图 3–21 所示。弧坑不仅减小焊缝局部截面积，从而削弱强度，还会引起应力集中，而且弧坑处含氢量较高，易产生延迟裂纹，有些材料焊后在弧坑处还容易产生弧坑裂纹。所以，焊缝应进行收尾处理，以保证连续的焊缝外形，维持正常的熔池温度，逐渐填满弧坑后熄弧。

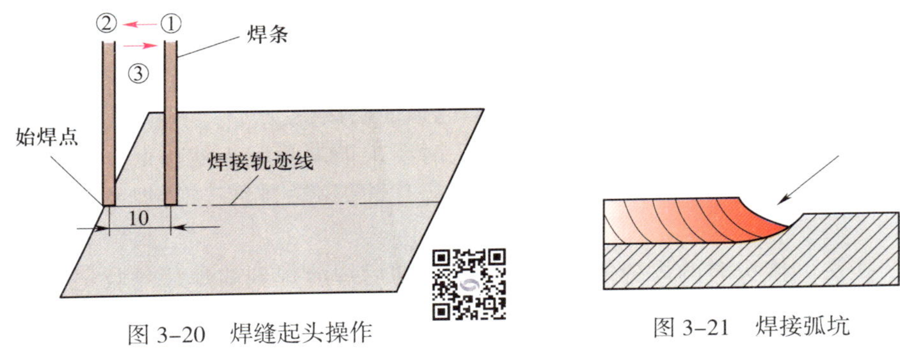

图 3–20　焊缝起头操作　　图 3–21　焊接弧坑

焊缝的收尾方法有反复断弧收尾法、划圈收尾法和回焊收尾法 3 种，如图 3–22 所示。

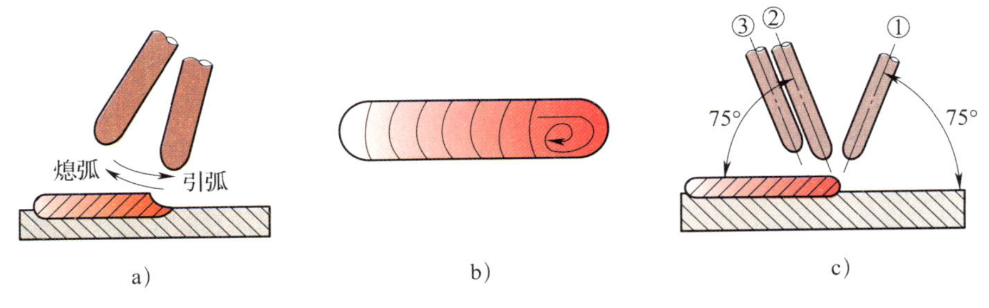

图 3–22　常用焊缝收尾方法

a）反复断弧收尾法　b）划圈收尾法　c）回焊收尾法

①反复断弧收尾法。焊到焊缝终端时，在熄弧处反复进行引弧动作，直至填满弧坑为止，该法不适用于碱性焊条。

②划圈收尾法。焊到焊缝终端时，焊条做圆圈形摆动，直到填满弧坑再拉断电弧，此法适用于厚板的焊接。

③回焊收尾法。焊到焊缝终端时，在收弧处稍作停顿，然后改变焊条角度向后回焊 20 ~ 30 mm，再将焊条拉向一侧熄弧，此法适用于碱性焊条。

3）焊缝的接头。由于焊条长度有限，不可能一次连续焊完长焊缝，因此会出现焊缝接头。这不仅是外观成形问题，还涉及焊缝的内部质量，所以要重视焊缝的接头。焊缝的接头形式分为以下 4 种，如图 3–23 所示。

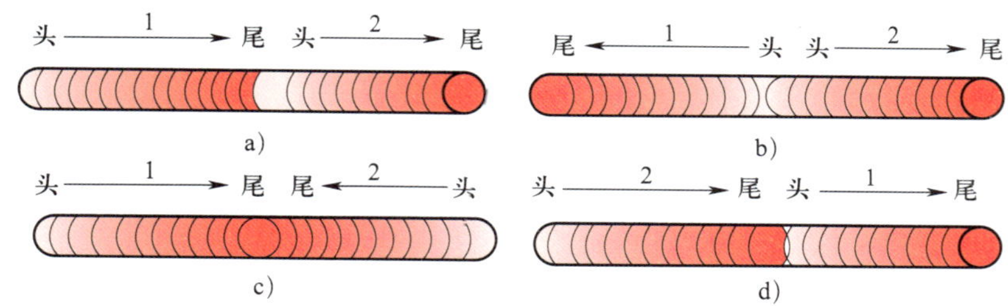

图 3–23　焊缝的接头形式

a）中间接头　b）相背接头　c）相向接头　d）分段退焊接头

1—前焊缝　2—后焊缝

①中间接头。这是用得最多的一种焊缝接头。接头时在前焊缝弧坑前约 10 mm 处引弧，电弧长度可稍大于正常焊接，然后将电弧拉到原弧坑 2 ~ 3 mm 处，待填满弧坑后再向前转入正常焊接。此法适用于单层焊及多层多道焊的盖面层接头。

②相背接头。即两焊缝的起头相接。接头时要求前焊缝起头处略低些，在前焊缝起头前方引弧，并稍微拉长电弧，运弧至起头处覆盖住前焊缝的起头，待焊平后再沿焊接方向移动。

③相向接头。接头时两焊缝的收尾处相接，即后焊缝焊到前焊缝的收尾处，焊接速度略减慢些，填满前焊缝的弧坑后再向前运弧，然后熄弧。

④分段退焊接头。接头时前焊缝起头和后焊缝收尾相接。接头形式与相向接头情况基本相同，只是前焊缝起头处应略低些。

（5）引弧训练

1）引弧堆焊。首先在焊件的引弧位置用粉笔画直径为 13 mm 的一个圆，然后用直击引弧法在圆圈内直击引弧。引弧后，保持适当电弧长度在圆圈内做划圈动作 2 ~ 3 次后熄弧。待熔化的金属凝固冷却后，再在其上面引弧堆焊，这样反复操作直到堆起高度为 50 mm 为止，如图 3–24 所示。

2）定点引弧。先在焊件上按图 3–25 所示用粉笔画线，然后在直线的交点处用划擦引弧法引弧。引弧后，焊成直径为 13 mm 的焊点后熄弧，这样不断重复操作完成若干个焊点的引弧训练。

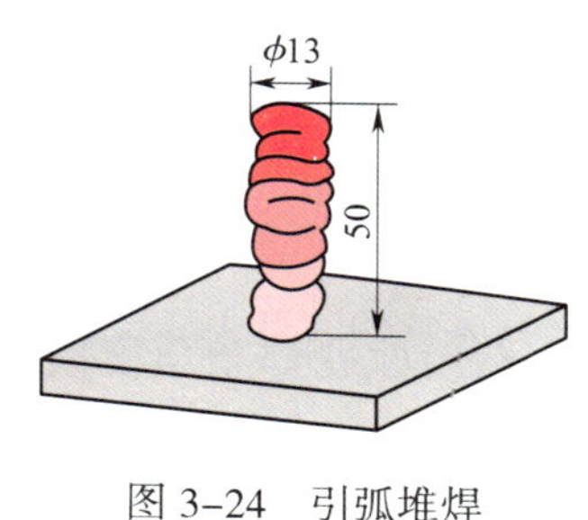

图 3–24　引弧堆焊

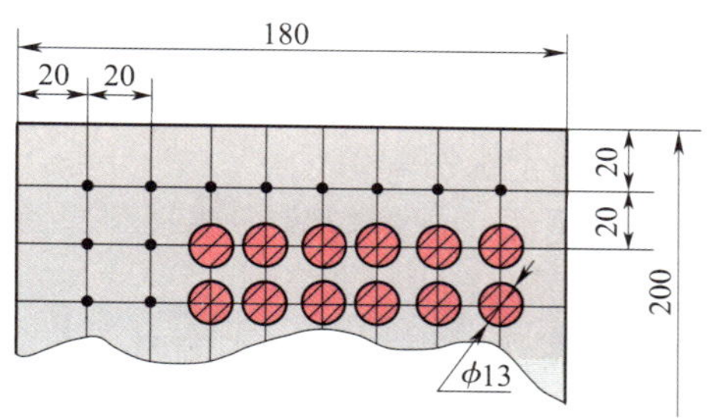

图 3–25　定点引弧

引弧练习时，可以用 E4303（结 422）和 E5015（结 507）两种焊条，分别使用交流、直流焊机引弧。注意酸性焊条和碱性焊条在使用焊接电流上的区别。

5. 焊接过程

平敷焊操作步骤见表 3-4。

表 3-4　平敷焊操作步骤

操作步骤及要领	图示
（1）起头 从距离始焊点 10 mm 左右处引弧，回焊到始焊点，如图 3-26 所示，逐渐压低电弧，同时焊条做轻微摆动，从而达到所需要的焊缝宽度，然后进行正常的焊接。	图 3-26　起头操作方法
（2）正常焊接 以焊缝位置线为运条轨迹，采用直线形运条法、月牙形运条法、正圆圈形运条法和 8 字形运条法进行练习，焊条角度如图 3-27 所示。	图 3-27　焊条角度
（3）接头 从距离弧坑前 10 mm 左右处引弧，回焊到弧坑处，如图 3-28 所示，小幅摆动焊条，使熔敷金属与弧坑边缘完全重合，迅速压低电弧，进行正常的焊接。	图 3-28　接头操作方法
（4）收尾 待焊到终点时，焊条在弧坑处反复做熄弧—引弧的动作，直到填满弧坑，如图 3-29 所示。 每条焊缝焊完，清理熔渣，分析焊接过程中产生的问题并总结经验，再进行另一道焊缝的焊接。	图 3-29　收尾操作方法

6. 焊接质量要求

（1）焊缝的起头和连接处平滑过渡，无局部过高现象，收尾处弧坑填满。

（2）焊缝表面波纹均匀，无明显未熔合和咬边缺陷，其咬边深度≤ 0.5 mm 为合格。

（3）焊缝边缘直线度误差≤ 3 mm。

（4）焊件表面非焊道上不应有引弧痕迹。

教师指导

【问题 1】焊缝中常出现夹渣缺陷，应怎样避免？应如何保证焊缝宽窄一致？

回答：焊缝中出现夹渣的原因是焊接电流过小，熔渣无法从熔化金属中分离。因此，一定要耐心调整好焊接电流，区分出不同颜色的熔渣和熔化金属，保持均匀的焊接速度，就能焊出宽窄一致的焊缝。

【问题 2】焊缝波纹不细腻，比较粗糙怎么办？

回答：焊接电流过大或焊接速度过快，熔渣不能很好地覆盖熔化金属，而使熔化金属过于裸露，就会造成焊缝波纹比较粗糙。因此，要合理调节焊接电流，并控制合适的焊接速度，保持熔化金属上面的熔渣始终处于半露半敷状态，以获得波纹细腻的焊缝成形。

课题二　平角焊

学习目标及技能要求

1. 能合理地选择平角焊焊接参数。
2. 能正确运用焊条角度焊接平角焊的单层焊、多层焊及多层多道焊。

工艺分析

平角焊是在角接焊缝倾角为 0° 或 180°、转角为 45° 或 135° 的角接焊位置的焊接；船形焊是 T 形、十字形和角接接头翻转 45°，使接头处于平焊位置的焊接。

进行平角焊时，一般焊条与两板成 45° 角，与焊接方向成 65° ~ 80° 角。当两板板厚不等时，要相应地调整焊条角度，使电弧偏向厚板一侧，增加厚板所受热量，使厚、薄两板受热趋于均匀，以保证接头良好地熔合及焊脚高度和宽度相同。平角焊时焊条角度如图 3–30 所示。

在平角焊操作过程中，要调整好焊条角度，保持电弧长度在 2 ~ 3 mm 范围内，焊接电流以能观察到液态金属并有熔渣覆盖为宜，控制焊道搭接量在 1/2 ~ 2/3 之间，并注意层间熔渣的清理等，即可获得较好的焊接质量。

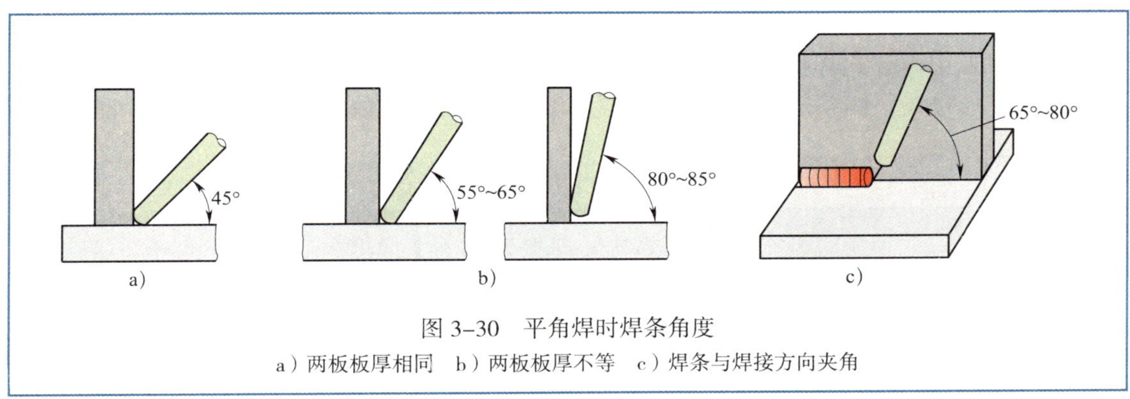

图 3-30　平角焊时焊条角度

a）两板板厚相同　b）两板板厚不等　c）焊条与焊接方向夹角

1. 焊前准备

（1）焊件材料：Q235 钢。

（2）焊件尺寸：300 mm × 110 mm × 10 mm 一块，300 mm × 50 mm × 10 mm 一块，I 形坡口，如图 3-31 所示。

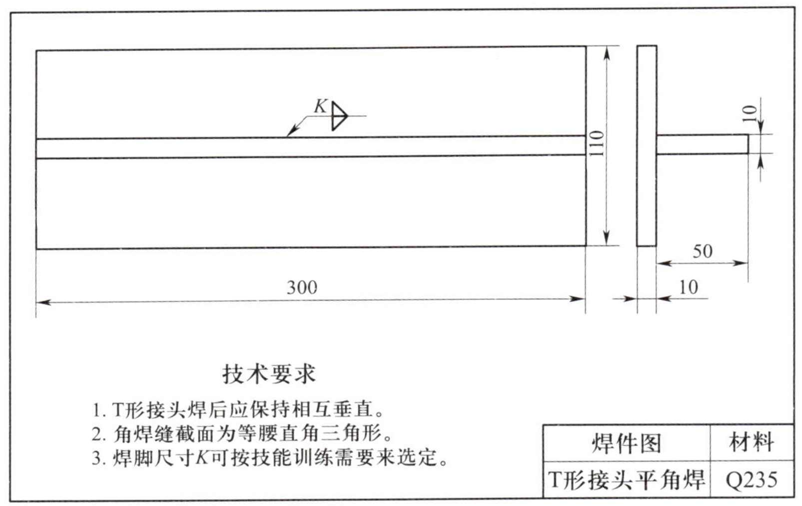

图 3-31　T 形接头平角焊焊件图

（3）焊接要求：多层多道焊，焊脚尺寸为 12 mm。

（4）焊接材料：E4303 型焊条，焊条烘干温度为 75 ~ 150 ℃，恒温 1 ~ 2 h，随用随取。

（5）焊接设备：BX3-300 型弧焊变压器或 ZX5-400 型弧焊整流器。

2. 焊件清理与装配

（1）焊前清理

清理焊件坡口面与坡口正、反面两侧各 20 mm 范围内的油污、锈蚀、水分及其他污物，直至露出金属光泽。

（2）装配

装配间隙为 0 ~ 2 mm。

（3）定位焊

定位焊采用与正式焊接相同型号的焊条，定位焊的位置应在焊件两端的对称处，将焊件组焊成 T 形接头，四条定位焊缝长度均为 10 ～ 15 mm。定位完毕矫正焊件，保证立板与平板间的垂直度。

经验点滴

定位焊是指焊前为装配和固定焊件的相对位置而焊接的短焊缝，俗称点固焊。为确保定位焊缝的质量，定位焊时应做到以下几点：

（1）定位焊缝是最终正式焊缝的一部分，因此选用的焊条应与正式焊接所用的焊条相同。

（2）定位焊缝应有较大的熔深，以防止产生未焊透等缺陷，定位焊时焊接参数应比正式焊时大 10% ～ 15%。

（3）定位焊缝余高不能过大，应与母材平缓过渡，以防止焊接时产生未焊透等缺陷，必要时用角向磨光机打磨。

（4）若是重要焊件，定位焊缝有开裂、未焊透、超高等缺陷必须铲除或打磨，必要时应重新定位。

（5）定位焊时最好设置引弧板，不要在焊件上随意引弧。

3. 确定焊接参数

T 形接头平角焊焊接参数的选择见表 3–5。

表 3–5　T 形接头平角焊焊接参数

<table>
<tr><th colspan="2">焊接层次</th><th>焊条直径（mm）</th><th>焊接电流（A）</th><th>运条方法</th></tr>
<tr><td>第一层</td><td>第 1 条焊道</td><td>3.2</td><td>125 ～ 140</td><td>直线形运条法</td></tr>
<tr><td rowspan="2">第二层</td><td>第 2 条焊道</td><td>4.0</td><td>150 ～ 170</td><td>圆圈形或小锯齿形运条法</td></tr>
<tr><td>第 3 条焊道</td><td>3.2</td><td>110 ～ 120</td><td>直线形运条法</td></tr>
</table>

4. 焊接过程

进行平角焊时，立板熔化金属有下淌趋势，容易产生咬边缺陷，焊缝分布不均匀，造成焊脚不对称。因此，操作时要注意立板的熔化情况和液态金属流动情况，适时调整焊条角度和运条方法。

焊接时，引弧的位置应超前 10 mm，电弧燃烧稳定后，再回到起头处，如图 3–32 所示。由于电弧对起头处有预热作用，可以减少起头处熔合不良的缺陷，也能消除引弧的痕迹。

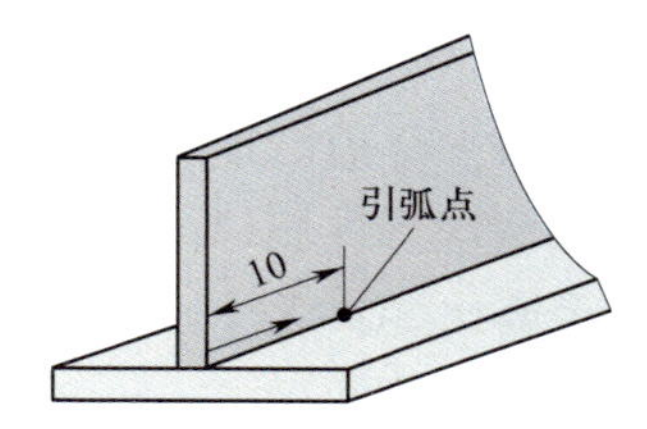

图 3–32　平角焊起头引弧位置

T 形接头平角焊操作步骤见表 3–6。

表 3–6　　T 形接头平角焊操作步骤

操作步骤及要领	图示
（1）第一层焊接 本课题焊脚尺寸为 12 mm，采用两层三道焊法，如图 3–33 所示。 第一道焊接时，用直径为 3.2 mm 的焊条，电流稍大，采用直线形运条法，焊条角度如图 3–34 所示。收弧时填满弧坑，焊后彻底清渣。	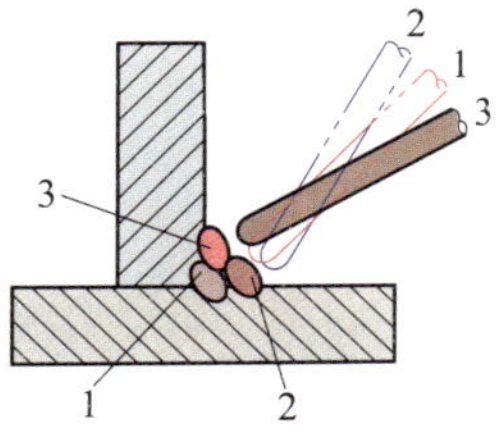 图 3–33　两层三道焊各焊道的焊条角度 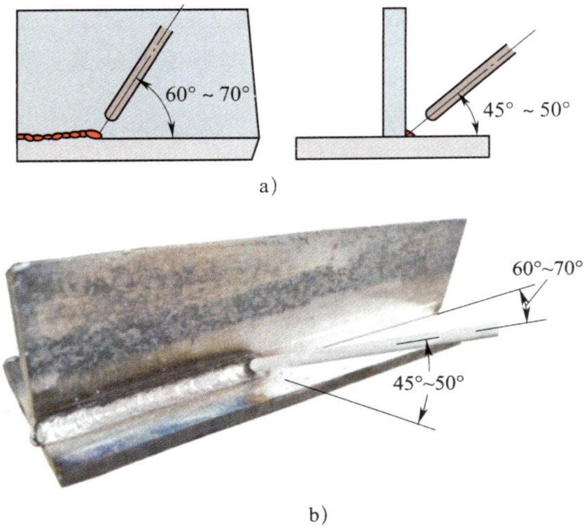 图 3–34　第一层焊道焊条角度 a）示意图　b）实物图
（2）第二层焊接 焊接第二道时，应覆盖第一条焊道的 2/3，焊条与水平焊件的夹角为 45° ～ 50°，如图 3–35b 所示，以使水平焊件能够较好地熔合焊道，焊条与焊接方向夹角为 65° ～ 80°，如图 3–35a 所示。运条时采用斜圆圈形或锯齿形运条法。	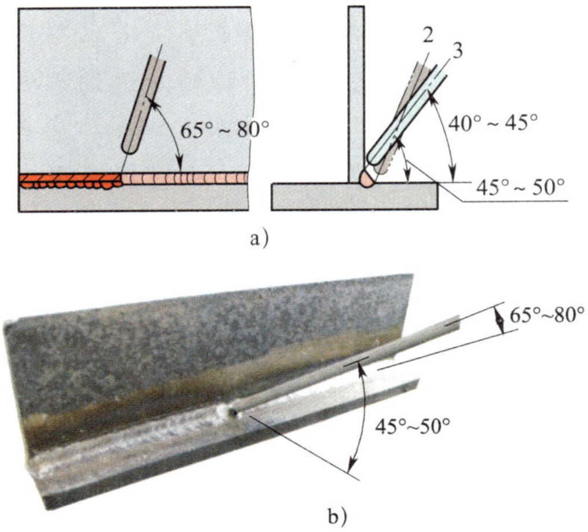 a) b)

续表

操作步骤及要领	图示
焊接第三道时，对第二条焊道覆盖1/3 ~ 1/2，焊条与水平焊件的夹角为40° ~ 45°，如图3-35c所示，仍用直线形运条法。若希望焊道薄一些，可以采用直线往返运条法，将夹角处焊平整。最终整条焊缝应宽窄一致，平整圆滑，无咬边、夹渣和焊脚下偏等缺陷，如图3-36所示。	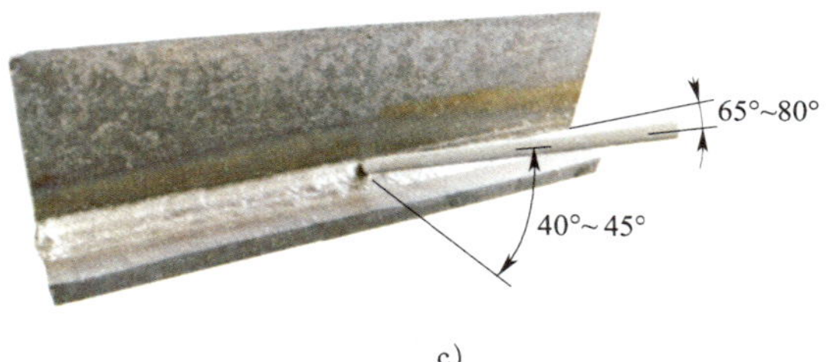 c） 图3-35　第二层焊道焊条角度 a）示意图　b）第二层第一道实物图 c）第二层第二道实物图  图3-36　第二层焊缝

教师指导

【问题1】多层多道焊的焊缝表面有较多飞溅物，而且没有金属光泽，怎么办？

回答：多层多道焊的焊脚尺寸大，焊接层数、焊道多。应注意最外层表面的焊缝成形，焊接过程中熔渣不要随即清除，应等待焊接结束后一起清理，这样可保持焊缝表面的金属光泽。

【问题2】多层多道焊时，是否必须用前面所介绍的运条法进行焊接？

回答：多层多道焊的目的是达到所要求的焊脚尺寸，其运条方法是可以灵活掌握的，但要确保满足焊接质量要求。例如，各条焊道均可以采用直线形运条法来进行堆焊，直至达到所要求的焊脚尺寸；也可以采用直线形运条法和其他运条法（如斜圆圈形运条法、锯齿形运条法、月牙形运条法）的组合进行焊接。至于采用哪种运条法并不是关键，多层多道焊的真正目的是通过一种或几种运条法控制焊接熔池，从而形成质量良好、外形美观、没有焊接缺陷的焊缝。

【问题3】平角焊有没有较为省力的操作方法？

回答：单层焊有一种简便易行的操作方法，即只要将焊条端部的套筒边缘靠在接口的夹角处，并轻轻地施压，随着焊条的熔化，焊条便会自然而然地向前移动。这种操作方法容易掌握，而且焊缝成形也很美观。

5. 焊接质量要求

（1）角焊缝的焊脚和焊缝厚度应符合工程设计技术要求，以保证焊接接头的强度。一般焊脚随焊件厚度的增大而增大。

（2）焊缝表面不得有裂纹、未熔合、夹渣、气孔、焊瘤和未焊透等缺陷。

（3）焊缝表面的咬边深度≤ 0.5 mm，两侧的咬边总长度不得超过焊缝长度的 10%。

（4）焊缝的凹度或凸度（见图 3-37）应小于 1.5 mm。

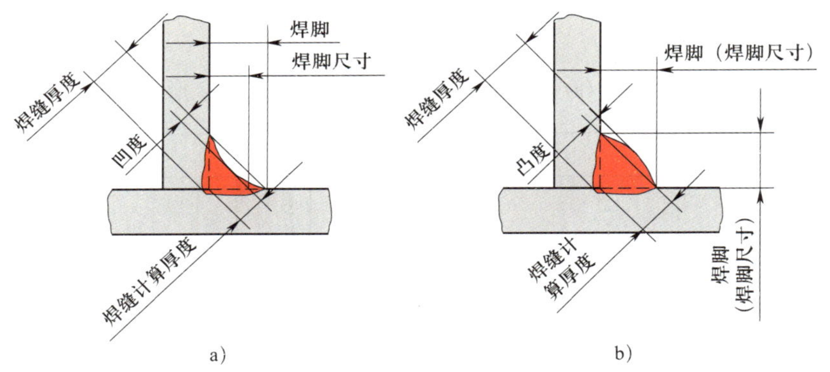

图 3-37　平角焊焊缝的凹度或凸度

a）凹度　b）凸度

（5）焊脚应对称，其高宽差≤ 2 mm。

（6）焊件上非焊道处不得有引弧痕迹。

课题三　板材 V 形坡口对接平焊

学习目标及技能要求

1. 能合理地选择板材 V 形坡口对接平焊焊接参数。
2. 掌握板材 V 形坡口对接平焊单面焊双面成形的操作方法。

工艺分析

板材 V 形坡口对接平焊时，焊件处于俯焊位置，打底焊时熔孔不容易观察和控制，在电弧吹力和熔化金属的重力作用下，焊道背面容易产生超高、焊瘤等缺陷。填充焊和盖面焊时，如果焊接电流调整过小，容易出现夹渣；电流过大，会使焊缝表面波纹粗糙及咬边。另外，使用碱性焊条必须采用直流电源，而采用不同的弧焊电源会对操作有不同的要求，其中主要是电流的极性和电弧的偏吹。因此，焊接时应注意打底层、填充层及盖面层焊接电流和焊条角度的调整。

1. 焊前准备

（1）焊件材料：Q235 钢。

（2）焊件尺寸：300 mm × 100 mm × 12 mm，每组两块；坡口形式和尺寸如图 3–38 所示。

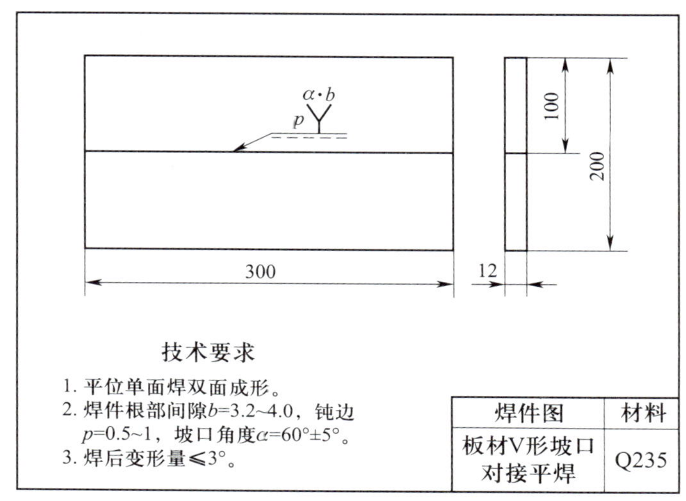

图 3–38　板材 V 形坡口对接平焊焊件图

（3）焊接要求：单面焊双面成形。

（4）焊接材料：E4303 型焊条，焊条烘干温度为 75 ~ 150 ℃，恒温 1 ~ 2 h，随用随取。

（5）焊接设备：BX3–300 型弧焊变压器或 ZX5–400 型弧焊整流器。

2. 焊件清理与装配

（1）钝边

修磨钝边为 0.5 ~ 1 mm，去除毛刺。

（2）焊前清理

清理焊件坡口面与坡口正、反面两侧各 20 mm 范围内的油污、锈蚀、水分及其他污物，直至露出金属光泽，如图 3–39 所示。

（3）装配

始焊端装配间隙为 3.2 mm，终焊端装配间隙为 4.0 mm，如图 3–40 所示。放大终焊端的间隙是考虑到焊接过程中产生的焊缝横向收缩量，以保证熔透根部所需要的间隙。错边量≤ 0.5 mm。

图 3-39　焊件的清理

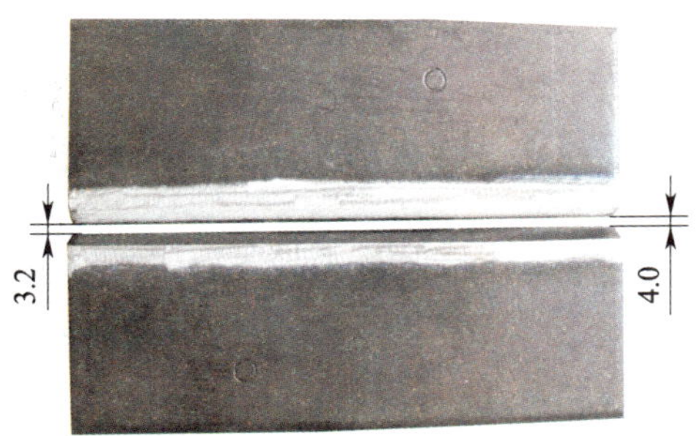

图 3-40　焊件装配间隙

（4）定位焊

将修磨完毕的焊件按装配间隙进行固定，采用与正式焊接相同型号的焊条，在距离焊件两端 20 mm 以内的坡口面内进行定位焊，焊缝长度为 10 ~ 15 mm，如图 3-41 所示。始焊端可少焊，终焊端要多焊一些，以防止在焊接过程中焊缝收缩，造成未焊段间隙变窄而影响施焊。

（5）预置反变形

预置反变形量为 3°，如图 3-42 所示，反变形角度 θ 的对边高度 Δ 可按下式计算：

$$\Delta = b\sin\theta = 100\ \sin 3^\circ = 5.23\ (\mathrm{mm})$$

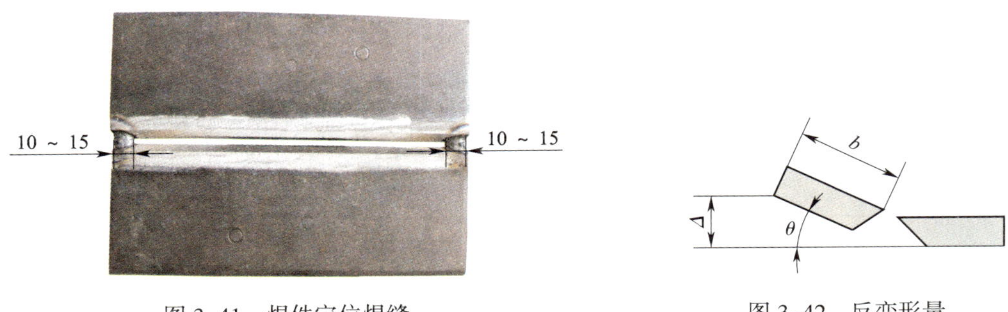

图 3-41　焊件定位焊缝　　图 3-42　反变形量

预置反变形的方法如下：两手拿住经定位焊的焊件一边，坡口面向下，在垫板上轻轻磕打另一块钢板，如图 3-43 所示。磕打后测量反变形量的方法如图 3-44 所示，若是预置过大，要把焊件翻过来磕打，直至尺寸符合要求为止。

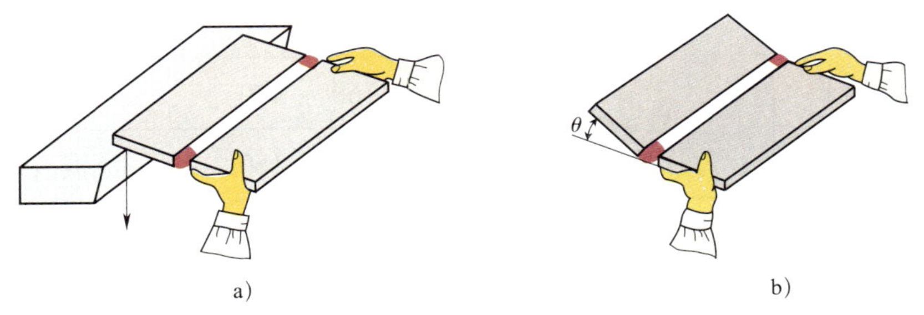

图 3-43　预置反变形的方法

图 3-44　反变形量的测量

经验点滴

（1）装配时，将 ϕ3.2 mm 和 ϕ4.0 mm 焊条的夹持端夹在焊件两端的间隙内，能够保证装配间隙。

（2）用一把钢直尺放在被置弯的焊件两侧，保证中间的空隙能通过一根带药皮的焊条，如图 3-45 所示（焊件宽度 b=100 mm 时，放置直径为 3.2 mm 的焊条）。这样预置的反变形量待焊件焊后其变形角 θ 均在合格范围内。

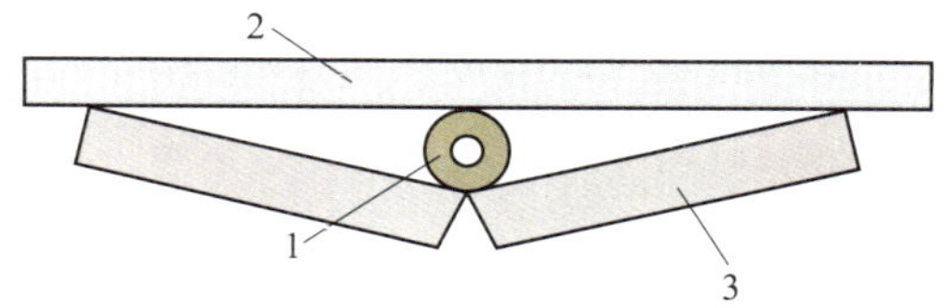

图 3-45　反变形量经验测定法

1—焊条　2—钢直尺　3—焊件

3. 确定焊接参数

板材 V 形坡口对接平焊焊接参数的选择见表 3-7。

表 3-7　　板材 V 形坡口对接平焊焊接参数

焊接层次	焊条直径（mm）	焊接电流（A）	运条方法
打底层（1）	3.2	95 ~ 110	单点击穿灭弧法
填充层（2、3）	4.0	160 ~ 170	锯齿形运条法
盖面层（4）		140 ~ 160	锯齿形运条法

4. 焊接过程

板材 V 形坡口对接平焊操作步骤见表 3-8。

表 3-8　　板材 V 形坡口对接平焊操作步骤

<table>
<tr><th>操作步骤及要领</th><th>图示</th></tr>
<tr><td>（1）打底焊
打底焊的焊条角度如图 3-46 所示。具体操作步骤如下：
1）引弧。在始焊端的定位焊缝处引弧，并略抬高电弧稍作预热，焊至定位焊缝尾部时，将焊条向下压一下，听到“噗”的一声后，立即灭弧。此时熔池前方应有熔孔，熔孔的轮廓由熔池边缘和坡口两侧被熔化的缺口构成，深入两侧母材 0.5 ~ 1 mm，如图 3-47 所示。当熔池边缘变成暗红，熔池中间仍处于熔融状态时，立即在熔池的中间引燃电弧，焊条略向下轻微地压一下，形成熔池，打开熔孔后立即灭弧，这样反复击穿直到焊完。运条间距要均匀、准确，使电弧的 2/3 压住熔池，1/3 作用在熔池前方，用来熔化和击穿坡口根部形成熔池。
2）收弧。收弧前，应在熔池前方构成一个熔孔，然后回焊 10 mm 左右，再灭弧；向熔池的根部送进 2 ~ 3 滴熔液，然后灭弧，以使熔池缓慢冷却，避免接头出现冷缩孔。
3）接头。采用热接法，接头时换焊条的速度要快，在收弧熔池还没有完全冷却时，立即在熔池后 10 ~ 15 mm 处引弧。当电弧移至收弧熔池边缘时，将焊条向下压，听到“噗”的一声击穿声后，稍作停顿，再滴下两滴液态金属，以保证接头过渡平整，防止形成冷缩孔，然后转入正常灭弧焊法。
更换焊条时的电弧轨迹如图 3-48 所示。电弧在①的位置重新引弧，回焊到接头处②的位置后，开始做长弧预热来回摆动。按③④⑤⑥的轨迹摆动几下后，在⑦的位置压低电弧。当出现熔孔并听到“噗噗”声时，迅速灭弧。这时更换焊条的接头操作结束，转入正常灭弧焊法。
灭弧焊法要求每一个熔滴都要准确送到待焊位置，燃弧、灭弧节奏控制在 45 ~ 55 次 /min。</td><td>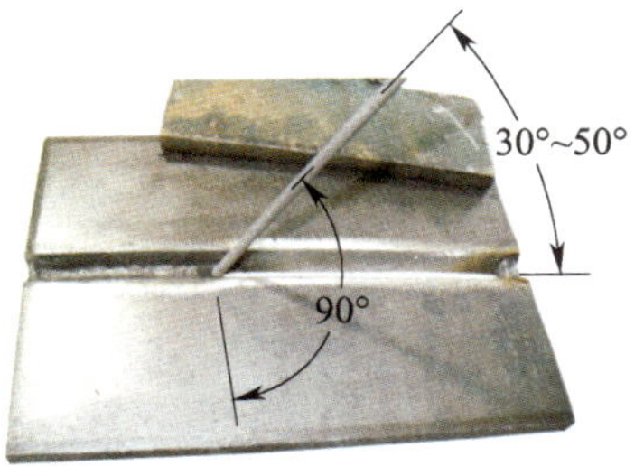

图 3-46　打底焊的焊条角度
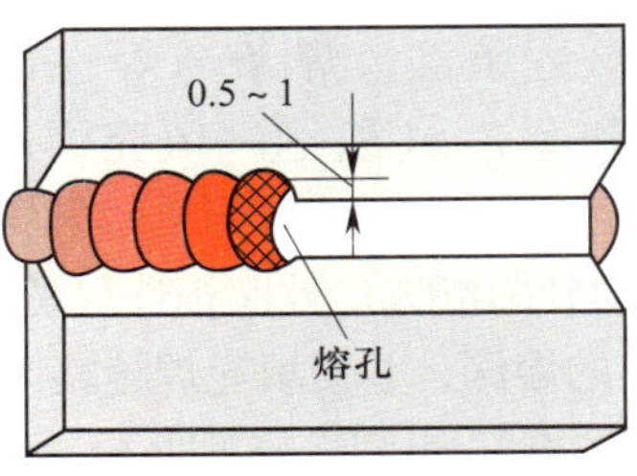

图 3-47　板材 V 形坡口对接平焊时的熔孔
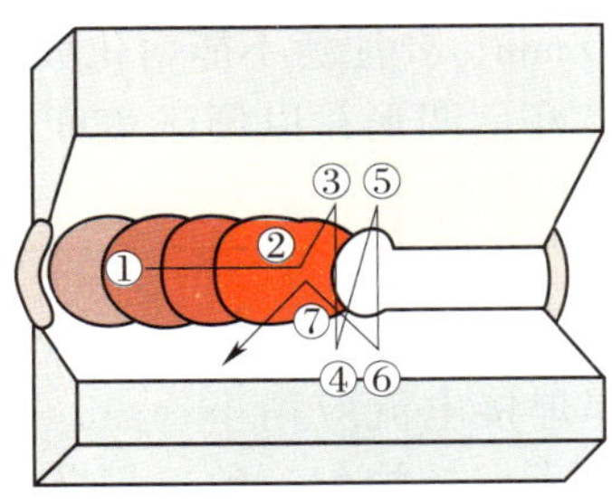

图 3-48　更换焊条时的电弧轨迹</td></tr>
</table>

操作步骤及要领	图示
节奏过快，坡口根部熔不透；节奏过慢，熔池温度过高，焊件背面焊缝会超高，甚至出现焊瘤和烧穿现象。要求每形成一个熔池都要在其前面出现一个熔孔。 在离右侧定位焊缝 4 mm 时，要做好收弧准备，待最后一个熔孔完成后不要立即熄灭电弧，而是要沿着定位焊缝采用连弧法焊接到最右端，这样能保证打底焊背面与右侧定位焊缝的接头良好。 打底焊背面焊缝如图 3–49 所示。	 图 3–49　打底焊背面焊缝
（2）填充焊 填充层分两层进行焊接。填充焊前应对前一层焊缝仔细清渣，特别是与坡口面的夹角处更要清理干净。填充焊的运条方法为锯齿形运条法，焊条与焊件的角度如图 3–50 和图 3–51 所示。填充焊时应注意以下几点： 1）摆动到两侧坡口处应稍作停留，保证两侧有一定的熔深，并使填充焊缝略向下凹。 2）接头方法如图 3–52 所示，焊缝接头应错开，每焊一层应改变焊接方向，从焊件的另一端起焊，并采用锯齿形运条法，各层间熔渣要认真清理，并控制层间温度。 3）最后一层的焊缝高度应低于母材 0.5 ~ 1.0 mm，要注意不能熔化坡口两侧的棱边，最好呈凹形，以便于盖面焊时控制焊缝宽度和高度。	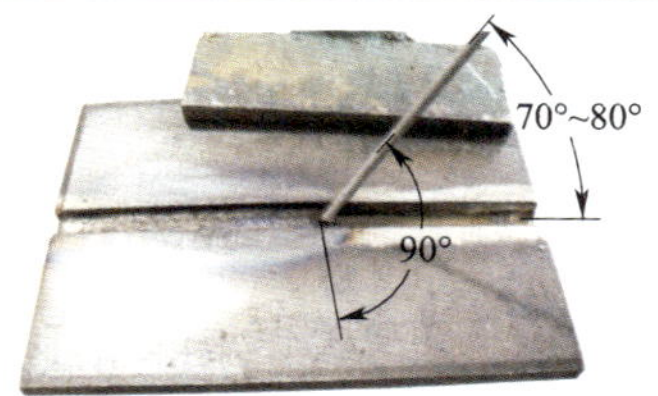 图 3–50　填充层第一层焊条与焊件的角度 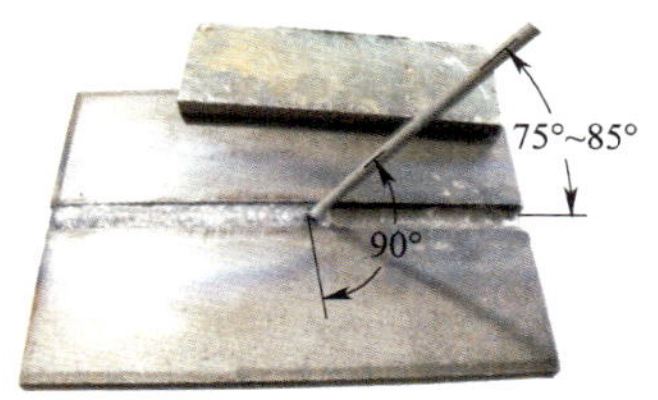 图 3–51　填充层第二层焊条与焊件的角度 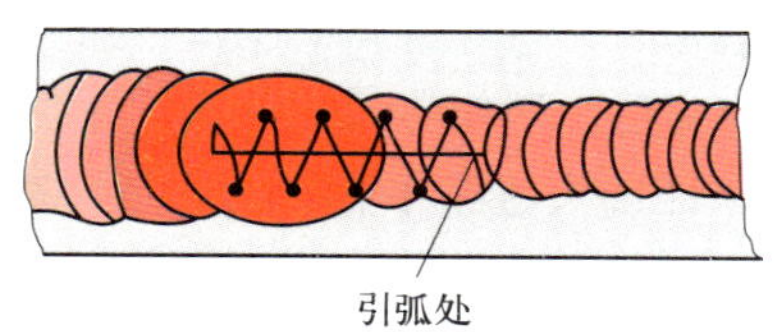 图 3–52　填充层接头方法
（3）盖面焊 盖面焊焊接电流应稍小一点，要使熔池形状和大小保持均匀一致，焊条与焊接方向夹角保持 75° ~ 85°，如图 3–53 所示。采用锯齿形运条法，焊条摆动到坡口边缘时应稍作停顿，以免产生咬边缺陷。	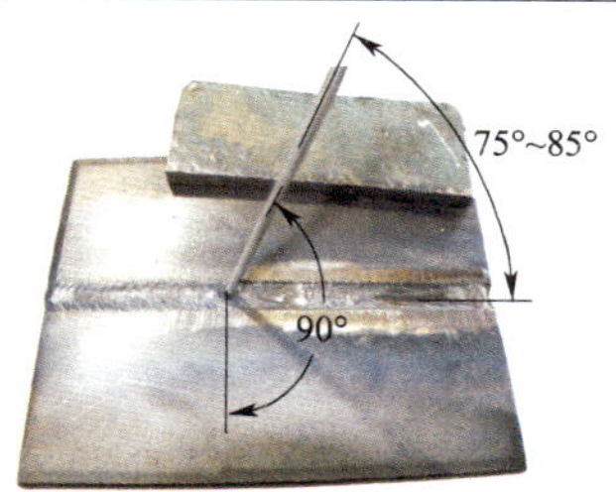 图 3–53　盖面焊焊条角度

续表

操作步骤及要领	图示
更换焊条收弧时应对熔池稍填熔滴，迅速更换焊条，并在弧坑前 10 mm 左右处引弧，然后将电弧退至弧坑的 2/3 处，填满弧坑后正常进行焊接。接头时应注意：若接头位置偏后，则接头部位焊缝过高；若偏前，则焊缝脱节。焊接时应注意保证熔池边缘不得超过表面坡口棱边 2 mm；否则，焊缝超宽。盖面层的收尾采用划圈收尾法或反复断弧收尾法，最后填满弧坑，使焊缝平滑过渡。盖面焊焊缝如图 3–54 所示。	 图 3–54　盖面焊焊缝

教师指导

【问题 1】焊接时，时常出现液态金属和熔渣混在一起而产生夹渣的情况，怎么办？

回答：焊接时，若发现液态金属和熔渣混在一起的情况，可适当加大焊接电流或把电弧稍微拉长一些，同时将焊条向前倾斜，并做往熔池后面推送熔渣的动作，将熔渣推向熔池后面，这样就不会产生夹渣等缺陷。

【问题 2】焊接电流的大小对焊缝成形有哪些影响？

回答：操作过程中，焊接电流过小会使熔渣超前，熔池与熔渣分不清，即电弧在熔渣后方，很容易产生夹渣的缺陷；若焊接电流过大，熔渣明显拖后，熔池裸露出来会使焊缝成形粗糙。

5. 焊接质量要求

板材 V 形坡口对接平焊焊接质量要求如下：

（1）焊件外观检查及评分标准见表 3–9。

表 3–9　板材 V 形坡口对接平焊焊件外观检查及评分标准

焊件外观	检查项目	焊缝等级标准及配分			
		Ⅰ	Ⅱ	Ⅲ	Ⅳ
正面	焊缝高度	0 ～ 2 mm	>2 mm，≤ 3 mm	>3 mm，≤ 4 mm	> 4 mm，<0
		5 分	3 分	1 分	0 分
	高度差	≤ 1 mm	> 1 mm，≤ 2 mm	> 2 mm，≤ 3 mm	> 3 mm
		7 分	4 分	1 分	0 分

焊件外观	检查项目	焊缝等级标准及配分			
		Ⅰ	Ⅱ	Ⅲ	Ⅳ
正面	焊缝宽度	≤ 20 mm	> 20 mm，≤ 21 mm	> 21 mm，≤ 22 mm	> 22 mm
		5 分	3 分	1 分	0 分
	宽度差	≤ 1 mm	> 1 mm，≤ 2 mm	> 2 mm，≤ 3 mm	> 3 mm
		7 分	4 分	1 分	0 分
	咬边	无咬边	深度≤ 0.5 mm 且长度≤ 15 mm	深度≤ 0.5 mm 且 15 mm< 长度 ≤ 30 mm	深度 > 0.5 mm 或长度 > 30 mm
		10 分	7 分	5 分	0 分
	错边量	无错边	≤ 0.5 mm	> 0.5 mm，≤ 1 mm	> 1 mm
		6 分	4 分	1 分	0 分
	角变形	0 ~ 1 mm	> 1 mm，≤ 3 mm	> 3 mm，≤ 5 mm	> 5 mm
		5 分	3 分	1 分	0 分
	焊缝外表成形	优	良	一般	差
		成形美观，鱼鳞均匀、细密，高低、宽窄一致	成形较好，鱼鳞均匀，焊缝平整	成形尚可，焊缝平直	焊缝弯曲，高低、宽窄不一致，有表面焊接缺陷
		5 分	3 分	1 分	0 分
背面	焊缝高度	0 ~ 3 mm，5 分；>3 mm，0 分			
	咬边	无咬边，5 分；有咬边，0 分			
	气孔	无气孔，5 分；有气孔，0 分			
	背面成形	优	良	一般	差
		5 分	3 分	1 分	0 分
	未焊透	无未焊透，10 分；有未焊透，0 分			
	凹陷	无内凹 10 分；深度≤ 0.5 mm，每 2 mm 长扣 1 分（最多扣 10 分）；深度 >0.5 mm，为 0 分			
安全文明生产		合格 10 分；违反操作规程，视情况扣 1 ~ 10 分			

（2）参照能源行业标准《承压设备无损检测　第 2 部分：射线检测》（NB/T 47013.2—2015）进行 X 射线检测，射线透照质量应不低于 AB 级，焊缝缺陷等级不低于Ⅱ级为合格。

（3）焊件上非焊道处不得有引弧痕迹。

课题四　板材 V 形坡口对接横焊

学习目标及技能要求

1. 能合理地选择板材 V 形坡口对接横焊焊接参数。
2. 掌握板材 V 形坡口对接横焊单面焊双面成形的操作方法。

工艺分析

进行对接横焊时，熔滴和熔渣受重力作用下淌至坡口面上，容易形成未熔合和层间夹渣，并且会出现焊缝上侧咬边、下侧金属下坠和焊瘤等缺陷。为了避免上述缺陷的产生，要克服焊接过程中运条速度过慢、熔池体积过大、焊接电流过大以及电弧过长等不正确操作。宜采用短弧焊，焊打底层时选择小直径焊条；断弧焊时频率要适宜，电弧在坡口根部停留时间要得当；多道堆焊时，要根据焊道的不同位置调整合适的焊条角度。

1. 焊前准备

（1）焊件材料：Q235 钢。

（2）焊件尺寸：300 mm × 100 mm × 12 mm，每组两块，坡口形式和尺寸如图 3–55 所示。

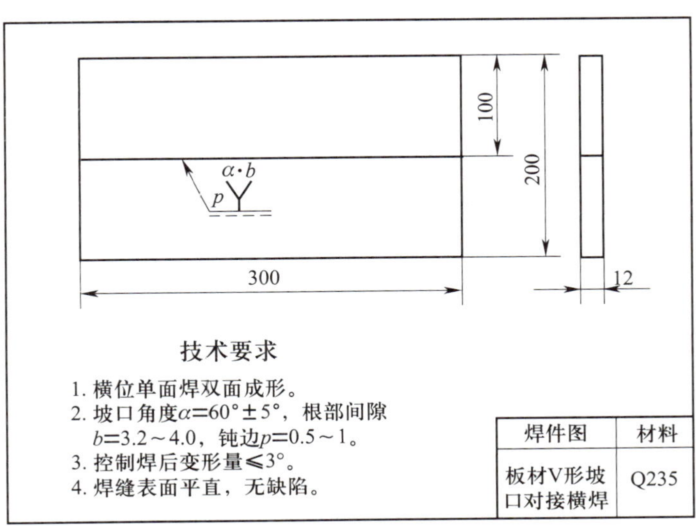

图 3–55　板材 V 形坡口对接横焊焊件图

（3）焊接要求：单面焊双面成形。

（4）焊接材料：E4315 型焊条，烘干温度为 350 ~ 400 ℃，恒温 2 h，随用随取。

（5）焊接设备：ZX5–400 型弧焊整流器或 ZX7–400 型弧焊逆变器。

2. 焊件清理与装配

（1）钝边

修磨钝边为 0.5 ~ 1 mm，去除毛刺。

（2）焊前清理

清理焊件坡口面与坡口正、反面两侧各 20 mm 范围内的油污、锈蚀、水分及其他污物，直至露出金属光泽。

（3）装配

始焊端装配间隙为 3.2 mm，终焊端装配间隙为 4.0 mm，错边量≤ 0.5 mm。

（4）定位焊

采用与正式焊接相同型号的焊条，在距离焊件两端 20 mm 以内的坡口面内进行定位焊，焊缝长度为 10 ~ 15 mm，并将焊件固定在焊接夹具上，使焊接坡口处于水平位置。始焊端处于左侧，坡口上边缘与焊工视线平齐。

（5）预置反变形

预置反变形量为 5°，如图 3–56 所示。

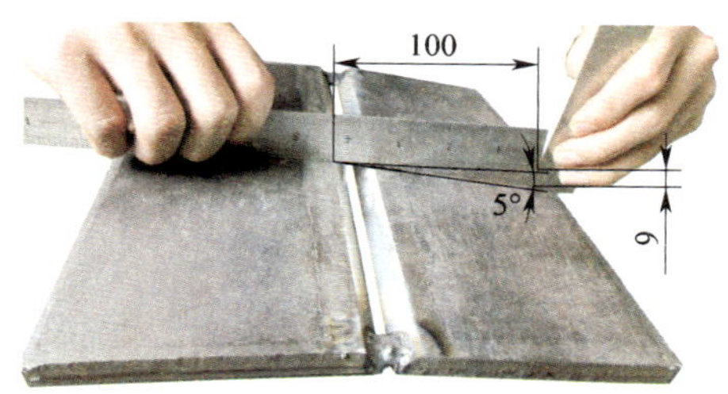

图 3–56　板材 V 形坡口对接横焊预置反变形

3. 确定焊接参数

板材 V 形坡口对接横焊焊接参数的选择见表 3–10。

表 3–10　　板材 V 形坡口对接横焊焊接参数

焊接层次		焊条直径（mm）	焊接电流（A）	运条方法
打底层	第一层（1）	3.2	100 ~ 120	单点击穿灭弧法
填充层	第二层（2、3） 第三层（4、5、6）	4.0	140 ~ 160	直线形运条法
盖面层	第四层（7、8、9、10）	4.0	130 ~ 150	直线形运条法

4. 焊接过程

板材 V 形坡口对接横焊操作步骤见表 3–11。

表 3-11　　板材 V 形坡口对接横焊操作步骤

操作步骤及要领	图示
（1）打底焊 第一层打底焊采用单点击穿灭弧法，焊条角度如图 3-57 所示。 首先在定位焊缝前引弧，随后将电弧拉到定位焊缝的尾部预热，当坡口钝边即将熔化时，将熔滴送至坡口根部，并压一下电弧，从而使熔化的部分定位焊缝和坡口钝边熔合成第一个熔池。当听到背面有电弧的击穿声时，立即灭弧，这时就形成了明显的熔孔。当熔池边缘变成暗红，熔池中间仍处于熔融状态时，立即在熔池的中间引燃电弧，焊条略向下轻微地压一下，形成熔池，打开熔孔后立即灭弧，这样依次反复击穿进行灭弧焊。运条间距要均匀、准确，使电弧的 2/3 压住熔池，1/3 作用在熔池前方，用来熔化和击穿坡口根部形成熔池。 灭弧时，焊条向后下方动作要快速、干净利落。从灭弧转入引弧时，焊条要接近熔池，待熔池温度下降、颜色由亮变暗时，迅速而准确地在原熔池上引弧焊接片刻，再立即灭弧。如此反复地引弧—焊接—灭弧—引弧。 在更换焊条灭弧前，必须向背面补充几滴熔滴，以防止背面出现冷缩孔。然后将电弧拉到熔池的侧后方灭弧。接头时，在原熔池后面 10 ~ 15 mm 处引弧，焊至接头处稍拉长电弧，借助电弧的吹力和热量重新击穿钝边，然后压低电弧并稍作停顿，形成新的熔池后，再转入正常的反复击穿焊接。 打底焊的正面焊缝和背面焊缝分别如图 3-58 和图 3-59 所示。	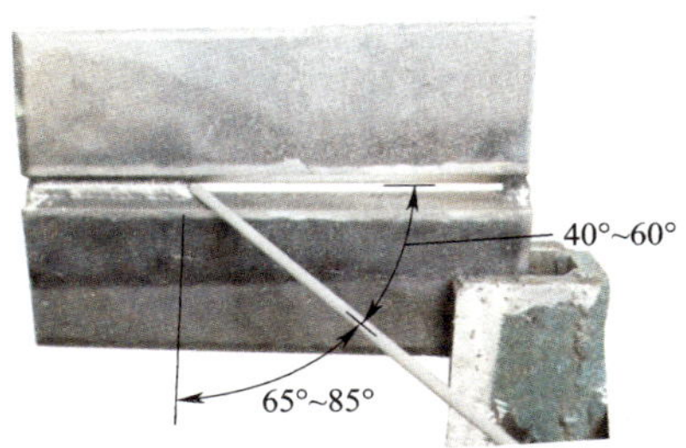 图 3-57　打底层（1）焊条角度  图 3-58　打底焊正面焊缝  图 3-59　打底焊背面焊缝

<table>
<tr><th>操作步骤及要领</th><th>图示</th></tr>
<tr><td>（2）填充焊
填充层采用多层多道焊接（共两层，第一层分两道完成，第二层分三道完成）。焊接层次及焊道次序见表 3-10。每道焊道均采用直线形运条法，焊条前倾角为 60° ~ 80°，下倾角根据坡口上侧、下侧与打底焊道间夹角处熔化情况进行调整（各焊道具体焊条角度见图 3-60 ~ 图 3-64），以防止产生未焊透和夹渣等缺陷，并使上焊道覆盖下焊道 1/2 ~ 2/3，防止焊层过高或形成沟槽。</td><td>

图 3-60　填充层（2）焊条角度
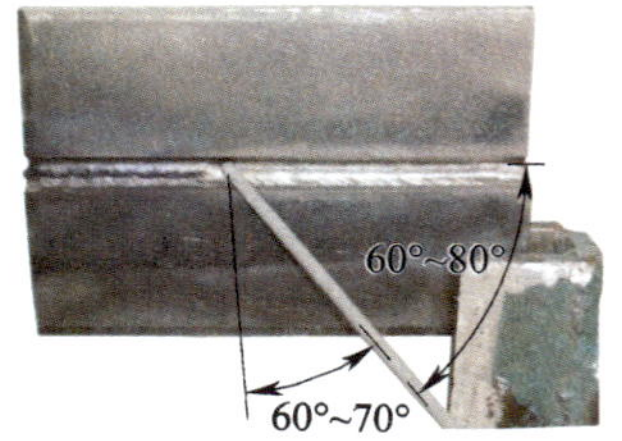

图 3-61　填充层（3）焊条角度
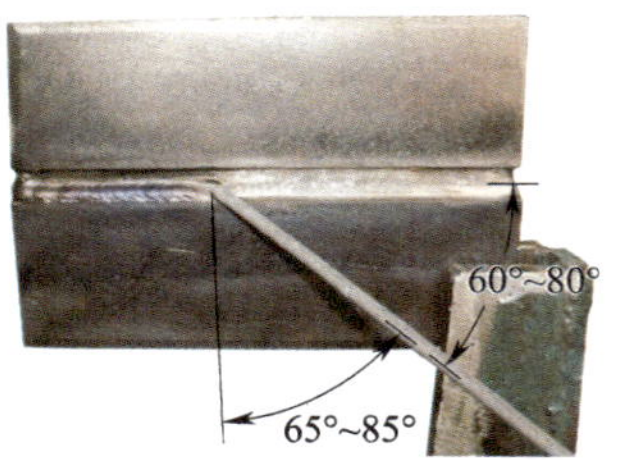

图 3-62　填充层（4）焊条角度
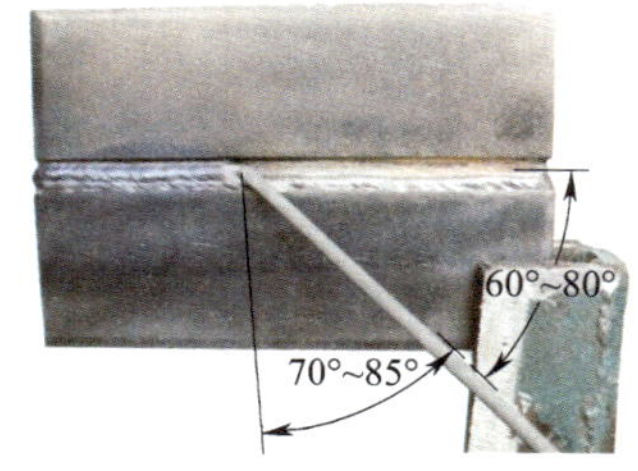

图 3-63　填充层（5）焊条角度
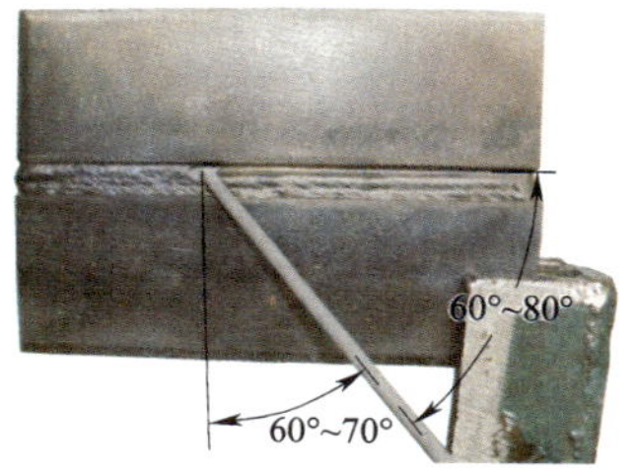

图 3-64　填充层（6）焊条角度</td></tr>
</table>

续表

操作步骤及要领	图示
（3）盖面焊 盖面层焊接采用多道焊（分四道），各焊道焊条角度如图 3-65 ~ 图 3-68 所示，采用直线形运条法。对上、下边缘焊道施焊时，运条应稍快些，焊道尽可能细、薄一些，这样有利于盖面焊缝与母材圆滑过渡。盖面焊缝的实际宽度以上、下坡口边缘各熔化 0.5 ~ 1 mm 为宜。如果焊件较厚，焊缝较宽，盖面焊缝也可以采用大斜圆圈形运条法焊接，一次盖面成形。	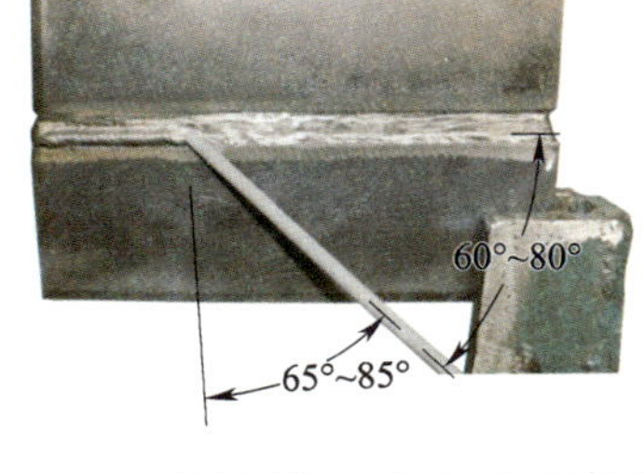 图 3-65　盖面层第一道（7）焊条角度 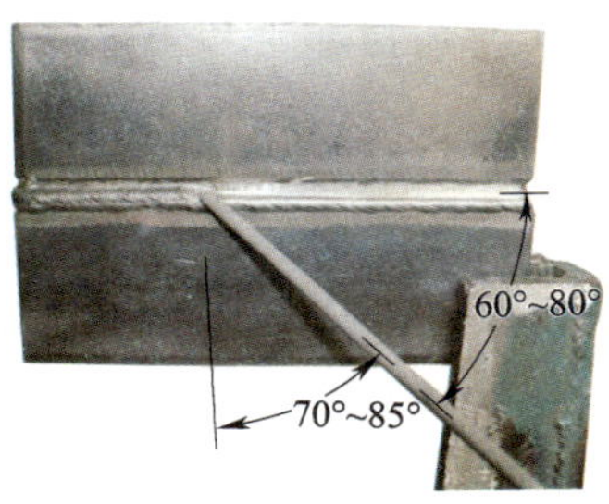 图 3-66　盖面层第二道（8）焊条角度 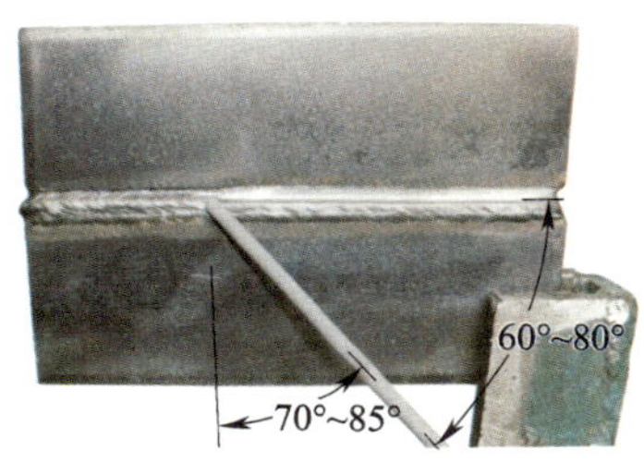 图 3-67　盖面层第三道（9）焊条角度 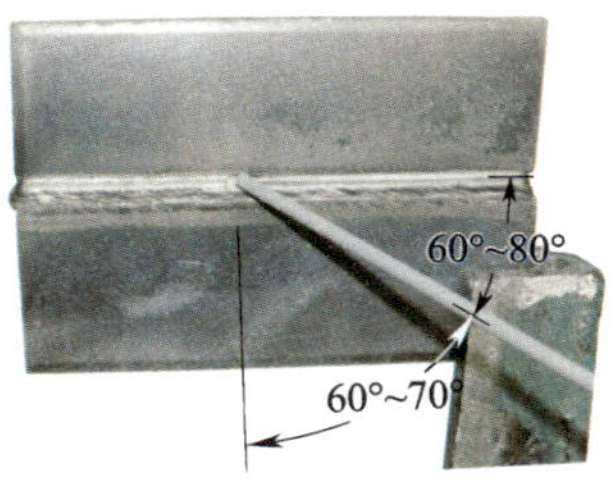 图 3-68　盖面层第四道（10）焊条角度

续表

操作步骤及要领	图示
盖面焊焊缝如图 3–69 所示。	图 3–69　盖面焊焊缝

5. 焊接质量要求

焊件的焊接质量要求与本单元课题三“板材 V 形坡口对接平焊”焊件的焊接质量要求相同。

教师指导

【问题 1】对接横焊的打底层焊接有哪些技巧?

回答：打底层可采用单点击穿灭弧法，每次焊条的落点都要在原熔池的前沿端部（不同于平焊、立焊打底焊在熔池的 1/2 或 2/3 处），有利于熔渣分流到坡口正、反面，既可以实现对前后熔池的保护，又可以减少正面过多熔渣的堆积，以避免产生夹渣缺陷。

每次向熔池送给的液态金属要少，送给熔滴的时间为 0.5 ～ 1 s；熄弧间断频率要快，应在 1 ～ 1.5 s 的范围内；焊成的焊道要薄，一般厚度约为 3 mm。

打底焊过程中要求下坡口面击穿的熔孔始终超前上坡口面熔孔 0.5 ～ 1 个熔孔直径，这样有利于减少熔池金属下坠，避免出现熔合不良的焊接缺陷。

【问题 2】为什么盖面层的多道焊过程中不敲渣?

回答：盖面层多道焊时，每道焊道焊后不宜马上敲渣，需待盖面焊缝形成后一起除渣，这样有利于盖面焊缝的成形及保持表面的金属光泽。

【问题 3】盖面层的多道焊要注意哪些问题?

回答：每条焊道之间的搭接要适宜，避免脱节、重叠过多、夹渣及焊瘤等缺陷。焊接过程中，保持熔渣对熔池的保护作用，防止熔池裸露而出现粗糙的焊缝波纹。

课题五　板材 V 形坡口对接立焊

学习目标及技能要求

掌握板材 V 形坡口对接立焊单面焊双面成形的操作方法。

工艺分析

板材 V 形坡口对接立焊时，液态金属和熔渣受重力作用容易下淌，若操作方法不当，运条节奏不一致，熔池形状控制得不好以及焊条角度不正确，会直接影响焊缝成形。因此，采用短弧焊接、正确的焊条倾角和运条方法是立位单面焊双面成形的关键。

1. 焊前准备

（1）焊件材料：Q235 钢。

（2）焊件尺寸：300 mm × 100 mm × 12 mm，每组两块，坡口形式和尺寸如图 3–70 所示。

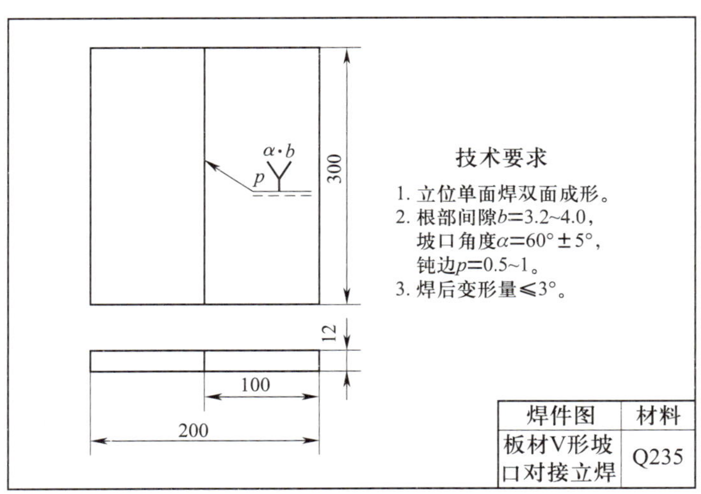

图 3–70　板材 V 形坡口对接立焊焊件图

（3）焊接要求：单面焊双面成形。

（4）焊接材料：E4303 型焊条，烘干温度为 75 ~ 150 ℃，恒温 1 ~ 2 h，随用随取。

（5）焊接设备：BX3–300 型弧焊变压器或 ZX5–400 型弧焊整流器。

2. 焊件清理与装配

（1）钝边

修磨钝边为 0.5 ~ 1 mm，去除毛刺。

（2）焊前清理

清理焊件坡口面与坡口正、反面两侧各 20 mm 范围内的油污、锈蚀、水分及其他污物，直至露出金属光泽。

（3）装配

始焊端装配间隙为 3.2 mm，终焊端装配间隙为 4.0 mm。错边量≤ 0.5 mm。

（4）定位焊

采用与正式焊接相同的焊条，在距离焊件两端 20 mm 以内的坡口面内进行定位焊，焊缝长度为 10 ~ 15 mm，并将焊件固定在焊接夹具上。

（5）预置反变形

预置反变形量为 3° ~ 4°。

3. 确定焊接参数

板材 V 形坡口对接立焊焊接参数的选择见表 3–12。

表 3–12　　板材 V 形坡口对接立焊焊接参数

焊接层次	焊条直径（mm）	焊接电流（A）	运条方法
打底层（1）	3.2	100 ~ 120	单点击穿灭弧法
填充层（2、3）	4.0	110 ~ 130	反月牙形运条法
盖面层（4）	4.0	100 ~ 120	锯齿形运条法

4. 焊接过程

板材 V 形坡口对接立焊操作步骤见表 3–13。

表 3–13　　板材 V 形坡口对接立焊操作步骤

操作步骤及要领	图示
（1）打底焊 采用单点击穿灭弧法进行打底焊，打底焊时焊条角度如图 3–71 所示。电弧引燃后迅速将电弧拉至定位焊缝上，长弧预热 2 ~ 3 s 后，压向坡口根部，当听到击穿声后，即向坡口根部两侧做小幅度的摆动，形成第一个熔孔，坡口根部两边熔化 0.5 ~ 1 mm。 当第一个熔孔形成后，立即熄弧，熄弧时间应视熔池液态金属凝固的状态而定，当液态金属的颜色由亮变暗时，立即送入焊条施焊约 0.8 s，进而形成第二个熔孔。依次重复操作直至焊完打底焊道。	 图 3–71　打底焊焊条角度

续表

操作步骤及要领	图示
换焊条接头时，在熔孔上方 10 mm 位置引弧，将电弧拉至接头处稍加预热，迅速压向熔孔，当听到“噗噗”声时，立即抬弧，转入正常灭弧打底焊。 打底层焊接要掌握以下两个要点： 1）电弧燃烧和熄灭等待的时间。 2）焊条的落弧位置要处在上一个熔池的前 1/3 处，让熔池重合 2/3，电弧有 1/3 在焊缝背面。 打底焊背面焊缝如图 3–72 所示。	 图 3–72　打底焊背面焊缝
（2）填充焊 进行填充焊时，应对打底层焊道的熔渣及飞溅物进行仔细清理，尤其要注意清理打底焊缝和坡口面处死角的熔渣。 填充层分两层进行焊接，焊接每一层时的焊条角度如图 3–73 和图 3–74 所示。 进行填充焊时，在距离焊缝始焊端 10 mm 处引弧后，将电弧拉回始焊端，为了防止填充层形成凸形焊缝，焊接时采用反月牙形运条法横向摆动运条，如图 3–75 所示。每次都应按此法操作，并注意焊缝两边的停留，避免焊道两边出现未熔合缺陷。 最后一层填充层焊缝应比母材表面低 1 ~ 1.5 mm，且应呈凹形，不得熔化坡口棱边，以利于盖面层保持平直。	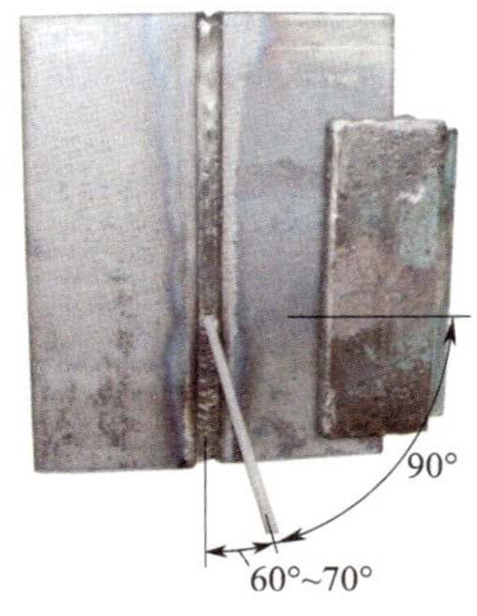 图 3–73　填充焊第一层焊条角度  图 3–74　填充焊第二层焊条角度  图 3–75　填充焊使用的反月牙形运条法

续表

操作步骤及要领	图示
（3）盖面焊 盖面焊时的焊条角度如图 3–76 所示。 进行盖面焊时，焊接电弧要控制得短些，焊条摆动的幅度比填充焊时大些，运条速度要均匀一致，向上运条时的间距力求相等，使每个新熔池覆盖前一个熔池的 2/3 ~ 3/4。焊条摆动到坡口边缘时要稍作停留（见图 3–77），始终控制电弧熔化左右棱边各 1 mm 左右，保持熔池对坡口边缘的良好熔合，可有效获得宽度一致的平直焊缝，如图 3–78 所示。 焊接时要合理地运用焊条的摆动幅度和频率，并控制焊条上移的速度，掌握熔池温度和形状的变化。如发现椭圆形熔池的下部边缘由比较平直的轮廓逐渐鼓起变圆时，说明熔池温度稍高或过高，应立即灭弧、降温，以避免产生焊瘤，待熔池瞬时冷却后，在熔池处重新引弧继续焊接。 更换焊条前收弧时，应对熔池填加熔滴，迅速更换焊条后，再在弧坑上方 10 mm 左右的填充层焊缝金属上引弧，并拉至原弧坑处稍加预热，当熔池出现熔化状态时，逐渐将电弧压向弧坑，使新形成的熔池边缘与弧坑边缘吻合，转入正常的锯齿形运条，直至完成盖面层的焊接。	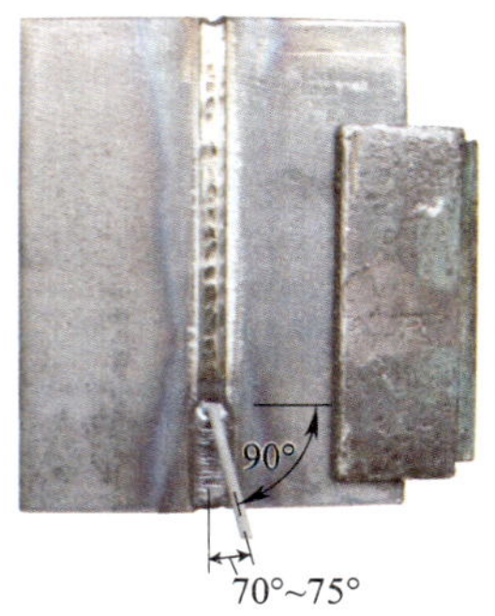 图 3–76　盖面焊焊条角度 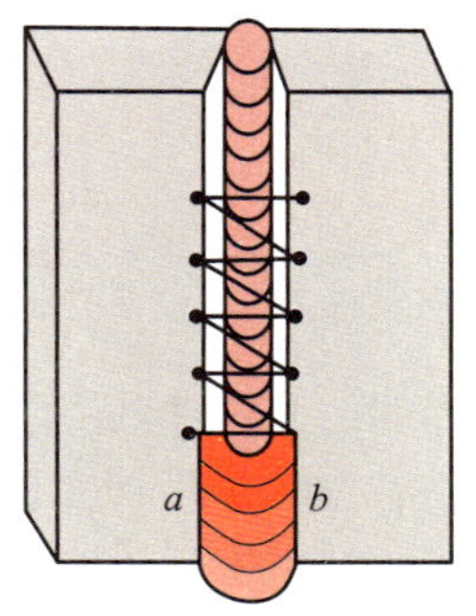 图 3–77　锯齿形摆动两边停留  图 3–78　盖面焊焊缝

5. 焊接质量要求

焊件的焊接质量要求与本单元课题三“板材 V 形坡口对接平焊”焊件的焊接质量要求相同。

教师指导

【问题 1】在焊接过程中，每根焊条的成形不一样，会影响整条焊道成形吗?

回答：每根焊条的成形不一样，是会影响整条焊道成形的。在焊接每层焊道过程中，焊条角度要基本保持一致，才能获得均匀一致的焊道波纹。但是操作者往往在更换焊条后或焊至焊道上部手臂伸长，致使焊条角度或运条节奏发生变化而影响焊道成形。

【问题 2】怎样使打底层焊道背面成形均匀、平滑?

回答：打底焊断弧的节奏要有规律，落弧时，电弧燃烧时间要适宜，熔敷金属的熔入量应尽可能少，但要保证熔合良好；断弧时，控制熔池温度要得当，待熔池颜色变暗适时下落。只要始终保持焊道薄，熔孔大小、形状一致，就可以得到均匀、平滑的背面焊道成形。

课题六　板材 V 形坡口对接仰焊

学习目标及技能要求

掌握板材 V 形坡口对接仰焊单面焊双面成形的操作方法。

工艺分析

仰焊为短路过渡形式，即熔滴是靠电弧的吹力和熔化金属的表面张力过渡到熔池中的。由于熔池倒悬在焊件下面，受重力作用而下坠，同时熔滴自身的重力又不利于熔滴过渡，并且熔池温度若升高，表面张力会减小，很容易在焊件正面出现焊瘤，焊件背面出现凹陷，焊缝成形较为困难。相对于其他焊接位置，操作难度最大。

1. 焊前准备

（1）焊件材料：Q355 钢。

（2）焊件尺寸：300 mm × 100 mm × 12 mm，每组两块，坡口形式及尺寸如图 3–79 所示。

（3）焊接要求：单面焊双面成形。

（4）焊接材料：E5015 型焊条，焊条烘干温度为 350 ~ 400 ℃，恒温 2 h，随用随取。

（5）焊接设备：ZX5–400 型弧焊整流器或 ZX7–400 型弧焊逆变器。

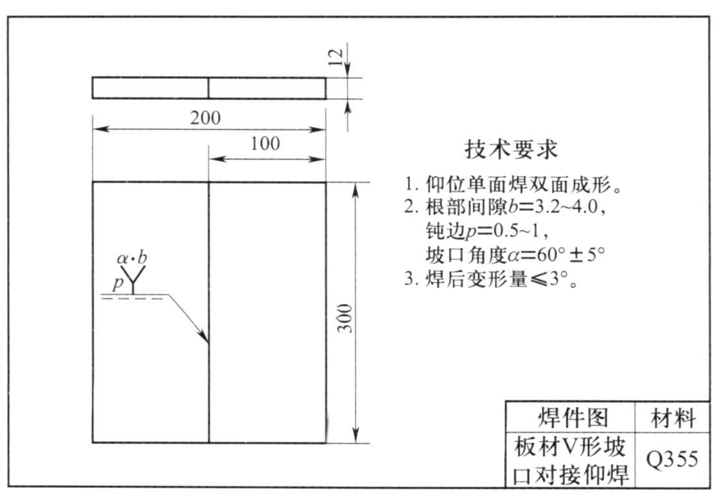

图 3–79 板材 V 形坡口对接仰焊焊件图

2. 焊件清理与装配

（1）钝边

修磨钝边为 0.5 ~ 1 mm，去除毛刺。

（2）焊前清理

清理焊件坡口面及坡口正、反面两侧各 20 mm 范围内的油污、锈蚀、水分及其他污物，直至露出金属光泽。

（3）装配

始焊端装配间隙为 3.2 mm，终焊端装配间隙为 4.0 mm。错边量≤ 0.5 mm。

（4）定位焊

采用与正式焊接相同的焊条，在距离焊件两端 20 mm 以内的坡口面内进行定位焊，焊缝长度为 10 ~ 15 mm，并将焊件固定在焊接夹具上。

（5）预置反变形

预置反变形量为 3° ~ 4° 。

3. 确定焊接参数

板材 V 形坡口对接仰焊焊接参数的选择见表 3–14。

表 3–14　　板材 V 形坡口对接仰焊焊接参数

焊接层次	焊条直径（mm）	焊接电流（A）	运条方法	电源种类和极性
打底层（1）	3.2	110 ~ 120	单点击穿灭弧法	直流正接
填充层（2、3）	4.0	130 ~ 150	锯齿形运条法	直流反接
盖面层（4）	4.0	120 ~ 140	锯齿形运条法	直流反接

4. 焊接过程

板材 V 形坡口对接仰焊操作步骤见表 3–15。

表 3-15　　板材 V 形坡口对接仰焊操作步骤

<table>
<tr><th>操作步骤及要领</th><th>图示</th></tr>
<tr><td>（1）打底焊
将焊件固定在距离地面 800 ~ 900 mm 的高度。打底焊采用直流正接，焊条角度如图 3-80 所示。
进行打底焊时，在定位焊缝处引弧，然后焊条在始焊部位坡口内快速横向摆动，当焊至定位焊缝尾部时，稍作预热后将焊条向上顶一下，听到“噗噗”声时，表明坡口根部已被熔透，第一个熔池已形成，并使熔池前方形成向坡口两侧各深入 0.5 ~ 1 mm 的熔孔，然后焊条向斜下方灭弧。为控制熔池温度，要观察熔池颜色，当颜色由明稍变暗时，再重新燃弧形成熔孔后再熄弧，如此不断地使每一个形成的新熔池覆盖前一熔池的 1/2 ~ 2/3。
焊接过程中，灭弧与燃弧时间要短，灭弧频率为 30 ~ 50 次 /min，每次落弧位置要准确，焊条中心应对准熔池前端与母材的交界处。
更换焊条前，应在熔池前方形成一熔孔，然后回带约 10 mm 再熄弧，并使其形成斜坡。迅速更换焊条后，在弧坑后面 10 ~ 15 mm 坡口内的斜坡上引弧，此时不灭电弧运条到弧坑根部时，在收弧时形成的熔孔的前方边沿向上顶一下，听到“噗噗”声后稍作停顿，在熔池中部斜下方灭弧，随即恢复原来的灭弧方法焊接。
打底焊背面焊缝如图 3-81 所示。</td><td>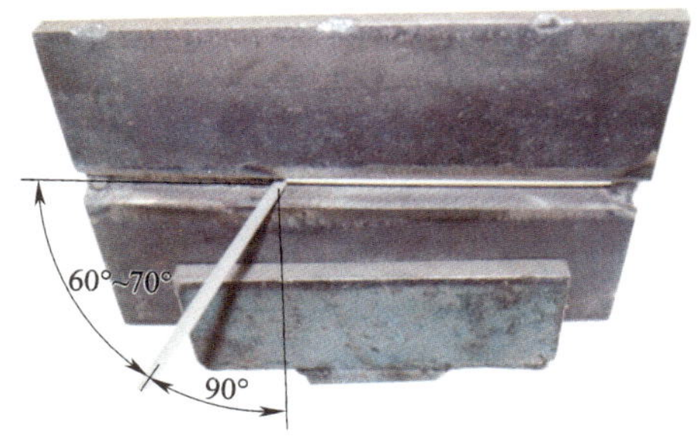

图 3-80　打底焊焊条角度

图 3-81　打底焊背面焊缝</td></tr>
<tr><td>（2）填充焊
填充层分两层施焊。第一层填充焊前，应将打底层熔渣、飞溅物彻底清除干净，铲平或用电弧割掉焊瘤，在距离焊件始焊端 10 mm 左右处引弧，然后将电弧拉回始焊端施焊（每次接头都应如此）。采用短弧锯齿形运条法施焊，焊条角度如图 3-82</td><td>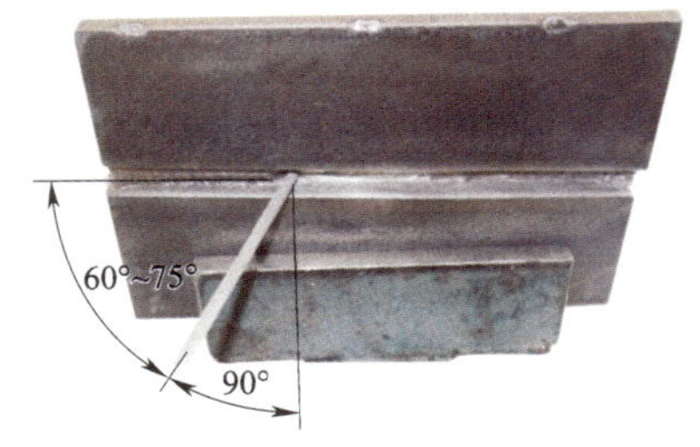

图 3-82　填充焊第一层焊条角度</td></tr>
</table>

续表

操作步骤及要领	图示
和图 3–83 所示。当运条至坡口两侧时应稍停、稳弧，中间摆动速度要尽量快，以形成较平的焊道，保证让熔池呈椭圆形，大小一致，防止形成凸形焊道。 第二层填充焊时，要注意不得熔化坡口边缘，并且通过运条控制形成中间为凹形的焊道。焊完的填充层应比焊件表面低 1 mm 左右，若有凸凹不平要补平，以便盖面焊时易于控制焊缝的平直度。	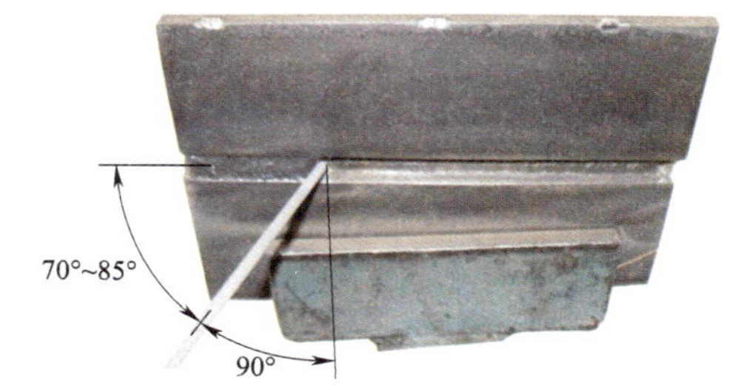 图 3–83　填充焊第二层焊条角度
（3）盖面焊 焊接盖面层前需仔细清理熔渣及飞溅物。焊接时可采用短弧、月牙形或锯齿形运条法运条。 更换焊条时采用热接法。更换焊条前，应对熔池填充几滴熔滴金属，迅速更换焊条后，在弧坑前 10 mm 左右处引弧，再把电弧拉到弧坑处画一小圆圈，使弧坑重新熔化，随后转入正常焊接。 盖面焊的焊条角度如图 3–84 所示，焊条摆动时，中间稍快，到坡口边缘时稍作停顿，以坡口两侧熔化 1 ~ 1.5 mm 为准，防止咬边。保持熔池外形平直，如有凸形出现，可使焊条在坡口两侧停留时间稍长一些，必要时可灭弧，以保证焊缝成形均匀、平整。盖面层焊缝如图 3–85 所示。	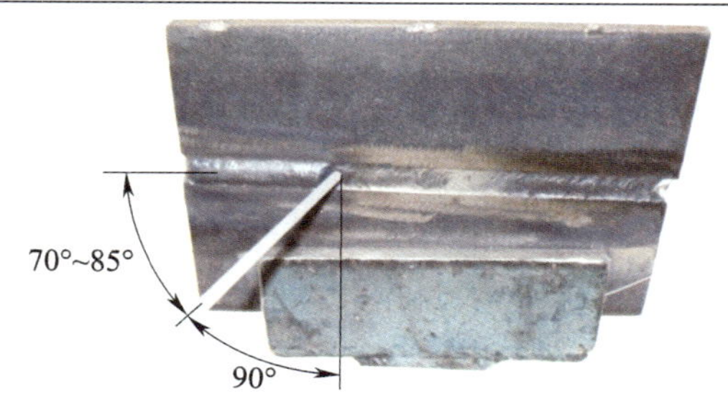 图 3–84　盖面层焊条角度  图 3–85　盖面层焊缝

5. 焊接质量要求

焊件的焊接质量要求与本单元课题三“板材 V 形坡口对接平焊”焊件的焊接质量要求相同。

教师指导

【问题 1】仰焊打底层有哪些焊接要点？

回答：（1）采用短弧施焊，利用电弧吹力把熔化金属托住，并将部分熔化金属送到焊件背面；应使新熔池覆盖前一熔池的 1/2 ~ 2/3，并适当加快焊接速度，以减小熔池面积，避免形成薄焊道，从而达到减轻焊缝金属自重的目的。

（2）焊层表面要平直，避免下凸；否则会给下一层焊接带来困难，且易产生夹渣、未熔合等缺陷。

（3）采用单点击穿灭弧法，坡口左、右两侧钝边应完全熔化，并深入两侧母材各 0.5 ~ 1 mm。灭弧动作要快，干净利落，并使焊条总是向上探，利用电弧吹力可有效地防止背面焊缝内凹。

（4）灭弧与燃弧时间要短，灭弧频率为 30 ~ 50 次 /min，每次落弧位置要准确，焊条中心要对准熔池前端与母材的交界处。

（5）收弧时，先在熔池前方形成一熔孔，然后将电弧向后回带 10 mm 左右再熄弧，并使其形成斜坡。

【问题 2】仰焊打底层如何接头？

回答：仰焊打底层接头可采用热接法和冷接法。

采用热接法时，在弧坑后面 10 mm 的坡口内引弧，当运条到弧坑根部时，应缩小焊条与焊接方向的夹角，同时将焊条顺着熔孔向坡口上部顶一下，听到“噗噗”声后稍停，再恢复正常手法焊接。热接法更换焊条动作越快越好。

采用冷接法时，在弧坑冷却后，用角向磨光机或扁铲在收弧处修一个 10 ~ 15 mm 的斜坡，在斜坡上引弧并长弧预热，使弧坑温度逐步升高，然后将焊条顺着熔孔迅速上顶，听到“噗噗”声后，稍作停顿，在熔池中部斜下方灭弧，随即恢复正常焊接。

课题七　管材对接水平固定焊

学习目标及技能要求

1. 了解管材对接水平固定焊的方法。
2. 掌握管材对接水平固定焊的操作技术。

工艺分析

管材对接水平固定焊在焊接过程中需经过仰焊、立焊、平焊等几种位置，又称全位置焊。因为焊缝是环形的，焊接过程中要随焊缝空间位置的变化而相应地调整焊条角度，才能保证正常操作，因此，焊接时有一定难度。

1. 焊前准备

（1）焊件材料：20 钢管。

（2）焊件尺寸：ϕ57 mm×4 mm，L=100 mm，每组两根，坡口形式及尺寸如图 3-86 所示。

（3）焊接材料：E4303 型焊条，焊条烘干温度为 75 ~ 150 ℃，恒温 1 ~ 2 h，随用随取。

（4）焊接设备：BX3-300 型弧焊变压器或 ZX5-400 型弧焊整流器。

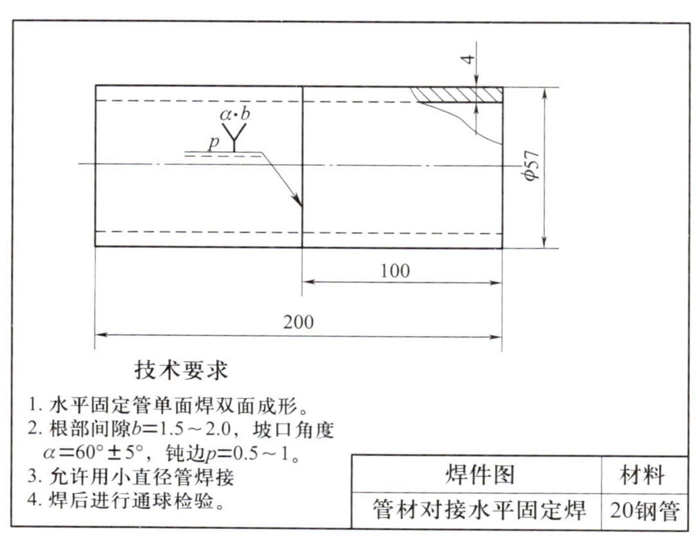

图 3-86 管材对接水平固定焊焊件图

2. 焊件清理与装配

（1）钝边

修磨钝边为 0.5 ~ 1 mm，去除毛刺。

（2）焊前清理

清理坡口及其两侧内表面（使用电磨机清理）、外表面各 20 mm 范围内的油污、锈蚀、水分及其他污物，直至露出金属光泽。

（3）装配

装配间隙为 1.5 ~ 2.0 mm，上部（平焊位）为 2.0 mm，下部（仰焊位）为 1.5 mm。放大上半部间隙作为焊接时焊缝的收缩量，如图 3-87 所示。错边量≤ 0.5 mm。

（4）定位焊

在焊件上半部焊接时钟 10 点和 2 点的位置进行定位焊，如图 3-88 所示。

采用与正式焊接相同型号的焊条，定位焊缝长度约 10 mm。要求焊透，并不得有气孔、夹渣、未焊透等缺陷。定位焊缝两端修磨成斜坡，以利于接头。特殊情况可以采用连接块固定焊件，如采用钢板制作“卡马”点焊在两根管子上，如图 3-89 所示。根据管径不同，“卡马”的数量也不一样，焊接时需逐个将“卡马”割掉。

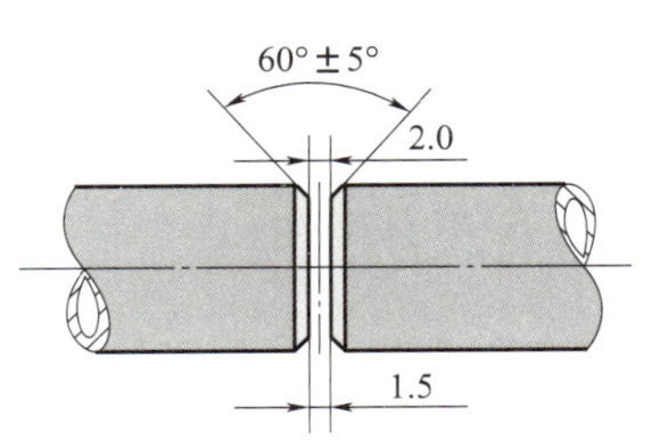

图 3–87　管焊件坡口角度及装配间隙

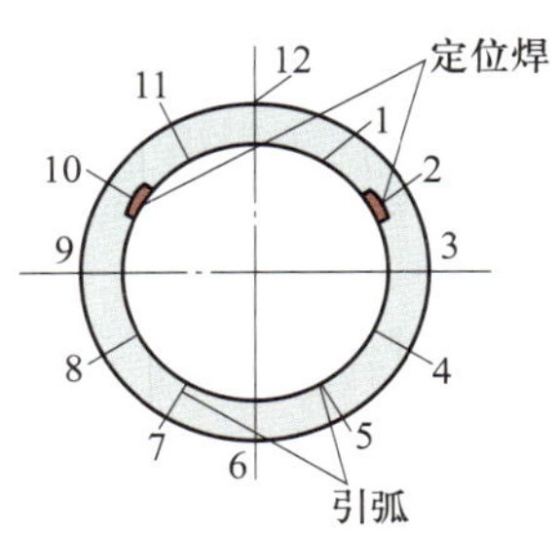

图 3–88　小直径管材对接焊定位焊

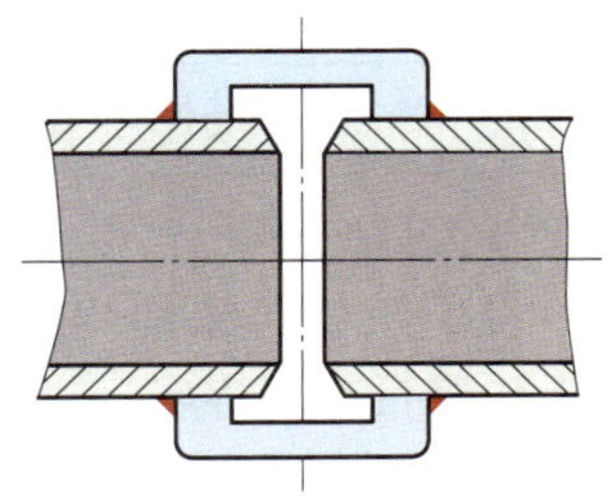

图 3–89　用连接块固定钢管

3. 确定焊接参数

管材对接水平固定焊焊接参数的选择见表 3–16。

表 3–16　　**管材对接水平固定焊焊接参数**

焊接层次	焊条直径（mm）	焊接电流（A）	运条方法
打底层（1）	2.5	75 ～ 85	单点击穿灭弧法
盖面层（2）	2.5	70 ～ 80	锯齿形或月牙形运条法

4. 焊接过程

水平固定管常从管子仰位开始分两半周进行焊接。为便于叙述，将焊件按时钟面分成两个相同的半周进行焊接，如图 3–90 所示。先按顺时针方向焊前半周，称为前半圈；后按逆时针方向焊后半周，称为后半圈。

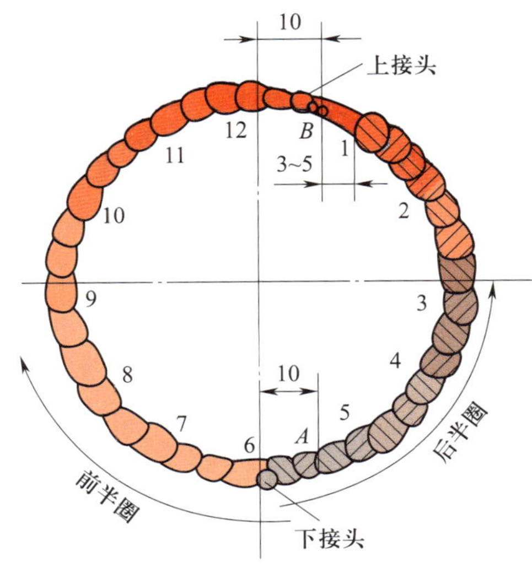

图 3–90　水平固定管的焊接顺序

管材对接水平固定焊操作步骤见表 3–17。

表 3-17　管材对接水平固定焊操作步骤

操作步骤及要领	图示
（1）打底焊 为了使坡口根部焊透，采用单点击穿灭弧法进行打底焊。 焊接时，焊条角度应随焊接位置的不断变化而随时调整。在仰焊、斜仰焊区段，焊条与管子切线的夹角应由 80° ~ 85° 变化为 100° ~ 105°，如图 3-91 所示。随着焊接向上进行，在立焊区段为 90°。当焊至斜平焊、平焊区段时，焊条倾角由 85° ~ 90° 变化为 80° ~ 85°。斜仰位打底焊焊条角度如图 3-92 所示。 先焊前半圈时，起焊和收弧部位都要超过管子垂直中心线 10 mm，以便于焊接后半圈时接头。 前半圈的焊接从仰位靠近后半圈约 10 mm 处引弧，即图 3-90 所示的 *A* 点，预热 1.5 ~ 2 s，使坡口两侧接近熔化状态，立即压低电弧进行搭桥焊接，使弧柱透过内壁熔化并击穿坡口根部，听到背面电弧的击穿声立即熄弧，形成第一个熔池。当熔池降温，颜色变暗时，再引弧然后压低电弧向上顶，形成第二个熔池，如此反复均匀地点射送给熔滴，并控制熔池之间的搭接量，向前施焊。这样逐步地将钝边熔透，使背面成形均匀，直至将前半圈焊完。后半圈的操作方法与前半圈相似，但是要注意仰位和平位两处的接头。 1）仰焊位（下方）的接头。当接头处没有焊出斜坡时，可用角向磨光机打磨成斜坡，从 6 点处引弧时，以较慢的速度和连弧方式焊至 *A* 点（见图 3-90），把斜坡焊满，当焊至接头末端 *A* 点时，焊条向上顶，使电弧穿透坡口根部，并有“噗噗”声后，恢复原来的正常操作手法。 2）平焊位（上方）的接头。若前半圈没有焊出斜坡，应修磨出斜坡。当运条到距 *B* 点	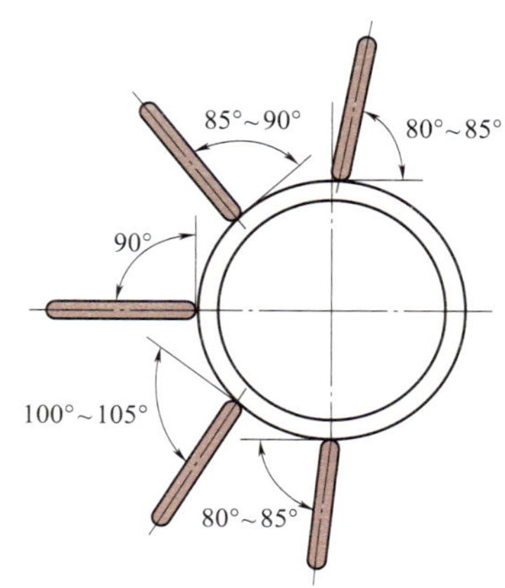 图 3-91　水平固定管焊条角度 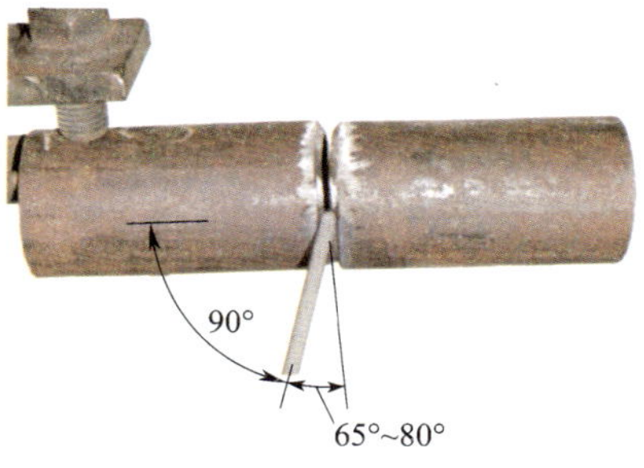 图 3-92　斜仰位打底焊焊条角度

续表

操作步骤及要领	图示
3 ~ 5 mm 时，应压低电弧，将焊条向里压一下，听到电弧穿透坡口根部发出“噗噗”声后，在接头处来回摆动几下，以保证充分熔合，填满弧坑，然后引弧到坡口一侧熄弧。	
（2）盖面焊 清除打底焊熔渣及飞溅物，修理局部凸起的接头。在打底焊道上引弧，采用月牙形或小锯齿形运条法焊接。焊条角度比相同位置打底焊稍大 5° 左右，如图 3–93 所示。焊条摆动到坡口两侧时要稍作停留，熔化两侧坡口边缘各 1 ~ 1.5 mm，并严格控制弧长，即可获得宽窄一致、波纹均匀的焊缝成形，如图 3–94 所示。 前半圈收弧时，对弧坑少填一些液态金属，使弧坑呈斜坡状，以利于后半圈接头；在焊接后半圈前，需将前半圈两端接头部位的渣壳去除 10 mm 左右，最好采用角向磨光机打磨成斜坡。 盖面层焊接前、后两半圈的操作要领基本相同，注意收口时要填满弧坑。	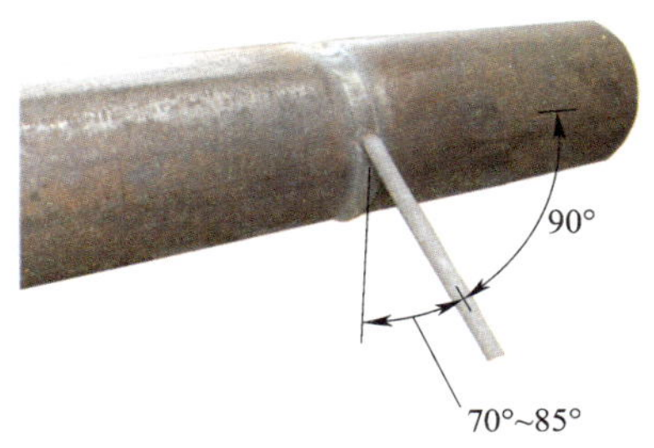 图 3–93　斜仰位盖面焊焊条角度  图 3–94　盖面焊焊缝

经验点滴

（1）进行打底层单点击穿灭弧焊接时，熄弧动作要干净利落，不要拉长电弧，熄弧与燃弧的时间要适宜（根据熔池的温度状况调节），熄弧和燃弧的频率：平焊区段为 35 ~ 40 次 /min，立焊区段为 40 ~ 50 次 /min。

（2）打底焊时熔池间的搭接量会直接影响焊件的背面成形，为避免出现管内仰位凹陷、平位凸起等缺陷，仰位、斜仰位处搭接量为 1/3，立位处搭接量为 1/2，斜平位、平位处搭接量为 2/3。

（3）为保证熔池的形状和大小基本一致，熔池的温度要控制得当，液态金属应清晰、明亮，熔化坡口两侧始终为 0.5 ~ 1 mm。

（4）在盖面层焊接时，由于在仰焊、斜仰焊区段液态金属易下坠，要求焊缝焊薄些；而在斜平焊、平焊区段熔池温度偏高不易引弧，要求焊缝焊厚些，这样可使盖面层焊缝余高整体均匀。

5. 焊接质量要求

（1）焊缝表面不得有裂纹、未熔合、夹渣、气孔、焊瘤或未焊透等缺陷。

（2）焊缝与母材圆滑过渡，咬边深度≤ 0.5 mm，焊缝两侧咬边总长度不得超过焊缝长度的10%。焊缝宽度比坡口每侧增宽 0.5 ～ 1.5 mm，焊缝宽度差≤ 3 mm，焊缝余高为 0 ～ 4 mm，余高差≤ 3 mm，背面凹坑小于 25% 壁厚，且小于 1 mm。焊件外观检查及评分标准见表 3–18。

表 3–18　　管材对接水平固定焊焊件外观检查及评分标准

焊件外观	检查项目	焊缝等级标准及配分			
		Ⅰ	Ⅱ	Ⅲ	Ⅳ
正面	焊缝高度	0 ～ 2 mm	>2 mm，≤ 3 mm	>3 mm，≤ 4 mm	>4 mm，<0 mm
		5 分	3 分	1 分	0 分
	高度差	0 ～ 1 mm	>1 mm，≤ 2 mm	>2 mm，≤ 3 mm	>3 mm
		7 分	5 分	3 分	0 分
	焊缝宽度	≤ 12 mm	>12 mm，≤ 13 mm	>13 mm，≤ 14 mm	>14 mm
		5 分	3 分	1 分	0 分
	宽度差	0 ～ 1 mm	>1 mm，≤ 2 mm	>2 mm，≤ 3 mm	>3 mm
		7 分	5 分	3 分	0 分
	咬边	无咬边	深度≤ 0.5 mm 且长度≤ 10 mm	深度≤ 0.5 mm 且 10 mm< 长度≤ 20 mm	深度 >0.5 mm 或长度 >20 mm
		10 分	7 分	5 分	0 分
	气孔	无气孔	气孔直径≤ 1.5 mm 数目：1 个	气孔直径≤ 1.5 mm 数目：2 个	气孔直径 >1.5 mm 或数目 >2 个
		6 分	4 分	2 分	0 分
	焊缝外表成形	优	良	一般	差
		10 分	7 分	4 分	0 分

续表

焊件外观	检查项目	焊缝等级标准及配分			
		Ⅰ	Ⅱ	Ⅲ	Ⅳ
背面	焊缝高度	0 ~ 3 mm，5 分；>3 mm 或 <0，0 分			
	咬边	无咬边，5 分；有咬边，0 分			
	气孔	无气孔，5 分；有气孔，0 分			
	背面成形	优	良	一般	差
		5 分	3 分	1 分	0 分
	未焊透	无未焊透，10 分；有未焊透，0 分			
	内凹	无内凹 5 分；深度≤ 0.5 mm，每 2 mm 长扣 1 分（最多扣 5 分）；深度 >0.5 mm，为 0 分			
	焊瘤	无焊瘤，5 分；有焊瘤，0 分			
安全文明生产		合格 10 分；违反操作规程，视情况扣 1 ~ 10 分			

（3）进行通球检验，检验球直径为 85% 管内径，通过为合格。

（4）焊件上非焊道处不得有引弧痕迹。

课题八 管材对接 45° 固定焊

学习目标及技能要求

掌握管材对接 45° 固定焊操作技术。

45° 固定焊位置是介于水平固定管与垂直固定管之间的一种焊接位置，如图 3–95 所示，其操作要领与管材对接水平固定焊有相似之处，焊接时分为两个半圈进行。每个半圈都包括斜仰焊、斜立焊和斜平焊三种位置，存在一定的焊接难度。

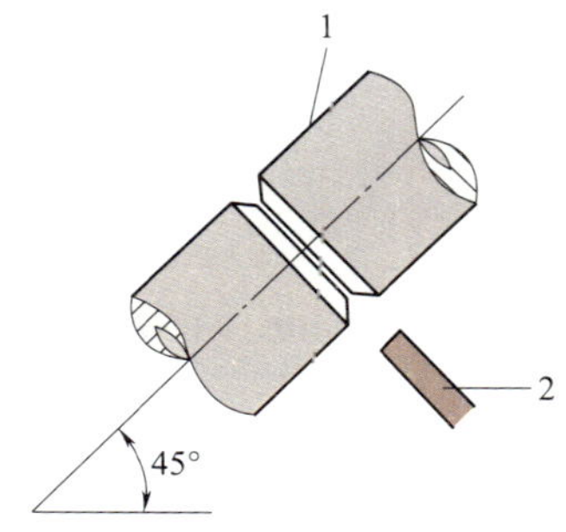

图 3-95　45° 固定管的焊接操作

1—钢管　2—焊条

工艺分析

45° 固定管焊接与水平固定管焊接基本相似。所不同的是在仰焊位置焊接时，焊条应做斜拉摆动，在坡口上侧多作停留；在平焊位置时，焊条斜拉方向与仰焊位置相反，无论管子怎样倾斜，始终保持熔池为水平状态。

1. 焊前准备

（1）焊件材料：20 钢管。

（2）焊件尺寸：ϕ 57 mm × 4 mm，L=100 mm，每组两根；坡口形式及尺寸如图 3-96 所示。

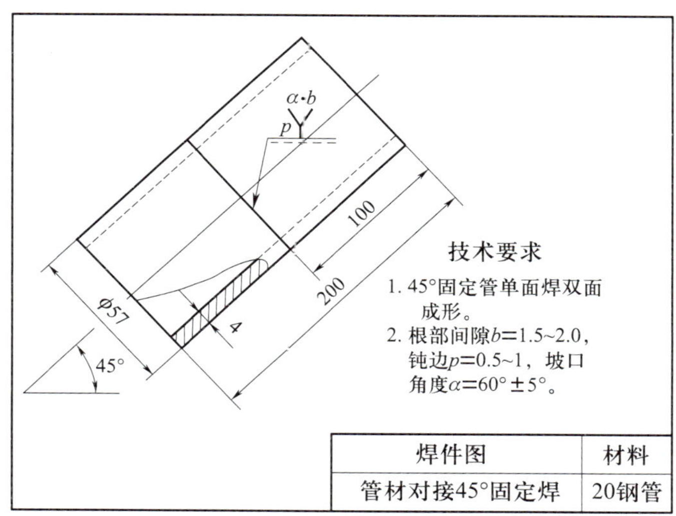

焊件图	材料
管材对接45°固定焊	20钢管

图 3-96　管材对接 45° 固定焊焊件图

（3）焊接要求：单面焊双面成形。

（4）焊接材料：E4303 型焊条，烘干温度为 75 ~ 150 ℃，恒温 1 ~ 2 h，随用随取。

（5）焊接设备：ZX5-400 型弧焊整流器或 BX3-300 型弧焊变压器。

2. 焊件清理与装配

（1）钝边

修磨钝边为 0.5 ~ 1 mm，去除毛刺。

（2）焊前清理

清理管件坡口及其两侧内、外表面各 20 mm 范围内的油污、锈蚀、水分及其他污物，直至露出金属光泽。

（3）装配

上部（焊接时钟 12 点位置）装配间隙为 2.0 mm，下部（6 点位置）装配间隙为 1.5 mm，放大上部间隙是考虑焊接时焊缝的收缩量。错边量≤ 0.5 mm。

（4）定位焊

采用与正式焊接相同型号的焊条，在焊接时钟 10 点和 2 点位置进行定位焊。焊缝长度约为 10 mm，要求焊透，不得有气孔、夹渣、未焊透等缺陷，定位焊缝两端修磨成斜坡，以利于接头。

3. 确定焊接参数

管材对接 45° 固定焊焊接参数的选择见表 3–19。

表 3–19　管材对接 45° 固定焊焊接参数

焊接层次	焊条直径（mm）	焊接电流（A）	运条方法
打底层（1）	2.5	75 ~ 85	月牙形或锯齿形运条法
盖面层（2）	2.5	70 ~ 80	月牙形或锯齿形运条法

4. 焊接过程

管材对接 45° 固定焊操作步骤见表 3–20。

表 3–20　管材对接 45° 固定焊操作步骤

<table>
<tr><th>操作步骤及要领</th><th>图示</th></tr>
<tr><td>（1）打底焊
打底层的焊接采用连弧焊（即在焊接过程中电弧连续燃烧，不熄灭，采取较小的坡口钝边间隙，选用较小的焊接电流，始终保持短弧连续施焊的一种单面焊双面成形技术），运条方法采用月牙形或小锯齿形摆动。
先在仰焊位置焊接时钟 6 点前 5 ~ 10 mm 的 *A* 点（见图 3–97）处引弧，在始焊部位坡口内上下轻微摆动，对坡口两侧预热，待管壁温度明显上升后，压低电弧，击穿钝边。此时，焊条端部到达坡口底边，整个电弧的 2/3 将在管内燃烧并形成第一个熔孔。</td><td>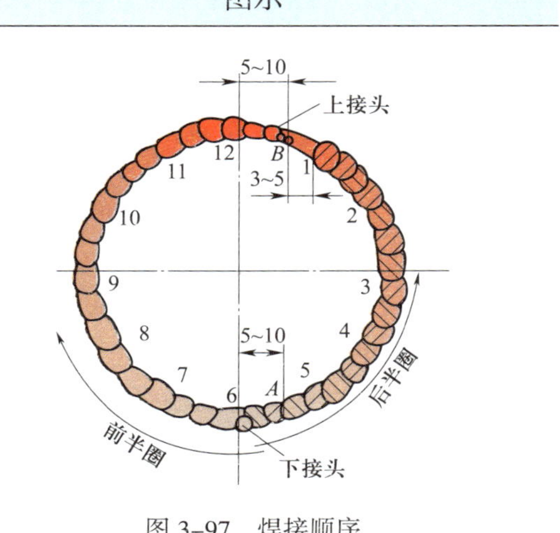

图 3–97　焊接顺序</td></tr>
</table>

操作步骤及要领	图示
然后用挑弧焊法（即当熔滴过渡到熔池后，立即将电弧向焊接方向挑起，弧长不超过 4 mm，但电弧不熄灭，使熔池金属凝固，熔池颜色由亮变暗时，将电弧立刻拉回熔池，当熔滴过渡到熔池后，再向上挑起电弧，如此不断地重复进行焊接）向前进行焊接。施焊时注意焊条的摆动幅度，使熔孔深入坡口每侧 0.5 ~ 1 mm。每个熔池覆盖前一个熔池 1/2 ~ 2/3。当熔池温度过高时，熔化金属可能下淌，应采用灭弧法控制熔池温度。焊完前半圈在 12 点后的 *B* 点处熄弧，以同样方法焊接后半圈打底焊缝，在 12 点处接头并填满弧坑收弧。 打底层焊缝与定位焊缝接头以及更换焊条的接头方法与水平固定管焊接操作基本相似。	
（2）盖面焊 焊接盖面层与接头有以下两种方法，可以选择其中一种。 1）直拉法盖面及接头。所谓直拉法盖面，是指在盖面的过程中，以月牙形运条法平行于管子轴线方向施焊的一种方法。施焊时，从坡口上部边缘引弧并稍作停留，然后沿管子的轴线方向做月牙形运条，把熔化金属带至坡口下部边缘灭弧。每个新熔池覆盖前熔池的 2/3 左右，依次循环。 斜仰焊部位的起头动作是在引弧后，先在斜仰焊部位坡口的下部依次建立三个熔池，并使其一个比一个大，最后达到焊缝宽度，如图 3–98 所示，然后进入正常焊接。施焊时用直拉法运条。 前半圈的收弧方法是在熄弧前，先将几滴熔化金属逐渐斜拉，以使尾部焊缝呈三角形。焊后半圈时，在管子斜仰焊部位的接头方法是在引弧后，先把电弧拉至接头	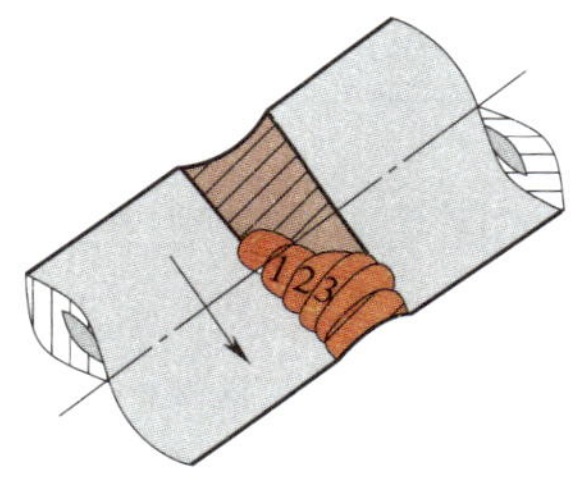 图 3–98　直拉法盖面斜仰焊位的起头方法

操作步骤及要领	图示
待焊的三角形尖端建立第一个熔池，此后的几个熔池随着三角形宽度的增大逐个加大，直至将三角形区填满后用直拉法运条，如图 3-99 所示。 后半圈焊缝的收弧方法是在运条到焊件上部斜平焊位收弧部位的待焊三角区尖端时，使熔池逐个缩小，直至填满三角区后再收弧，如图 3-100 所示。采用直拉法盖面时的运条位置，即落弧与灭弧位置必须准确；否则无法保证焊缝边缘平直。 直拉法盖面焊缝如图 3-101 所示。 2）横拉法盖面及接头。所谓横拉法盖面，是指在盖面的过程中，以月牙形或锯齿形运条法沿水平方向施焊的一种方法。施焊时，当焊条摆动到坡口边缘时稍作停顿，使熔池的上下轮廓线基本处于水平位置。 横拉法盖面时的斜仰焊位起头方法是在引弧后，相继建立起三个熔池，然后从第四个熔池开始横拉运条，它的起头部位也留出一个待焊的三角区域，如图 3-102 所示。 前半圈上部斜平焊位焊缝收尾时也要留出一个待焊的三角区域。 后半圈在斜仰焊部位的接头方法是在引弧后，先从前半圈留下的待焊三角区域尖端向左横拉至坡口下部边缘，使这个熔池与前半圈起头部位的焊缝搭接上，保证熔合良好，然后用横拉法运条，如图 3-103 所示，至后半圈盖面焊缝收弧。 后半圈斜平焊位收弧方法是在运条到收弧部位的待焊三角区域尖端时，使熔池逐个缩小，直至填满三角区后再收弧。	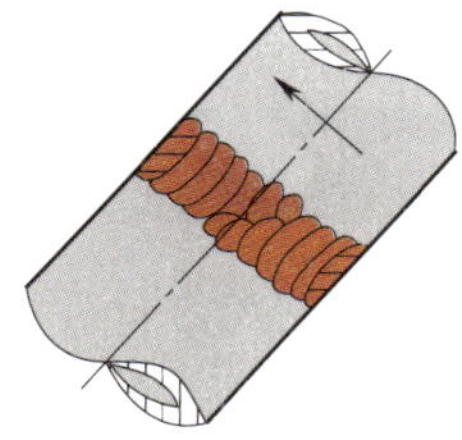 图 3-99　直拉法盖面斜仰焊位的接头方法 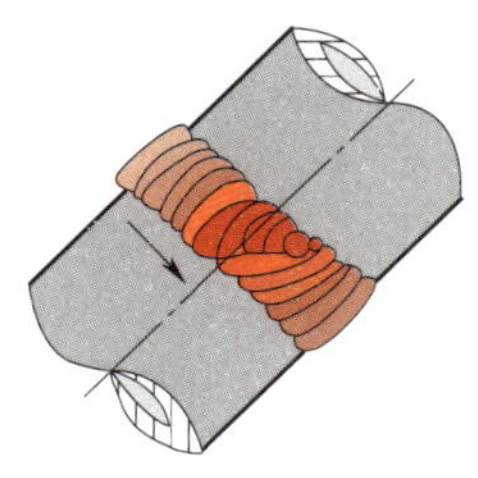 图 3-100　直拉法盖面斜仰焊位的收弧方法  图 3-101　直拉法盖面焊缝 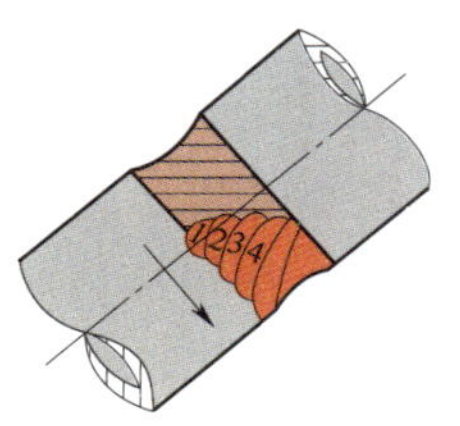 图 3-102　横拉法盖面斜仰焊位的起头方法 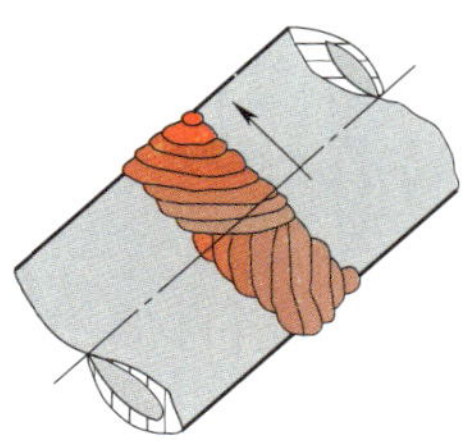 图 3-103　横拉法盖面斜仰焊位的接头方法

5. 焊接质量要求

焊件的焊接质量要求与本单元课题七“管材对接水平固定焊”焊件的焊接质量要求相同。

经验点滴

管子倾斜度不论大小，一律要求焊波呈水平或接近水平方向，否则成形不好。因此，焊条总是保持在垂直位置，并在水平线上左右摆动，以获得较平整的盖面层焊缝。摆动到两侧时，要停留足够时间，使熔化金属覆盖量增加，以防止出现咬边缺陷。

课题九　管板插入式垂直固定俯位焊

学习目标及技能要求

1. 熟悉管板插入式单面焊双面成形焊接技能。
2. 掌握管板插入式垂直固定俯位焊时调整焊条角度的技能。

工艺分析

管板插入式垂直固定俯位焊是锻炼手臂和手腕灵活性的基本功，操作时，要随焊接位置的变化适时调整相应的焊条角度，并控制好熔池的熔化状态；时刻注意熔渣不要超前，以免产生夹渣和未熔合等缺陷。

1. 焊前准备

（1）焊件材料：管材选用 20 钢管，板材选用 Q235 钢板。

（2）焊件尺寸：管材为 ϕ57 mm × 4 mm，L=100 mm；板材为 100 mm × 100 mm × 10 mm，如图 3-104 所示。

（3）坡口尺寸：板材加工 ϕ60 mm 通孔并开 35° ~ 40° 单边 V 形坡口，如图 3-105 所示。

（4）焊接材料：E4303 型焊条，烘干温度为 75 ~ 150 ℃，恒温 1 ~ 2 h；E4315 型焊条，烘干温度为 350 ~ 400 ℃，恒温 2 h，随用随取。

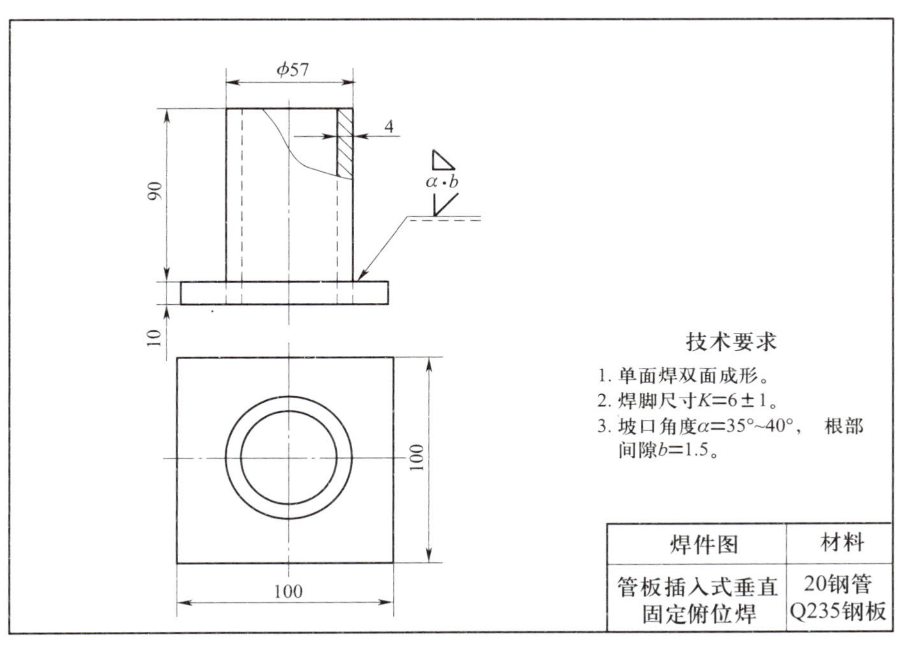

图 3–104　管板插入式垂直固定俯位焊焊件图

（5）焊接设备：BX3–300 型弧焊变压器或 ZX5–400 型弧焊整流器。

2. 焊件清理与装配

（1）钝边

修磨钝边为 0.5 ~ 1 mm，去除毛刺。

（2）焊前清理

清理板材坡口及坡口正、反面两侧 20 mm 和管子端部 30 mm 范围内的油污、锈蚀、水分及其他污物，直至露出金属光泽。

（3）装配

装配间隙为 1.5 mm，管子垂直插入孔板，四周间隙均匀，背面平齐，相差不超过 0.4 mm，如图 3–106 所示。

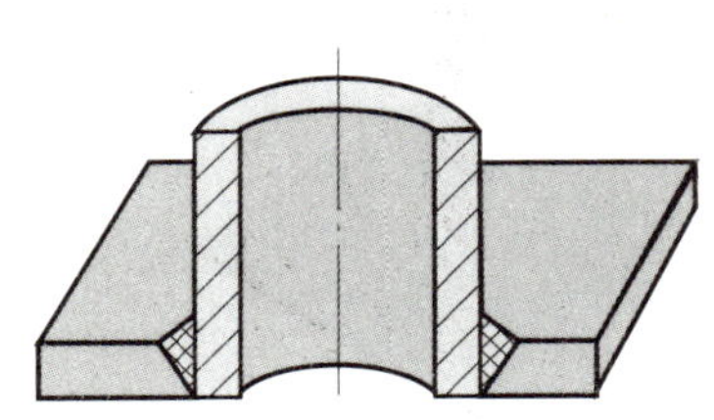

图 3–105　管板角接接头形式

图 3–106　管板插入式焊接装配实物图

（4）定位焊

采用与正式焊接相同型号的焊条，在任意方位进行定位焊，焊缝长度为 10 mm 左右，要求焊缝厚度为 2 ~ 3 mm，应焊透且无缺陷，焊缝两端呈斜坡状，以利于接头。

3. 确定焊接参数

管板插入式垂直固定俯位焊焊接参数的选择见表 3–21。

表 3–21　　管板插入式垂直固定俯位焊焊接参数

焊接层次	焊条直径（mm）	焊接电流（A）	运条方法
打底层（1）	2.5	75 ~ 80	小锯齿形运条法
填充层（2）	3.2	100 ~ 120	锯齿形运条法
盖面层（3、4）	3.2	100 ~ 110	直线形或小斜圆圈形运条法

4. 焊接过程

管板插入式垂直固定俯位焊操作步骤见表 3–22。

表 3–22　　管板插入式垂直固定俯位焊操作步骤

操作步骤及要领	图示
（1）打底焊 1）引弧。打底层焊道采用连弧法，在定位焊缝相对称的位置、孔板坡口内引弧，拉长电弧稍加预热（酸性焊条），待其两侧接近熔化温度时，向孔板一侧移动，压低电弧使孔板坡口击穿形成熔孔，然后用小锯齿形运条法进行正常焊接。焊条与管子外壁的夹角为 10° ~ 15°，与管子的切线成 60° ~ 70° 角，如图 3–107 所示。焊接过程中焊条角度要求不变，随管子的弯曲移动焊条，速度要均匀，电弧在坡口根部与管子边缘应作停留，保持短弧操作，使电弧 1/3 在熔池前，用来击穿和熔化坡口根部，2/3 覆盖在熔池上。电弧稍偏向管子，以保证两侧熔合良好，保持熔池大小和形状基本一致，避免产生未焊透和夹渣等缺陷。若发现熔池温度过高，可以采用挑弧法，减少对熔池的热输入，防止焊穿和背面产生焊瘤。 2）更换焊条的方法。一般采用热接法。熄弧前回焊 10 mm 左右，并逐渐拉长电弧至熄灭，迅速更换焊条，在熄弧处引燃并拉长电弧继续加热，移至接头处，压低电	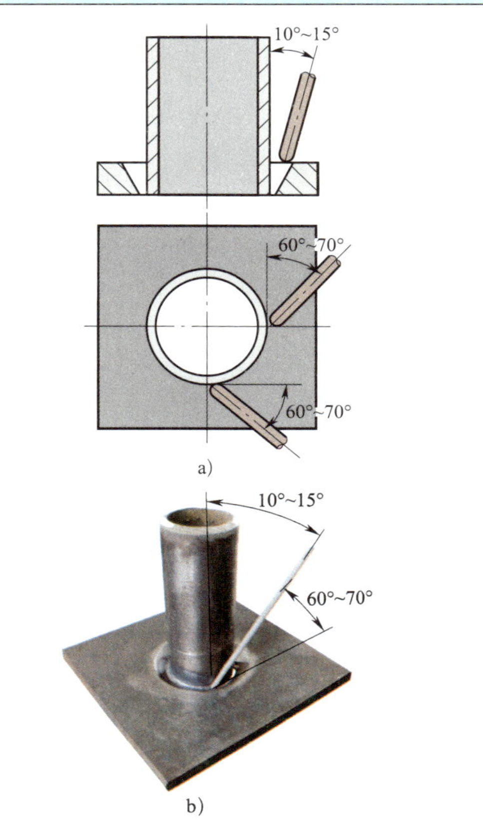 图 3–107　管板插入式垂直固定俯位打底焊的焊条角度 a）示意图　b）焊件图

操作步骤及要领	图示
弧，当根部有击穿声后，形成熔孔，稍停片刻，转入正常焊接。 3）定位焊缝接头。焊至定位焊缝接头处时应压低电弧稍停片刻，再快速移动电弧至定位焊缝另一端，稍停片刻，然后恢复正常焊接。当焊至封闭焊缝接头时也要稍停片刻，并与始焊部位重叠 5 ~ 10 mm，填满弧坑即可熄弧。	
（2）填充焊 填充层焊接采用锯齿形运条法，保证坡口两侧熔合良好，焊条与管壁夹角为 15° ~ 25°，前进方向与管子的切线夹角为 80° ~ 85°，如图 3–108 所示。运条速度均匀，保证熔渣对熔池的覆盖保护，不超前或拖后，基本填平坡口，但不能熔化孔、板坡口边缘，以免影响盖面层的焊接。	15°~25° 80°~85° 图 3–108　填充焊焊条角度
（3）盖面焊 盖面层焊接必须保证焊脚尺寸。采用两道焊，第一条焊道紧靠孔板表面，熔化坡口边缘 1 ~ 2 mm，保证焊道外边缘整齐，焊条角度如图 3–109a 所示。 第二条焊道施焊时，适宜调整焊条与管壁角度为 45° ~ 60°，如图 3–109b 所示，与第一条焊道重叠 1/2 ~ 2/3，并根据焊道需要的宽度适当增加焊条摆动和焊接速度，或用小斜圆圈形运条法，避免焊道间形成凹槽或凸起，防止管壁咬边。	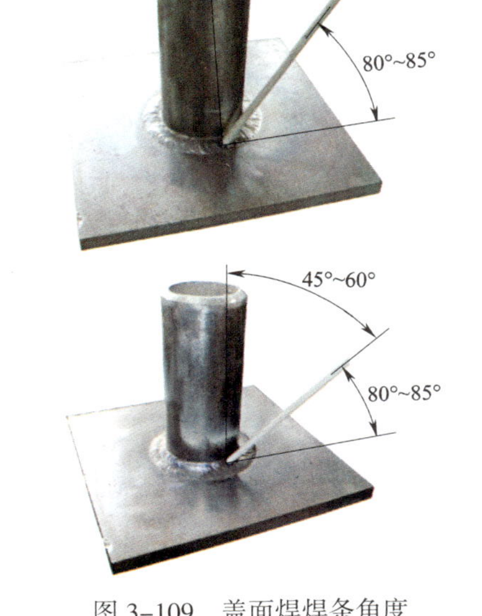 图 3–109　盖面焊焊条角度 a）盖面层第一道　b）盖面层第二道

5. 焊接质量要求

（1）焊缝表面不得有裂纹、未熔合、夹渣、气孔、焊瘤和未焊透等缺陷。

（2）焊缝的凹度或凸度≤ 1.5 mm，管侧焊脚尺寸为壁厚 +（0 ~ 3）mm。

（3）焊缝表面咬边深度≤ 0.5 mm，两侧的咬边总长度不得超过焊缝长度的 10%；背面凹坑深度小于等于壁厚的 25%，且≤ 1 mm。

（4）焊件上非焊道处不得有引弧痕迹。

教师指导

【问题】遇到固定管板所处位置操作不便时，应注意什么？

回答：在生产实践中经常会遇到固定管板所处位置有一侧操作不太方便的情况，这时一定要先焊接较难操作的这一侧，即将此侧作为前半部分先焊，这样有利于管板后半部分接头的操作，以保证焊接质量。

课题十　管板骑座式水平固定全位置焊

学习目标及技能要求

掌握管板骑座式水平固定全位置焊的焊接方法。

工艺分析

焊接水平固定管板时，熔池应尽可能趋于水平状，电弧偏于孔板，且孔板侧电弧停留时间要稍长一些，以避免在管侧出现堆积、孔板侧出现咬边等缺陷。

操作中，若焊接电流偏小，熔池与熔渣在 T 形接头的夹角处会混淆不清，熔渣不易浮出，很容易产生夹渣和未熔合等缺陷；若焊接电流过大，运条速度过慢，则容易产生焊瘤。因此，焊接时焊接电流的调整是关键。

1. 焊前准备

（1）焊件材料：管材选用 20 钢管，板材选用 Q235 钢板。

（2）焊件尺寸：管材为 ϕ57 mm × 4 mm，L=100 mm，管子端部开 50° ± 5° 单边 V 形

坡口；板材为 100 mm × 100 mm × 12 mm，板材中心按管子内径加工通孔，如图 3–110 所示。

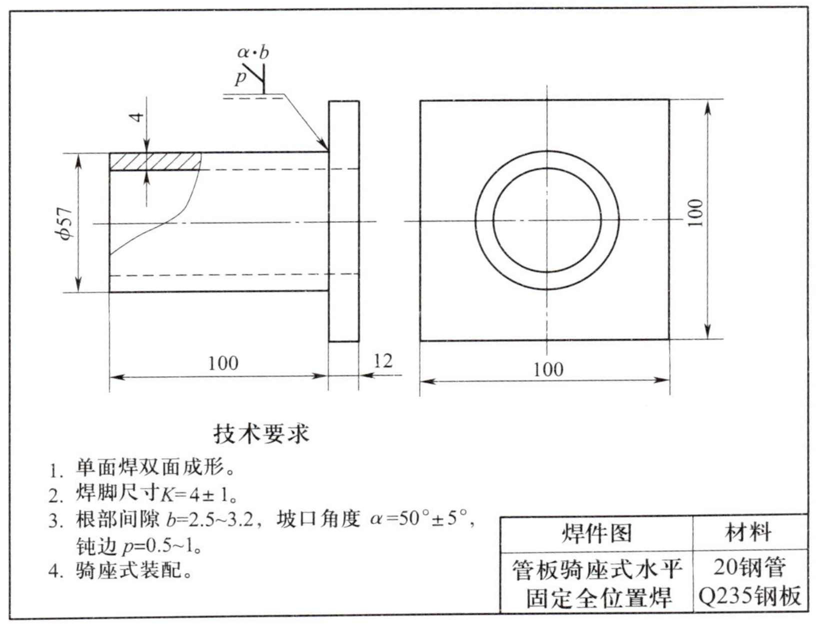

图 3–110　管板骑座式水平固定全位置焊焊件图

（3）焊接材料：E4303 型焊条，烘干温度为 75 ~ 150 ℃，恒温 1 ~ 2 h，随用随取。

（4）焊接设备：BX3–300 型弧焊变压器或 ZX5–400 型弧焊整流器。

2. 焊件清理与装配

（1）钝边

修磨钝边为 0.5 ~ 1 mm，去除毛刺。

（2）焊前清理

清理板材正、反面通孔两侧 20 mm 和管子端部坡口面内、外表面 20 mm 范围内的油污、锈蚀、水分及其他污物，直至露出金属光泽。

（3）装配

根部装配间隙：焊件上部平位留 3.2 mm，下部仰位留 2.5 mm，上部放大间隙是考虑焊接时焊缝的收缩量。要求管子内孔与板孔同轴，错边量 ≤ 0.5 mm，管子与板材相垂直。

（4）定位焊

采用两点固定焊件上半部，即焊接时钟 2 点和 10 点位置，定位焊缝长度为 5 ~ 10 mm，两端修磨成斜坡，便于接头。定位焊缝厚度为 2 ~ 3 mm，要求焊透，无夹渣、气孔缺陷。

3. 焊接参数

管板骑座式水平固定全位置焊焊接参数的选择见表 3–23。

表 3–23　管板骑座式水平固定全位置焊焊接参数

焊接层次	焊条直径（mm）	焊接电流（A）	运条方法
打底层（1）	2.5	70 ~ 80	单点击穿灭弧法或锯齿形连弧法
填充层（2）	3.2	110 ~ 120	锯齿形或月牙形运条法
盖面层（3）	3.2	100 ~ 110	月牙形运条法

4. 焊接过程

管板水平固定焊施焊时分前半圈（左侧）和后半圈（右侧）两个半圈，每半圈都存在仰焊、立焊、平焊三种不同位置的焊接。将焊接位置处于焊件接口的某部位用焊接时钟 1 ~ 12 点的方式表示，焊条角度随焊接位置的改变而变化，如图 3–111 所示。

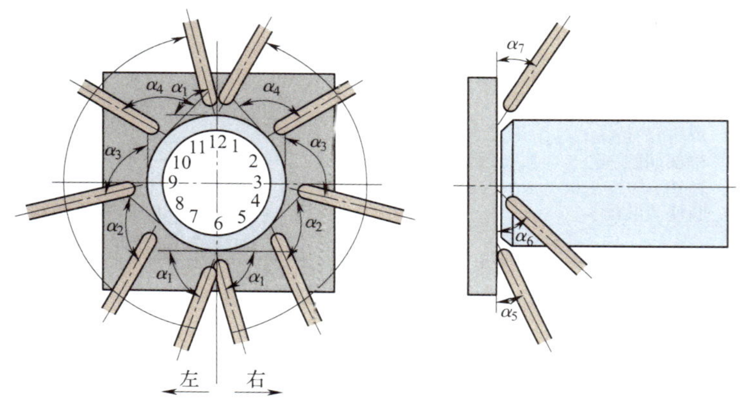

图 3–111　管板水平固定焊的焊接位置及焊条角度

α_1=80° ~ 85°；α_2=100° ~ 105°；α_3=100° ~ 110°；α_4=120°；α_5=30°；α_6=45°；α_7=35°

管板骑座式水平固定全位置焊操作步骤见表 3–24。

表 3–24　管板骑座式水平固定全位置焊操作步骤

操作步骤及要领	图示
（1）打底焊 打底层的焊接可以采用连弧焊手法，也可采用灭弧焊手法进行。 1）前半圈（左侧）施焊时，在仰焊 6 点位置前 5 ~ 10 mm 处的坡口内引弧，焊条在坡口根部管与板之间做微小横向摆动，当母材熔液与焊条熔滴连在一起后，第一个熔池形成，然后沿顺时针方向进行正常手法的焊接，直至焊道超过 12 点 5 ~ 10 mm 处熄弧。	

续表

操作步骤及要领	图示
2）连弧焊采用月牙形或锯齿形运条法；当采用灭弧焊时，灭弧动作要快，不要拉长电弧，同时灭弧与落弧时间间隔要短，灭弧频率为 50 ~ 60 次 /min。每次重新引燃电弧时，焊条中心要对准熔池前沿焊接方向的 2/3 处，每接触一次，焊缝增长 2 mm 左右。 3）因管与板厚度差较大，焊接电弧应偏向孔板，并保证板孔边缘熔合良好。一般焊条与孔板的夹角为 25° ~ 30°（见图 3–112），与焊接方向的夹角随着焊接位置的不同而改变。另外，在管板焊件的 6 点 ~ 4 点及 2 点 ~ 12 点处要保持熔池液面趋于水平，不使熔池金属下淌，其运条轨迹如图 3–113 所示。 4）在焊接过程中，要使熔池的形状和大小保持一致，使熔池中的熔液清晰、明亮，熔孔始终深入每侧母材 0.5 ~ 1 mm。同时，应始终伴有电弧击穿根部所发出的“噗噗”声，以保证根部焊透。 5）当运条到定位焊缝根部时，焊条要向管内压一下，听到“噗噗”声后，快速运条到定位焊缝另一端，再次将焊条向下压一下，听到“噗噗”声后，稍作停留，然后恢复原来的操作手法。 6）收弧时，将焊条逐渐引向坡口斜前方，或将电弧往回拉一小段，再慢慢抬高电弧，使熔池逐渐变小，填满弧坑后熄弧。 7）更换焊条时接头有以下两种方法： ①热接法。当弧坑尚保持红热状态时，迅速更换焊条，在熔孔下面 10 mm 处引弧，然后将电弧拉到熔孔处，焊条向里推一下，	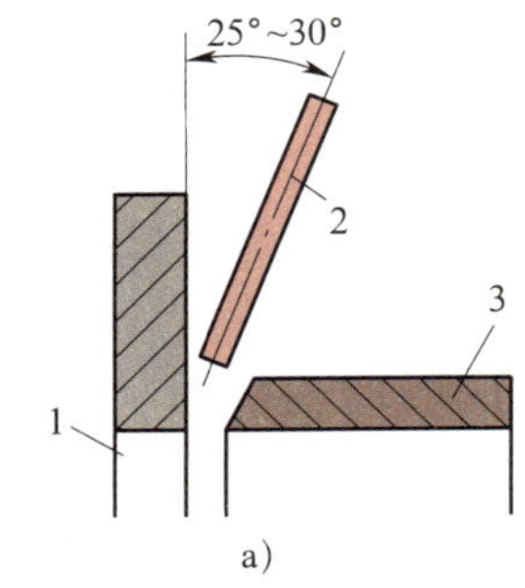 a） 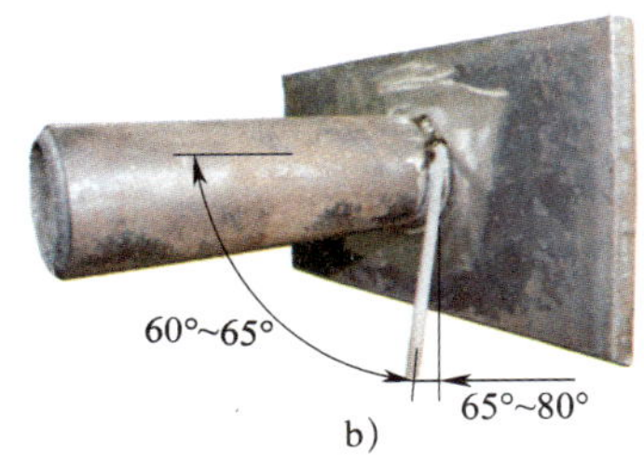 b） 图 3–112　打底焊焊条角度 a）示意图　b）实物图 1—板　2—焊条　3—管 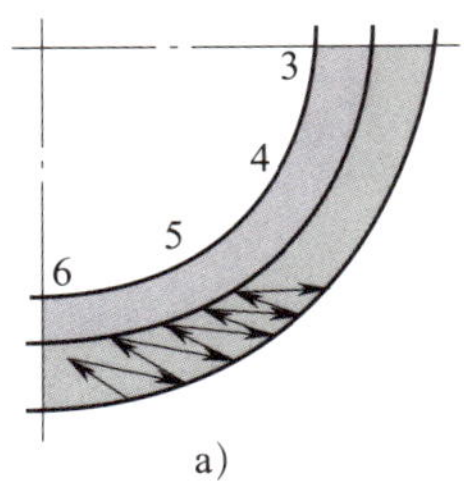 a） 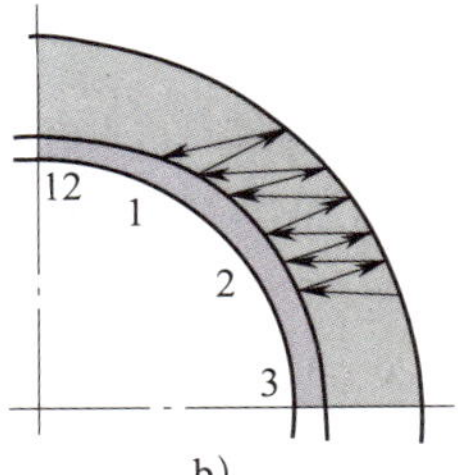 b） 图 3–113　管板焊件斜仰位及斜平位处的运条轨迹 a）斜仰位　b）斜平位

操作步骤及要领	图示
听到“噗噗”声后，稍作停留，恢复原来操作手法。 ②冷接法。当熔池冷却后，必须将收弧处打磨出斜坡方向接头。更换焊条后，在打磨处附近引弧，运条到打磨的斜坡根部时，焊条向里推一下，听到“噗噗”声后，稍作停留，恢复原来操作手法。 8）后半圈的焊接方法与前半圈基本相同，但需在仰焊接头和平焊接头处多加注意。 一般在上、下两接头处均打磨出斜坡，引弧后在斜坡后端起焊，运条到斜坡根部时，焊条向上顶，听到“噗噗”声后，稍作停顿，再进行正常手法焊接。当焊缝即将封闭收口时，焊条向下压一下，听到“噗噗”声后，稍作停留，然后继续向前焊接 10 mm 左右，填满弧坑后收弧。 9）打底焊道应尽量平整，并保证坡口边缘清晰，以便保证填充层焊接质量。	
（2）填充焊 1）清除打底层焊道熔渣，特别注意死角处的清理。 2）填充层焊接可采用连弧焊手法或灭弧焊手法施焊，焊条角度如图 3-114 所示。其焊接顺序、焊条角度、运条方法与打底层焊接相似，但运条摆动幅度比打底层稍宽。由于焊缝两侧是不同直径的同心圆，孔板侧比管子侧圆周长，因此运条时，在保持熔池液面趋于水平时，应加大焊条在孔板侧的向前移动间距并相应地增加焊接停留时间。填充层的焊道要薄一些，管子一侧坡口要填满，孔板一侧要超出管壁约 2 mm，使焊道形成一个斜面，保证盖面层焊缝焊后焊脚对称。	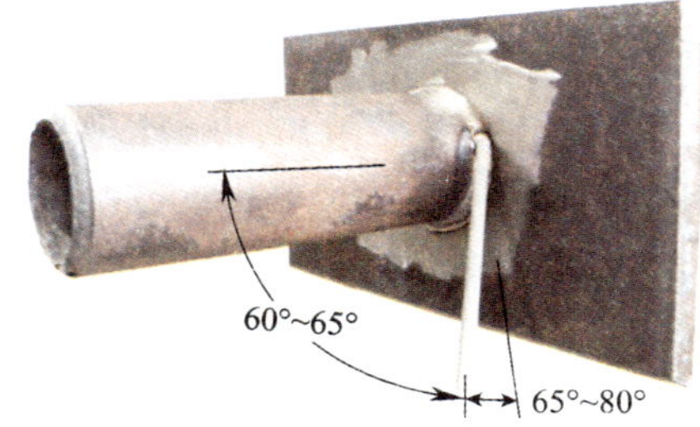 图 3-114　填充焊焊条角度

续表

操作步骤及要领	图示
（3）盖面焊 盖面层焊接既要考虑焊脚尺寸和对称性，又要使焊缝表面波纹均匀，无表面缺陷，焊缝两侧不咬边。盖面层焊接前，应仔细清理填充层焊道的熔渣，特别注意死角处的清理。焊接时，可采用连弧焊手法或灭弧焊手法施焊。 1）连弧焊时，采用月牙形横拉短弧施焊。在仰焊部位6点前10 mm左右焊趾处引弧后，使熔池呈椭圆形，上、下轮廓线基本处于水平位置，焊条摆动到管与板侧时要稍作停留，而且在板侧停留的时间要长些，以避免咬边。焊条与孔板的夹角如图3–115所示，焊条与焊接方向的夹角随管子的弯曲而改变。焊缝收口时要填满弧坑后收弧。 2）灭弧焊时，在仰焊部位6点前10 mm左右的前一道焊缝上引弧，将熔化金属从管侧带到孔板上，向右推熔化金属，形成第一个浅的熔池。以后都是从管向板做斜圆圈形运条。焊缝收口时，要与前半圈收尾焊道吻合好，并填满弧坑后收弧。 盖面焊焊缝如图3–116所示。	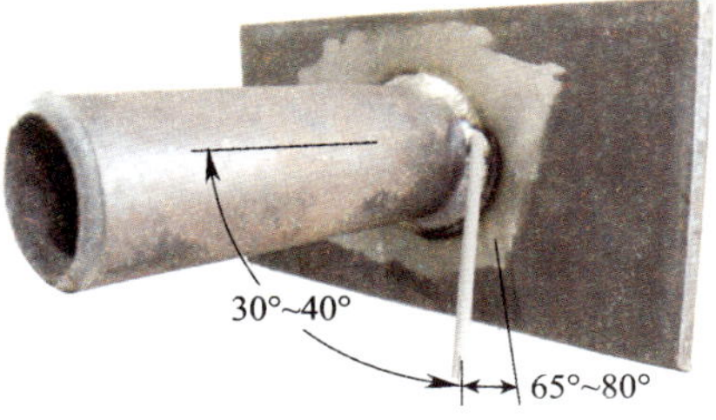 图3–115　盖面焊焊条角度  图3–116　盖面焊焊缝

5. 焊接质量要求

管板骑座式水平固定全位置焊焊件焊缝的质量要求与本单元课题九“管板插入式垂直固定俯位焊”的焊接质量要求相同。

教师指导

【问题1】为保证水平固定管板背面良好成形，应掌握哪些要领？

回答：打底焊时熔池间的搭接量会直接影响焊件的背面成形，为避免出现管内仰位凹陷、平位凸起等缺陷，在仰位、斜仰位处搭接量为1/3，立位处搭接量为1/2，斜平位、平位处搭接量为2/3。同时，应保证熔池的形状和大小基本一致，熔化坡口两侧始终为0.5 ~ 1 mm；熔池的温度控制得当，始终保持液态金属清晰、明亮。

【问题 2】怎样得到水平固定管板盖面焊缝良好成形?

回答：在进行水平固定管板盖面层焊接时，仰焊、斜仰焊区段液态金属易下坠，应尽可能使焊缝焊薄些；而斜平焊、平焊区段熔池温度偏高，熔敷金属不易凸起，力求焊缝焊厚些，这样，可使盖面焊缝整体均匀，获得良好成形。而且，水平固定管板的焊缝两侧是两个直径不同的同心圆，靠近管子侧比孔板侧周长短，因此，焊接时要在孔板侧加大向上摆动间距，才能形成均匀的焊缝。

第四单元

埋　弧　焊

基础知识

学习目标及技能要求

1. 理解埋弧焊的工作原理。
2. 了解埋弧焊设备，熟悉埋弧焊机的维护及故障排除方法。
3. 能够正确选择埋弧焊焊接参数。

一、埋弧焊原理及设备

埋弧焊是一种电弧在颗粒状焊剂下燃烧的熔焊方法，其原理如图 4–1 所示。按照自动调节弧长的方式不同，埋弧焊分为电弧自动调节和电弧电压自动（强制）调节两种方式，分别通过等速送丝式埋弧焊机（MZ1–1000 型）和变速送丝式埋弧焊机（MZ–1000 型）实现。

MZ–1000 型埋弧焊机焊接过程自动调节灵敏度较高，而且对焊机送给速度和焊接速度的调节方便，可使用交流和直流焊接电源，主要用于水平位置或水平倾斜不大于 10°的各种坡口的对接、搭接和角接焊缝的焊接，并可借助滚轮胎架自动焊接筒形焊件的内、外环缝。

MZ–1000 型埋弧焊机主要由 MZT–1000 型焊接小车、MZP–1000 型控制箱和焊接电源组成，其外部接线如图 4–2 所示。MZT–1000 型焊接小车由机头、控制箱、焊丝盘、焊剂漏斗和台车等组成，如图 4–3 所示。

由于埋弧焊焊接电流大，电弧功率强，对接接头焊件可开或不开坡口。一般情况下，板厚小于 14 mm 可不开坡口（I 形坡口），如图 4–4a 所示；板厚为 14 ～ 22 mm 时，可开 V 形坡口，如图 4–4b 所示；板厚为 22 ～ 50 mm 时，可开 X 形坡口，如图 4–4c 所示；对要求较高的焊件，一般采用 UV 形坡口，如图 4–4d 所示。

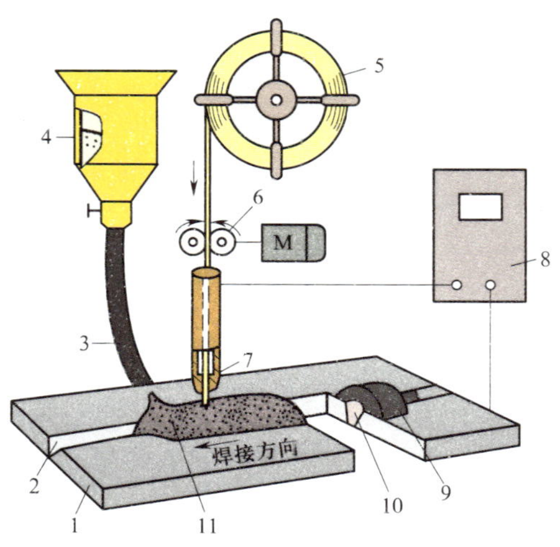

图 4-1　埋弧焊原理

1—母材　2—坡口　3—软管　4—焊剂漏斗　5—焊丝　6—送丝机构　7—导电嘴　8—电源　9—渣壳　10—熔敷金属（焊缝）　11—焊剂

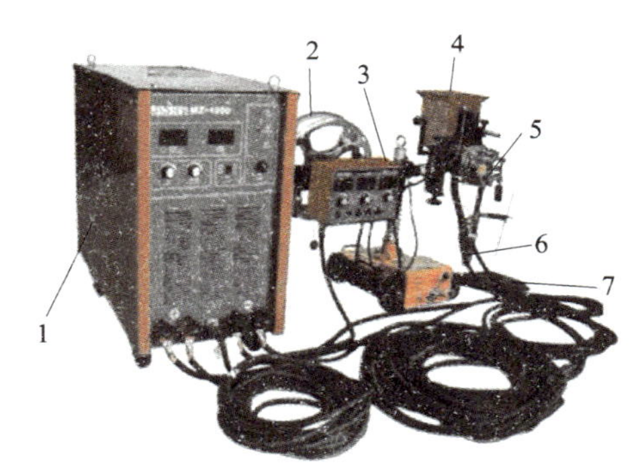

图 4-2　MZ-1000 型埋弧焊机的外部接线

1—焊接电源　2—焊丝盘　3—控制箱　4—焊剂漏斗　5—送丝机构　6—焊枪导电体　7—焊件

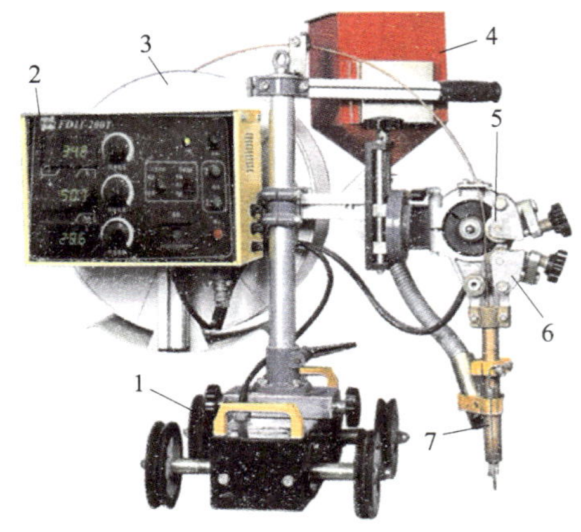

图 4-3　MZT-1000 型焊接小车

1—台车　2—控制箱　3—焊丝盘　4—焊剂漏斗　5—送丝机构　6—机头　7—焊枪导电体

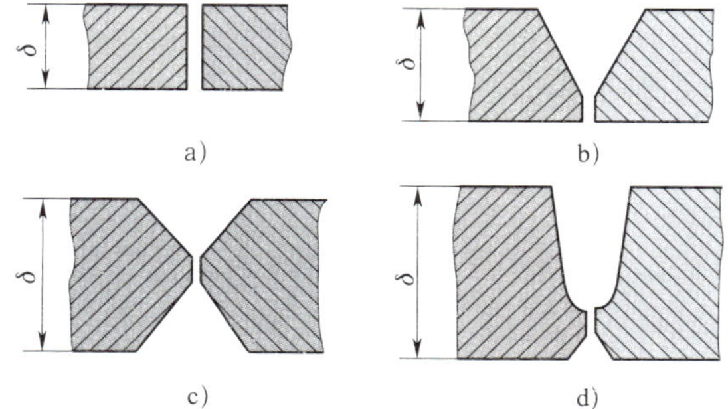

图 4-4　埋弧焊对接焊常用坡口形式

a）I 形坡口　b）V 形坡口　c）X 形坡口　d）UV 形坡口

二、MZ-1000 型自动埋弧焊机控制面板操作

1. MZ-1000 型自动埋弧焊机电源控制箱面板

MZ-1000 型自动埋弧焊机电源控制箱面板如图 4-5 所示，其操作方法及步骤如下：

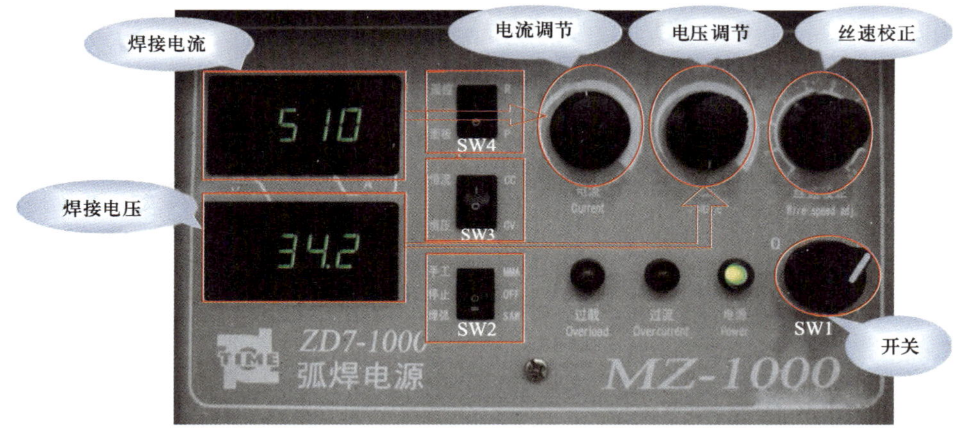

SW1：开关（0 关 /1 开）　　SW3：模式选择开关（恒流 / 恒压）

SW2：状态选择开关（手工 / 停止 / 埋弧）　　SW4：控制方式开关（面板 / 遥控）

图 4-5　电源控制箱面板

（1）按照安装说明接好输入电源线。

（2）按照安装说明接好焊机焊接输出电缆。

（3）将电源开关 SW1 拨至“开”位置，将状态选择开关 SW2 拨至“埋弧”位置。

（4）调节开关 SW3 选择恒压焊接或恒流焊接，调节开关 SW4 选择控制面板控制或遥控控制。

（5）恒流（恒压）焊接时调节电流（电压）调节旋钮，使电流（电压）表显示所需的设定值。

（6）选择合适直径的焊丝进行焊接。

2. 焊接小车控制箱面板

焊接小车控制箱面板如图 4-6 所示，其操作方法如下：

（1）开关的操作

1）行走方式选择开关处于电控状态（即小车离合器接入）时，可使小车工作于“手动 / 停止 / 自动”三个状态。

2）行走方向选择开关可控制小车前进 / 后退。

3）电源开关控制小车电源的通 / 断。

（2）旋钮的操作

1）“焊接电压”旋钮。当电源面板 P/R 开关处于遥控（R）方式时，此旋钮用于调节焊接电压；处于近控（P）方式时，此旋钮不起作用，此时电压的调整通过调节焊接电源面板上的“电压”旋钮完成。

2）“焊接电流”旋钮。当电源面板 P/R 开关处于遥控（R）方式时，此旋钮用于调节焊接电流；处于近控（P）方式时，此旋钮不起作用，此时电流的调整通过调节焊接电源面板上的“电流”旋钮完成。

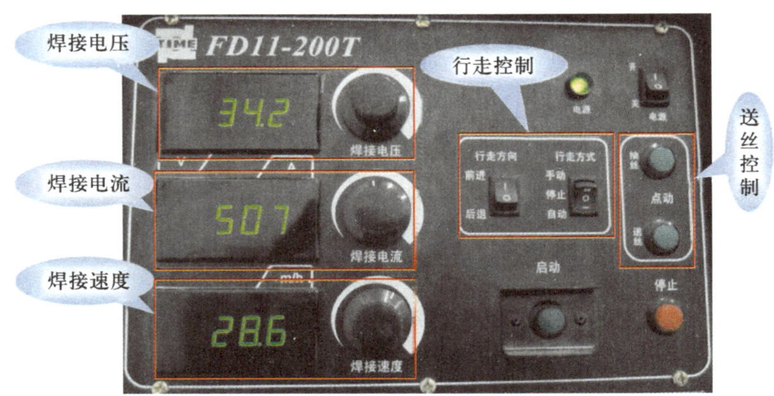

图 4–6　焊接小车控制箱面板

3）“焊接速度”旋钮。用于设定小车行走速度，调节范围为 20 ～ 62 m/h。

（3）按钮的操作

1）“点动送丝 / 抽丝”按钮。用于点动送丝或抽丝。当焊丝可靠接触焊件时，焊丝送进自动停止，点动送丝按钮此时工作于无效状态。

2）“启动”按钮。焊接过程开始控制（必须保证焊丝与焊件可靠接触）。引弧成功后，控制系统对此按钮实现自锁。

3）“停止”按钮。按下此按钮，系统自动执行收弧→抽回焊丝→返烧→熄弧程序。

三、埋弧焊机的维护及故障排除

1. 埋弧焊机的维护

通常各类埋弧焊机的维护都应注意下列各项工作：

（1）要保持焊机的清洁，保证焊机在使用过程中各部分动作灵活，特别是机头部分的清洁，避免焊剂、渣壳碎末阻塞活动部件。

（2）经常保持焊嘴与焊丝接触良好；否则应及时更换，以防电弧不稳定。

（3）定期检查焊丝输送滚轮磨损情况，并及时更换。

（4）对小车、焊丝输送机构减速箱内各运动部件应定期加润滑油。

（5）电缆的连接部分要保证接触良好。

2. 埋弧焊机常见故障的产生原因及排除方法

埋弧焊机常见故障的产生原因及排除方法见表 4–1。

表 4–1　　埋弧焊机常见故障的产生原因及排除方法

序号	故障特征	产生原因	排除方法
1	当按下焊丝“向下”“向上”按钮时，焊丝动作不对或不动作	（1）控制线路中有故障（如辅助变压器、整流器损坏，按钮接触不良）	（1）检查上述部件并修复

续表

序号	故障特征	产生原因	排除方法
1		（2）感应电动机方向接反 （3）发电机或电动机电刷接触不良	（2）调换三相感应电动机的输入接线 （3）更换电刷
2	按下“启动”按钮，线路正常工作，但不能引弧	（1）焊接电源未接通，焊接回路无电压 （2）电源接触器接触不良 （3）焊丝与焊件接触不良	（1）接通焊接电源 （2）检查并修复接触器 （3）清理焊丝与焊件的接触点
3	按下“启动”按钮后，焊丝一直向上反抽	电弧反馈的46号线未接或断开（MZ-1000型）	将46号线接好
4	线路工作正常，焊接规范正确，但焊丝送进不均匀，电弧不稳定	（1）焊丝送进压紧滚轮太松或已磨损 （2）焊丝被卡住 （3）焊丝送进机构有故障 （4）网络电压波动大	（1）调整或更换焊丝送进压紧滚轮 （2）清理焊丝 （3）检查焊丝送进机构 （4）焊机可使用专用线路
5	焊接过程中焊剂停止输送或输送量很小	（1）焊剂已用完 （2）焊剂漏斗闸门处被渣壳或杂物堵塞	（1）添加焊剂 （2）清理并疏通焊剂漏斗
6	焊接过程中一切正常，但焊车突然停止行走	（1）焊车离合器已脱开 （2）焊车车轮被电缆等物阻挡	（1）锁紧离合器 （2）排除车轮的阻挡物
7	按下“启动”按钮后，继电器作用，接触器不能正常作用	（1）中间继电器失常 （2）接触器线圈有问题，接触器磁铁接触面生锈或污垢太多	（1）检修中间继电器 （2）检修接触器

续表

序号	故障特征	产生原因	排除方法
8	焊丝没有与焊件接触，但焊接回路有电	焊车与焊件之间绝缘被破坏	（1）检查焊车车轮绝缘情况 （2）检查焊车下面是否有金属与焊件短路
9	焊接过程中，机头或导电嘴的位置不时改变	焊车有关部件有游隙	检查并消除游隙或更换磨损的零件
10	焊机启动后，焊丝末端周期性地与焊件粘住或经常断弧	（1）粘住是因为电弧电压太低、焊接电流太小或网络电压太低 （2）经常断弧是因为电弧电压太高、焊接电流太大或网络电压太高	（1）增大电弧电压或焊接电流 （2）减小电弧电压或焊接电流，改善网络负荷状态
11	焊丝在导电嘴中摆动，导电嘴以下的焊丝不时发红	（1）导电嘴磨损 （2）导电不良	更换新导电嘴
12	导电嘴末端随焊丝一起熔化	（1）电弧太长，焊丝伸出太短 （2）焊丝送进和焊车均已停止，电弧仍在燃烧 （3）焊接电流太大	（1）增大焊丝送进速度和焊丝伸出长度 （2）检查焊丝和焊车停止的原因 （3）减小焊接电流
13	焊接电路接通时，电弧未引燃，而焊丝粘在焊件上	焊丝与焊件之间接触太紧	使焊丝与焊件轻微接触
14	焊接停止后，焊丝与焊件粘住	（1）“停止”按钮按下速度太快 （2）不经“停止 1”而直接按下“停止 2”	（1）慢慢按下“停止”按钮 （2）先按“停止 1”，待电弧自然熄灭后，再按“停止 2”

四、埋弧焊焊接参数

埋弧自动焊的焊接参数主要是指焊接电流、电弧电压、焊接速度、焊丝直径、焊丝伸出长度、焊丝倾角、焊丝与焊件表面的相对位置、电源种类和极性、焊剂种类以及焊件的坡口形式等。这些参数影响着焊缝的形状系数和熔合比，从而决定了焊缝的质量。

1. 焊接电流

一般焊接条件下，焊缝熔深与焊接电流成正比。随着焊接电流的增大，熔深和焊缝余高都有显著增大，而焊缝的宽度变化不大，如图 4–7 所示。同时，焊丝的熔化量也相应增加，这就使焊缝的余高增大。随着焊接电流的减小，熔深和余高都减小。

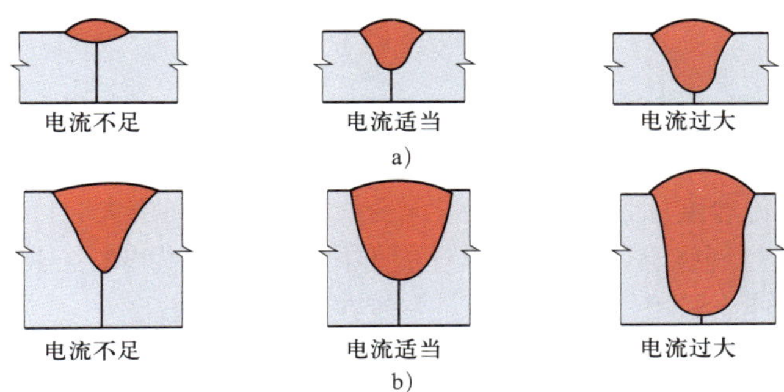

图 4–7 焊接电流对焊缝断面形状的影响

a）I 形接头 b）Y 形接头

2. 电弧电压

随着电弧电压的增大，焊接宽度明显增大，而熔深和焊缝余高则有所下降，如图 4–8 所示。为了获得满意的焊缝成形，焊接电流与电弧电压应匹配好。

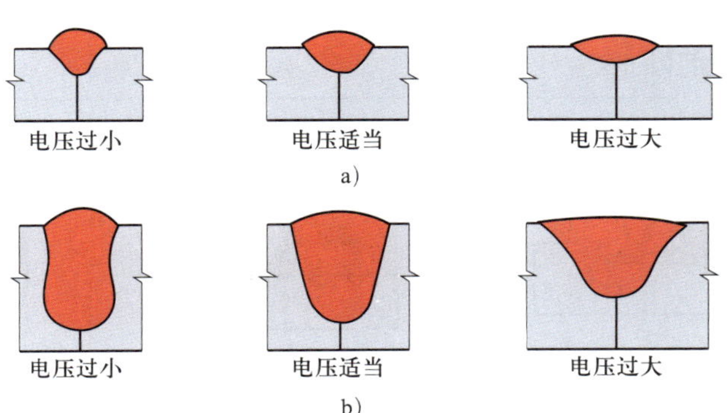

图 4–8 电弧电压对焊缝断面形状的影响

a）I 形接头 b）Y 形接头

3. 焊接速度

当其他焊接参数不变而焊接速度增大时，焊接热输入量相应减小，从而使焊缝的熔深也减小，如图 4–9 所示。为保证焊接质量，必须保证一定的焊接热输入量，即为了提高生产效率而提高焊接速度的同时，应相应提高焊接电流和电弧电压。

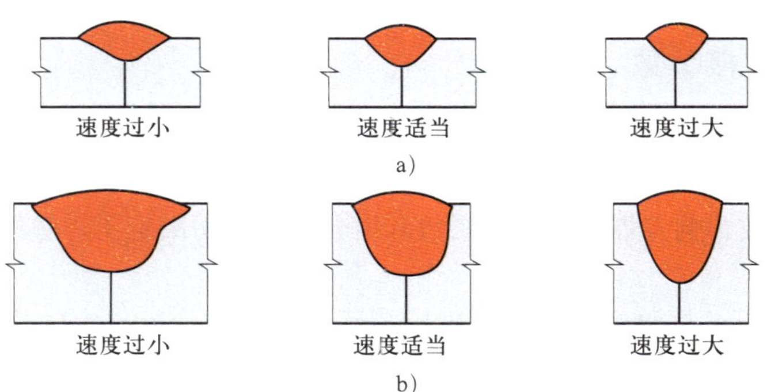

图 4-9　焊接速度对焊缝断面形状的影响

a）I 形接头　b）Y 形接头

4. 焊丝直径与伸出长度

当其他焊接参数不变而焊丝长度增大时，电阻也随之增大，伸出部分焊丝所受到的预热作用增加，焊丝熔化速度加快，结果使熔深变浅，焊缝余高增大，因此，须控制焊丝伸出长度，不宜过长。进行埋弧自动焊时，焊丝的伸出长度一般为 30 ~ 40 mm。同时，在焊接过程中还应控制焊丝伸出长度的波动范围，一般在 10 mm 左右。

5. 焊丝倾角

焊丝的倾斜方向分为前倾和后倾。倾角的方向和大小不同，电弧对熔池的力和热作用也不同，从而影响焊缝成形。当焊丝后倾一定角度时，由于电弧指向焊接方向，使熔池前面的焊件受到了预热作用，电弧对熔池的液态金属排出作用减弱，会导致焊缝宽而熔深变浅；反之，焊缝宽度较小而熔深较大，但易使焊缝边缘产生未熔合和咬边缺陷，并使焊缝成形变差。焊丝倾角对焊缝形状的影响见表 4-2。

表 4-2　　焊丝倾角对焊缝形状的影响

焊丝倾角	前倾 15°	垂直	后倾 15°
图示			
焊缝形状			
熔深	深	中等	浅
余高	大	中等	小
熔宽	窄	中等	宽

综合以上各焊接参数的影响，埋弧自动焊推荐采用的焊接参数见表 4–3。

表 4–3　　埋弧自动焊推荐采用的焊接参数

序号	焊件厚度（mm）	焊丝直径（mm）	焊接电流（A）	焊接电压（V）	焊接速度（m/h）
1	3	1.6	275 ~ 300	28 ~ 30	30 ~ 40
2	4	2.0	375 ~ 400	30 ~ 32	30 ~ 40
3	5	2.4	425 ~ 450	32 ~ 34	20 ~ 30
4	6	3.2	300 ~ 500	30 ~ 35	25 ~ 30
5	8	3.2	450 ~ 550	32 ~ 35	20 ~ 30
6	10	4	500 ~ 600	32 ~ 35	20 ~ 25
7	12	4	600 ~ 700	34 ~ 36	20 ~ 30
8	14	4	700 ~ 800	36 ~ 38	20 ~ 30
9	15	5	800 ~ 900	36 ~ 38	20 ~ 30
10	17	5	850 ~ 950	38 ~ 40	20 ~ 30
11	18	5	900 ~ 950	38 ~ 40	25 ~ 30
12	20	5	850 ~ 1 000	38 ~ 40	25 ~ 30
13	22	5	900 ~ 1 000	38 ~ 40	25 ~ 30
备注	以上焊接参数均采用直流反接（DCRP）				

课题一　板材 I 形坡口对接平焊

学习目标及技能要求

1. 掌握板材 I 形坡口对接平焊埋弧焊的操作方法。
2. 了解碳弧气刨的操作方法。
3. 能够处理埋弧焊的一般故障。

工艺分析

埋弧焊为自动焊，焊接参数由设备来保证，操作者需要通过调节焊机的按钮和旋钮来控制焊接参数。在焊接过程中，要仔细观察一些容易产生缺陷的现象，并及时调节焊接参数，以保证焊接质量。因此，掌握埋弧焊机的操作方法，合理选择焊接参数，对于保证埋弧焊焊缝质量尤为重要。

1. 焊前准备

（1）焊件材料：Q235 钢。

（2）焊件尺寸：400 mm × 120 mm × 12 mm，每组两块，焊件尺寸如图 4–10 所示。

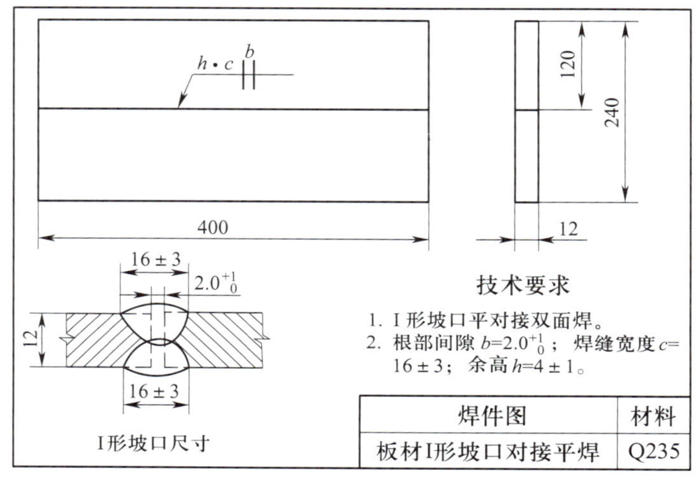

图 4–10　板材 I 形坡口对接平焊焊件图

（3）焊接要求：双面焊。

（4）焊接材料：焊丝为 SU08A（H08A），直径为 4.0 mm，焊前除锈。焊剂为 S43S4MS（HJ431），使用前在 250 ~ 400 ℃烘干 1 ~ 2 h，或按制造商推荐的规范进行烘干。定位焊用 E4315 型焊条，直径为 4.0 mm。

（5）焊接设备：MZ–1000 型埋弧焊机。

2. 焊件清理与装配

（1）焊前清理

清理焊件坡口面及坡口正、反两侧各 30 mm 范围内的油污、锈蚀、水分及其他污物，直至露出金属光泽。

（2）装配

装配间隙为 2.0 ~ 3.0 mm，错边量≤ 0.5 mm。

（3）定位焊

在焊件两端分别焊接引弧板与引出板，并进行定位焊，如图 4–11 所示。引弧板与引出板的尺寸为

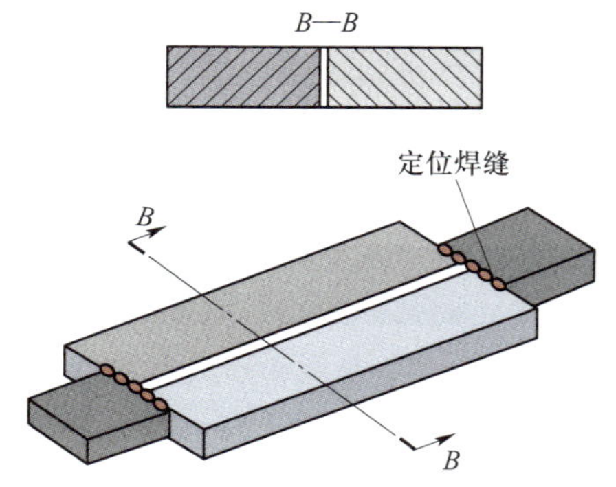

图 4–11　用引弧板与引出板进行定位焊

100 mm × 100 mm × 12 mm，焊后将其通过气割割掉，而不能用锤子敲掉。

（4）预置反变形

焊件预置反变形量为 3°。

3. 确定焊接参数

板材 I 形坡口对接平焊焊接参数的选择见表 4-4。

表 4-4　　板材 I 形坡口对接平焊焊接参数

焊接层次	焊丝直径（mm）	焊接电流（A）	电弧电压（V）	焊接速度（m/h）
正面	4.0	500 ~ 550	35 ~ 37	30 ~ 32
背面	4.0	550 ~ 600	35 ~ 37	30 ~ 32

4. 焊接过程

板材 I 形坡口对接平焊埋弧焊的焊接顺序：先焊正面的焊道，后焊背面的焊道。具体操作步骤见表 4-5。

表 4-5　　板材 I 形坡口对接平焊操作步骤

操作步骤及要领	图示
（1）垫焊剂垫 焊前将焊件放在水平的焊剂垫上，如图 4-12 所示。焊剂垫内的焊剂型号必须与工艺要求的焊剂相同。焊接时，要保证焊件背面完全与焊剂贴紧。在焊接过程中，更要注意防止因焊件受热变形与焊剂脱开，产生焊漏、烧穿等缺陷。特别是要防止焊缝末端收尾处出现焊漏和烧穿现象。	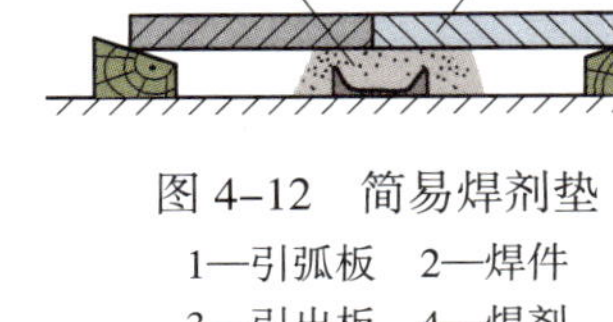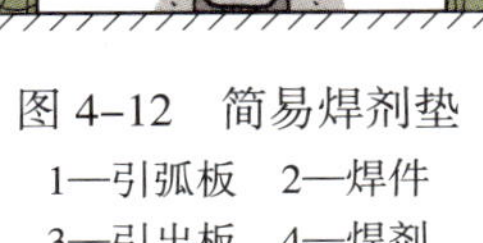 图 4-12　简易焊剂垫 1—引弧板　2—焊件 3—引出板　4—焊剂
（2）焊丝对中 调整焊丝位置，使焊丝端部对准焊件间隙，但不与焊件接触。拉动焊接小车往返几次，以使焊丝能在整个焊件上对准间隙，如图 4-13 所示。	 图 4-13　焊丝对中

续表

操作步骤及要领	图示
（3）准备引弧 将焊接小车拉到引弧板处，调整好小车行走方向开关位置，锁紧小车行走离合器。然后按下送丝及退丝按钮，使焊丝端部与引弧板可靠接触，焊剂堆积高度为 40 ~ 50 mm。最后，将焊剂漏斗下面的阀门打开，让焊剂覆盖住焊丝端部，如图 4–14 所示。	 图 4–14　打开焊剂漏斗阀门
（4）引弧 按下“启动”按钮，如图 4–15 所示，引燃电弧，焊接小车沿焊件间隙走动，开始焊接。此时要注意观察控制箱面板上的电流表与电压表读数，检查焊接电流和电弧电压与工艺规定的参数是否相符。如果不相符，则迅速调整相应的旋钮至规定参数为止。	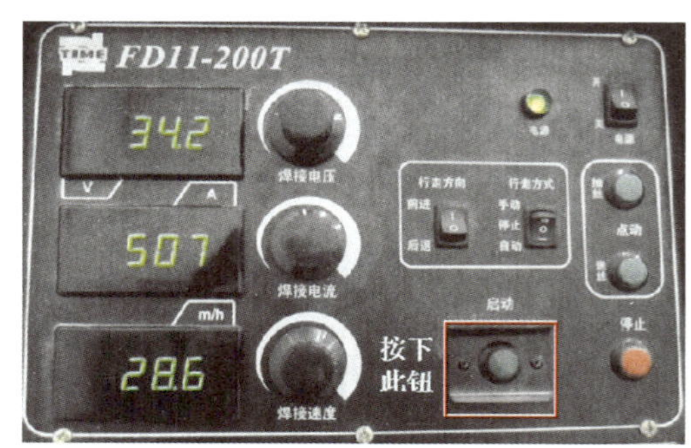 图 4–15　按下“启动”按钮，接通电源
（5）收弧 当熔池全部在引出板中部后，准备收弧。收弧时要特别注意分两步按“停止”按钮。先按一半，焊接小车停止前进，但电弧仍在燃烧，熔化的焊丝用来填满弧坑。估计弧坑已填满后，立即将“停止”按钮按到底，如图 4–16 所示。	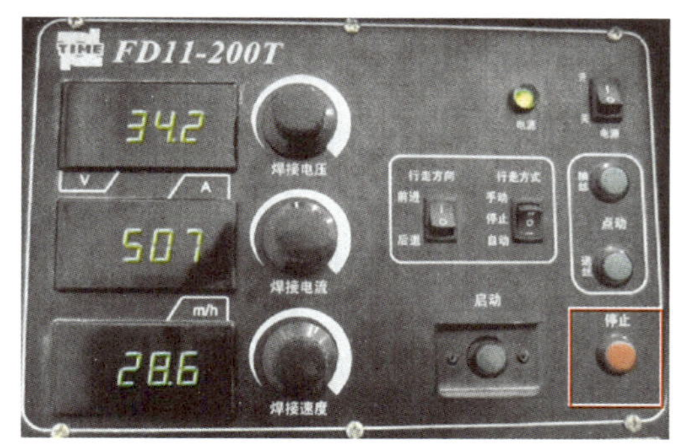 图 4–16　分两步按“停止”按钮

续表

操作步骤及要领	图示
（6）清渣 待焊缝金属及熔渣完全凝固并冷却后，敲掉熔渣，如图 4–17 所示，并检查正面焊道外观质量。要求正面焊道熔深达到焊件厚度的 60% ~ 70%。如果熔深不够，需加大间隙、增大焊接电流或减小焊接速度。	 图 4–17　清渣
（7）清根 将焊件的正面焊缝清理干净后，采用碳弧气刨刨削焊件的背面熔渣，形成深度为 3 mm、宽度较均匀的刨槽，如图 4–18 所示。	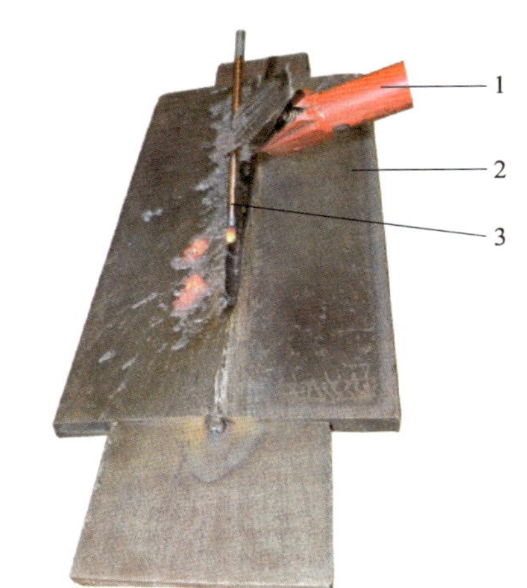 图 4–18　碳弧气刨清根 1—刨钳　2—焊件　3—碳棒
（8）焊接背面焊缝 如图 4–19 所示，背面焊接与焊接正面焊缝的埋弧焊操作方法相同。 完成背面焊缝焊接后，回收焊剂，清除渣壳，关闭焊剂漏斗的阀门。然后扳下离合器手柄，将焊接小车推开，放到适当的位置，检查焊接质量。	 图 4–19　背面焊接

经验点滴

（1）为了防止未焊透或夹渣等缺陷，要求浑正面焊道的熔深达到板厚的 60% ~ 70%，可以通过加大焊接电流或减小焊接速度来实现。

（2）焊背面焊道时，因为已有正面焊道托住熔池，故不必用焊剂垫，可直接进行悬空焊接。

（3）可以通过观察熔池背面焊接过程中的颜色变化来估计熔深。若熔池背面为红色或淡黄色，表示熔深符合要求，且焊件越薄，颜色越浅。若焊件背面接近白亮时，说明将要烧穿，应立即减小焊接电流或增大焊接速度；若熔池从背面看不见颜色或为暗红色，则表明熔深不够，需增大焊接电流或减小焊接速度。

5. 焊接质量要求

（1）埋弧焊焊件的检查项目和数量：外观检查 1 件，射线透照 1 件。

（2）焊缝外形尺寸：焊缝余高为 0 ~ 3 mm，余高差≤ 2 mm；焊缝宽度比坡口每侧增宽 2 ~ 4 mm，宽度差≤ 2 mm。

（3）焊缝边缘直线度误差≤ 3 mm，焊缝表面不得有咬边和凹坑。

（4）焊件的射线透照应符合能源行业标准《承压设备无损检测　第 2 部分：射线检测》（NB/T 47013.2—2015）的规定，射线透照质量应不低于 AB 级，焊缝缺陷等级不低于Ⅱ级为合格。

6. 埋弧焊一般故障的产生原因及处理方法

埋弧焊一般故障的产生原因及处理方法见表 4–6。

表 4–6　　埋弧焊一般故障的产生原因及处理方法

序号	故障描述	产生原因	处理方法
1	按“启动”按钮后，不见电弧产生，焊丝将机头顶起	焊丝与焊件没有导电接触	清理接触部分
2	按“启动”按钮后，线路工作正常，但引弧不成功	焊接电源未接通，电源接触器接触不良，焊丝与焊件接触不良	接通焊接电源，检查并修复接触器，清理焊丝与焊件的接触点
3	启动后焊丝粘住焊件	焊丝与焊件接触太紧，电弧电压太低或焊接电流太小	保证接触可靠但不要太紧，调整电流、电压至合适值

知识链接

碳弧气刨

一、设备及工艺

碳弧气刨采用侧面送风式刨钳和镀铜实心碳棒，直径为 6 ~ 8 mm，其原理如图 4–20 所示。焊接电源采用硅整流或晶闸管直流焊接电源，碳弧气刨设备及其外部接线如图 4–21 所示。

二、碳弧气刨参数

碳弧气刨参数包括电源极性、碳棒直径、刨削电流、刨削速度、压缩空气压力、电弧长度、碳棒倾角和碳棒伸出长度等。

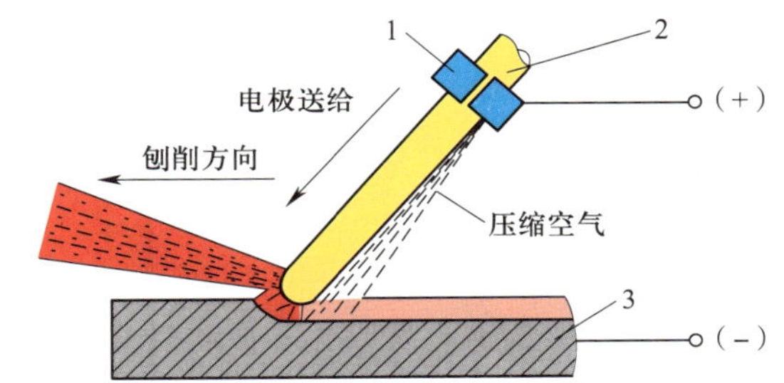

图 4–20　碳弧气刨原理

1—刨钳　2—碳棒　3—焊件

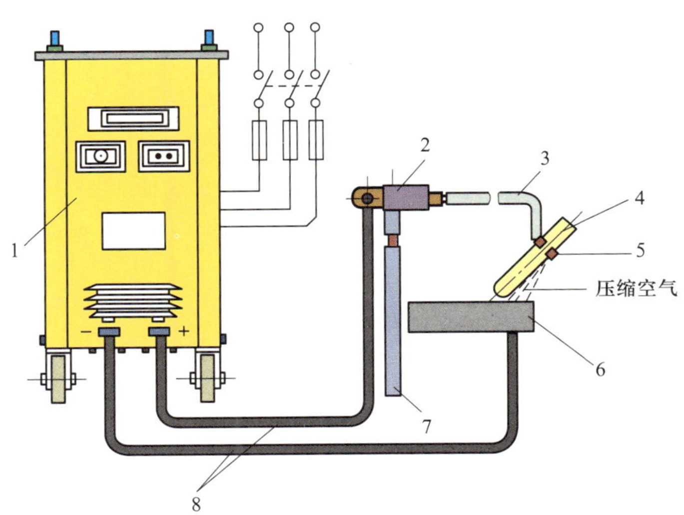

图 4–21　碳弧气刨设备及其外部接线

1—硅整流式焊机　2—接头　3—电风合一软管　4—碳棒　5—刨钳　6—焊件　7—进气胶管　8—电缆线

1. 电源极性

碳弧气刨一般都采用直流电源，因此，极性对不同材料气刨过程的稳定性和质量的影响有所不同。常用金属材料碳弧气刨时的极性选择见表 4–7。

表 4–7　　常用金属材料碳弧气刨时的极性选择

金属材料	钢	铸铁	铜及铜合金	铝及铝合金	不锈钢
极性	反极性	正极性	正极性	正极性或反极性	反极性

碳弧气刨低碳钢时采用直流反接，过程稳定，刨槽光滑。

2. 碳棒直径和刨削电流

碳棒直径和刨削电流的选择可依据以下经验公式：

$$I=(30\sim50)d$$

式中 I——刨削电流，A；

d——碳棒直径，mm。

碳棒直径应比刨槽的宽度小 2 mm 左右，根据本课题焊件厚度选用 6 ~ 8 mm 的碳棒直径，刨削电流为 240 ~ 400 A。

3. 刨削速度

一般刨削速度以 0.5 ~ 1.2 m/min 为宜。

4. 压缩空气压力

常用的压缩空气压力为 0.4 ~ 0.6 MPa。

5. 电弧长度

电弧长度以 1 ~ 2 mm 为宜。

6. 碳棒倾角

碳棒与工件沿刨槽方向的夹角称为碳棒倾角，一般为 25° ~ 45°，如图 4–22 所示。

7. 碳棒伸出长度

碳棒从钳口到电弧端的长度为伸出长度。伸出长度越长，钳口离电弧越远，压缩空气吹到熔池的风力就越不足，不能将熔化金属顺利吹除；伸出长度太短，则会引起操作不便。

通常碳棒的伸出长度以 80 ~ 100 mm 较合适。当碳棒烧至 30 mm 左右时应进行调整，如图 4–23 所示。

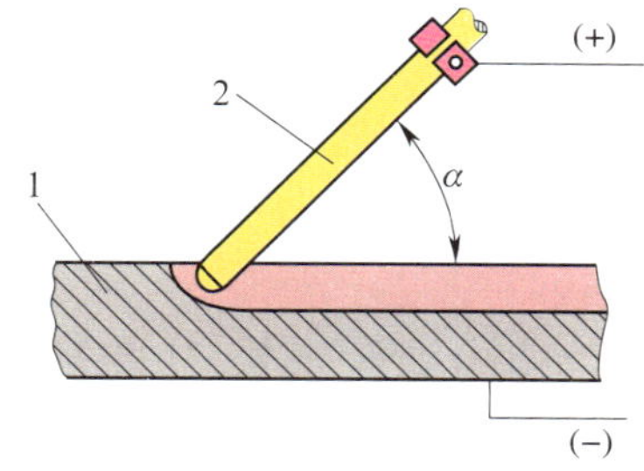

图 4–22　碳棒倾角

1—工件　2—碳棒（电极）

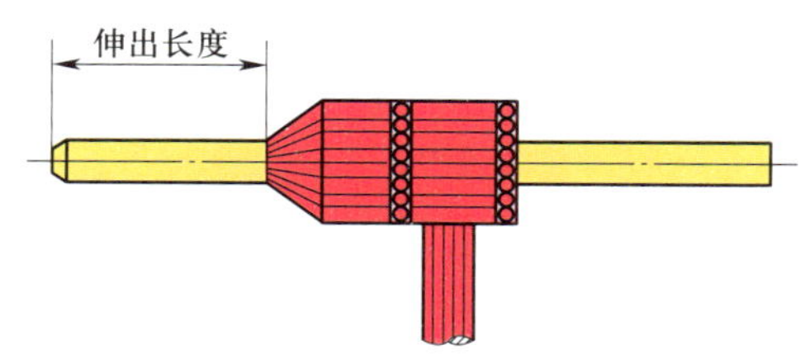

图 4–23　碳棒伸出长度

三、碳弧气刨操作的基本要领

1. 准

对刨槽的基准线要看得准，掌握好刨槽的深浅。根据压缩空气和空气摩擦作用发出的“嗞嗞”声的变化判断及控制弧长的变化。声音均匀而清脆，表示电弧稳定，弧长无变化，此时刨出的槽既光滑，又深浅一致。

2. 平

进行碳弧气刨时，手柄要端得平稳，不要上下抖动，刨槽表面不应出现明显的凹凸不平。

3. 正

进行碳弧气刨时，碳棒夹持要端正，碳棒倾角不能忽大忽小，碳棒的中心线要与刨槽的中心线重合，以保持刨槽的形状对称。

课题二　板材 V 形坡口对接平焊

学习目标及技能要求

1. 掌握板材 V 形坡口对接平焊埋弧焊的操作方法。
2. 熟悉埋弧焊常见焊接缺陷的产生原因及预防措施。

工艺分析

埋弧焊与其他焊接方法的不同之处在于焊接参数由设备来保证，中、厚板对接埋弧自动焊时容易出现以下焊接缺陷，应引起重视。

（1）如果焊接速度和送丝速度不均匀或焊丝导电不良，会造成焊缝表面成形不均匀。

（2）如果焊接电流过小或电弧电压过高，以及焊件装配间隙过大，会使焊缝余高过低。

（3）如果焊接速度过快，焊接电流过小，电弧电压过高，并且焊丝偏离接口中心线，容易出现未焊透缺陷。

1. 焊前准备

（1）焊件材料：Q235 钢。

（2）焊件尺寸：400 mm × 120 mm × 22 mm，每组两块，V 形坡口尺寸如图 4-24 所示。

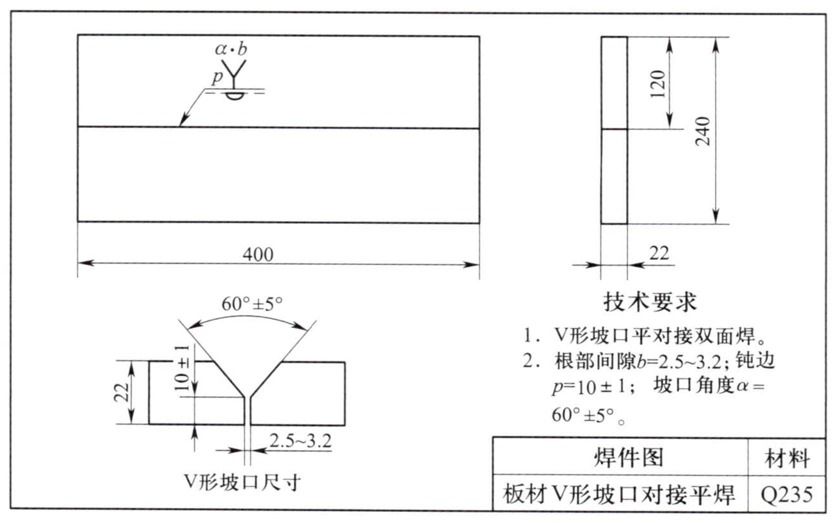

图 4–24　板材 V 形坡口对接平焊焊件图

（3）焊接要求：双面焊。

（4）焊接材料：焊丝为 SU08A（H08A），直径为 4.0 mm 或 5.0 mm。焊剂为 S43S4MS（HJ431），焊前焊剂应在 250 ~ 400 ℃烘干 1 ~ 2 h，或按制造商推荐的规范进行烘干。定位焊用 E4315 型焊条，直径为 4.0 mm。

（5）焊接设备：MZ–1000 型埋弧焊机（交流或直流）。

2. 焊件清理与装配

（1）钝边

修磨钝边为（10 ± 1）mm，去除毛刺。

（2）焊前清理

清理焊件坡口面及坡口正、反两侧各 30 mm 范围内的油污、锈蚀、水分及其他污物，直至露出金属光泽。

（3）装配

始焊端装配间隙为 2.5 mm，终焊端装配间隙为 3.2 mm，错边量≤ 1.5 mm。

（4）定位焊

焊件两端装焊引弧板及引出板，引弧板及引出板的尺寸为 100 mm × 100 mm × 10 mm。板材 V 形坡口对接装配及定位焊如图 4–25 所示。

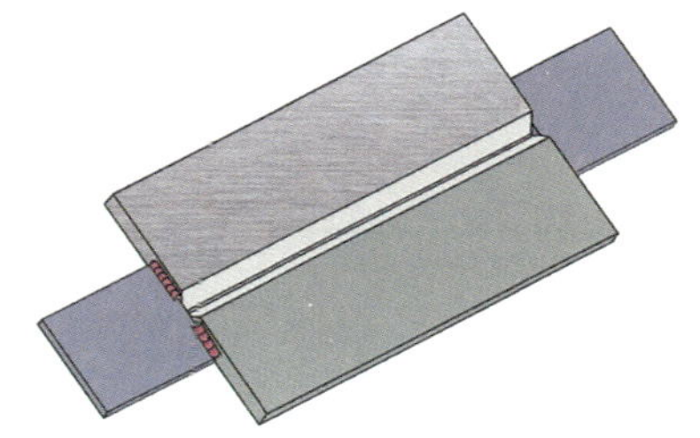

图 4–25　板材 V 形坡口对接装配及定位焊

（5）预置反变形

预置反变形量为 3° ~ 4°。

3. 确定焊接参数

板材 V 形坡口对接平焊焊接参数的选择见表 4—8。

表 4—8　　板材 V 形坡口对接平焊焊接参数

焊接层次		焊丝直径（mm）	焊接电流（A）	焊接电压（V）	焊接速度（m/h）
正面	打底层	4.0	500 ~ 550	35 ~ 37	30 ~ 32
	填充层	4.0	550 ~ 600	35 ~ 37	30 ~ 32
	盖面层	4.0	650 ~ 700	36 ~ 38	32 ~ 35
背面		4.0	650 ~ 700	36 ~ 38	32 ~ 35

4. 焊接过程

板材 V 形坡口对接平焊操作步骤见表 4-9。

表 4-9　　板材 V 形坡口对接平焊操作步骤

操作步骤及要领	图示
  （1）正面焊 先焊 V 形坡口的正面焊缝，将焊件水平置于焊剂垫上，如图 4-26 所示。焊接操作方法与 I 形坡口对接平焊基本相同。 1）焊丝对中。调整焊丝位置，使焊丝端部对准焊件间隙，但不与焊件接触。拉动焊接小车往返几次，以使焊丝能在整个焊件上对准间隙，如图 4-27 所示。然后，下送焊丝端部与引弧板可靠接触，打开焊剂漏斗阀门，让焊剂覆盖焊接处，如图 4-28 所示。	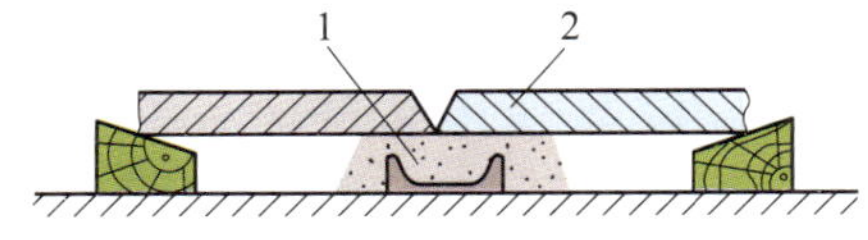 图 4-26　焊剂垫 1—焊剂　2—焊件  图 4-27　焊丝对中  图 4-28　打开焊剂漏斗阀门

<table>
<tr><th>操作步骤及要领</th><th>图示</th></tr>
<tr><td>2）打底焊。及时调整相应的按钮，使焊接参数符合表4–8的规定。按下“启动”按钮，引燃电弧，焊接小车沿焊件间隙走动，开始打底层的焊接，如图4–29所示。
3）收弧及清渣。打底焊完成后，必须严格清除渣壳，检查焊道，不得有缺陷，焊道表面应平整或稍下凹，与两侧坡口面熔合良好、均匀，焊道两侧不得有死角。
4）填充焊。将焊丝向上移动4 ~ 5 mm后，再进行填充层焊道的焊接，如图4–30所示。填充层焊道应低于母材表面1 ~ 2 mm，并且不得熔化坡口棱边，使焊道表面平整或稍下凹。
5）盖面焊。进行盖面层焊接时，可适当调节焊接参数，使速度慢一些，将电压调至上限，以保证焊缝每侧熔宽为（3 ± 1）mm、焊缝余高为0 ~ 3 mm。焊接过程如图4–31所示。</td><td>
图4–29　打底焊

图4–30　填充焊
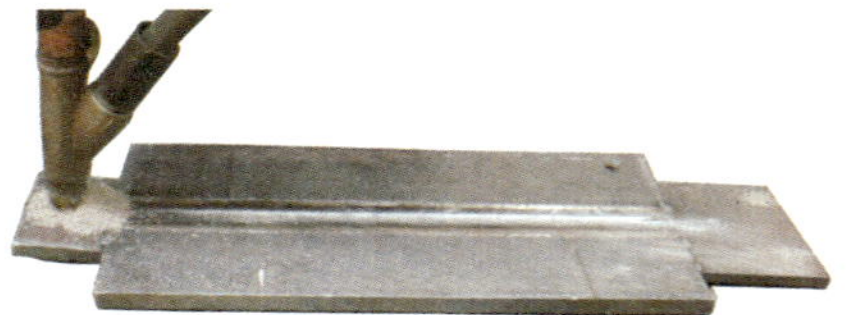
图4–31　盖面焊</td></tr>
<tr><td>（2）背面焊
正面焊缝焊完后，利用碳弧气刨清除焊根，在背面刨出一定深度与宽度的槽形坡口，如图4–32所示。
碳弧气刨后，要彻底清除槽内和槽口表面两侧的熔渣，并用角向磨光机打磨表面后，方可进行背面焊缝的焊接。背面焊缝采用单道焊接，焊接操作同正面焊缝，如图4–33所示。</td><td>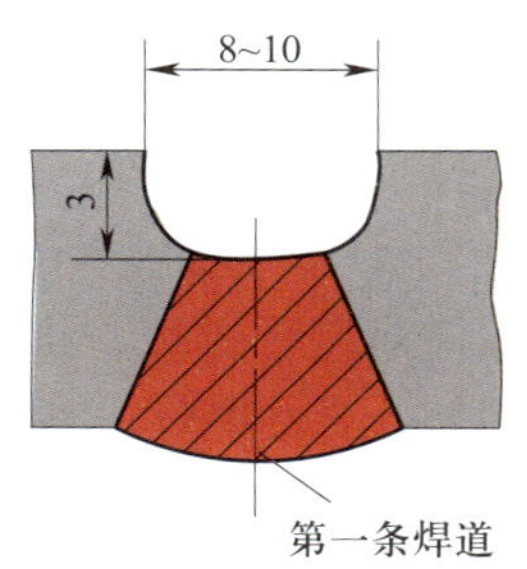

图4–32　碳弧气刨坡口尺寸

图4–33　背面焊</td></tr>
</table>

续表

操作步骤及要领	图示
背面焊缝如图 4–34 所示。	图 4–34　背面焊缝

教师指导

【问题】埋弧焊引弧时，焊丝不能上抽引燃电弧是什么原因？

回答：埋弧焊引弧时，如果按下“启动”按钮后，焊丝不能上抽引燃电弧，而把机头顶起，表明焊丝与焊件接触太紧或接触不良。需要适当剪断焊丝或清理接触表面，再重新引弧。

5. 焊接质量要求

焊件的焊接质量要求与本单元课题一“板材 I 形坡口对接平焊”焊件的焊接质量要求相同。

6. 埋弧焊常见焊接缺陷的产生原因和预防措施

埋弧焊常见焊接缺陷的产生原因和预防措施见表 4–10。

表 4–10　埋弧焊常见焊接缺陷的产生原因和预防措施

序号	缺陷	产生原因	预防措施
1	气孔	（1）坡口及其附近表面或焊丝表面有油污、锈蚀等污物存在 （2）焊剂潮湿 （3）焊剂覆盖量不够，空气侵入熔池 （4）焊剂覆盖太厚，使熔池中气体逸出后排不出去 （5）焊接电流大 （6）有磁偏吹存在 （7）极性接反	（1）仔细清理焊丝表面，对坡口预先用钢丝刷除污，并用角向磨光机清理坡口附近表面，然后用火焰烘烤除油 （2）焊剂按规定温度烘干和恒温 （3）扩大焊剂软管的直径，使焊剂的覆盖面加大 （4）缩小焊剂软管的直径，使焊剂输送量适当减小 （5）适当减小焊接电流 （6）采用交流焊接 （7）调换极性

续表

序号	缺陷	产生原因	预防措施
2	夹渣	（1）熔渣超前 （2）多层焊时，焊丝偏向一侧；或焊接电流过小，导致焊剂残留在两层焊道之间 （3）前一条焊道清渣不彻底 （4）对接时，根部间隙大于0.8 mm，使焊剂流入电弧前的间隙 （5）盖面焊时电压太高，使游离的焊剂卷入焊道	（1）放平焊件或加快焊接速度 （2）使焊丝始终对准坡口中心线，加大焊接电流，使焊剂熔化干净 （3）每条焊道彻底清渣 （4）严格装配，保证根部间隙均匀且小于0.8 mm （5）盖面焊时，控制电压不要过高
3	咬边	（1）焊接速度过快 （2）电流与电压匹配不当（如焊接电流过大） （3）衬垫与焊件之间间隙过大，没有贴紧 （4）平角焊时，焊丝偏于底板；船形焊时，焊丝偏离焊缝中心 （5）极性不对	（1）放慢焊接速度 （2）调整焊接电流至合适值 （3）使衬垫与焊件表面紧贴，消除间隙 （4）平角焊时调整焊丝偏于立板，船形焊时调整焊丝对准焊缝中心 （5）改变极性
4	满溢	（1）电流过大 （2）焊接速度过慢 （3）电压过低	调整焊接参数
5	烧穿	（1）电流过大 （2）焊接速度过慢且电弧电压过低 （3）根部间隙过大	（1）减小电流 （2）控制电压和焊接速度 （3）保证根部间隙不要过大
6	未焊透	（1）焊接参数选择不当（如电流过小、电压过高等） （2）坡口不合理 （3）焊丝偏离接口中心线	（1）调整焊接参数 （2）修整坡口，使之符合要求 （3）使焊丝对准接口中心线

续表

序号	缺陷	产生原因	预防措施
7	裂纹	（1）焊件、焊丝、焊剂等材料配合不当 （2）焊丝中含碳量和含硫量较高 （3）焊接区冷却快，使热影响区硬化 （4）焊缝形状系数太小 （5）多层焊第一层焊道截面小 （6）焊接顺序不合理 （7）焊件刚度高	（1）合理选配焊接材料 （2）选用合格的焊丝 （3）焊前预热，焊后缓冷，降低焊接速度 （4）调整焊接参数，改进坡口 （5）调整焊接参数 （6）合理安排焊接顺序 （7）焊前预热，焊后缓冷
8	余高过大	（1）电流过大或电压过低 （2）上坡焊时倾角过大 （3）焊接时焊丝位置不当 （4）加衬垫焊时，焊件坡口间隙不够大	（1）调整焊接参数 （2）调整上坡焊倾角 （3）确定正确的焊丝位置 （4）适当加大坡口间隙
9	宽度不均匀	（1）焊接速度不均匀 （2）焊丝导电不良	（1）找出原因，消除故障 （2）更换导电嘴衬套

第五单元

CO_2 焊和 MAG 焊

基础知识

学习目标及技能要求

1. 了解 CO_2 焊设备及其外部接线方法。
2. 了解 MAG 焊的特点、设备及常用混合气体。
3. 能够正确选择 CO_2 焊的焊接参数。

一、CO_2 焊

二氧化碳气体保护焊（以下简称 CO_2 焊）是用 CO_2 作为保护气体，依靠焊丝与焊件之间产生的电弧熔化金属的气体保护焊方法，其焊接过程如图 5–1 所示。

1. CO_2 焊的设备

（1）CO_2 焊焊机

CO_2 焊焊机主要由焊接电源、焊枪及送丝机构、CO_2 供气装置、控制系统等组成，如图 5–2 所示。CO_2 焊焊机按操作方式不同，可分为 CO_2 半自动焊机和 CO_2 自动焊机两种。

（2）CO_2 半自动焊送丝机构

CO_2 半自动焊送丝机构为等速送丝机构，其送丝方式有推丝式、拉丝式和推拉式三种，如图 5–3 所示。

（3）NB–350 型 CO_2 半自动焊机

1）NB–350 型 CO_2 半自动焊机外部接线如图 5–4 所示。配用推丝式送丝机构，如图 5–5 所示。

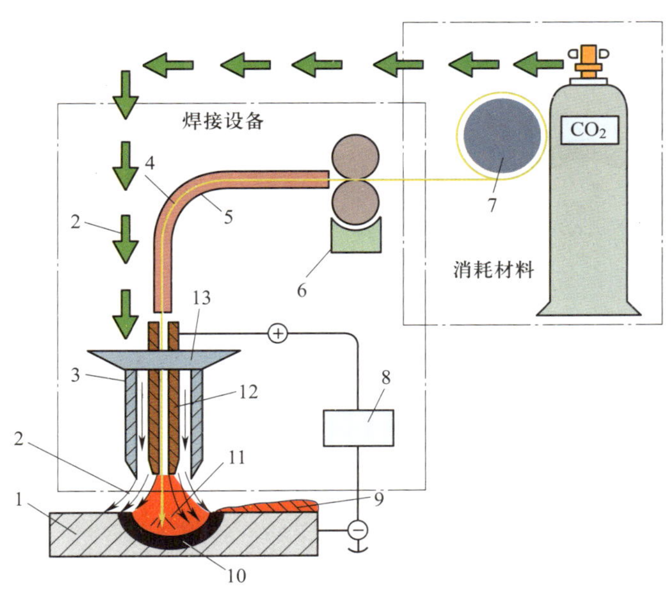

图 5-1　CO_2 焊焊接过程

1—焊件　2—CO_2 气体　3—喷嘴　4—焊丝　5—软管　6—送丝机构　7—焊丝盘　8—电源
9—焊缝　10—熔池　11—电弧　12—导电嘴　13—焊枪

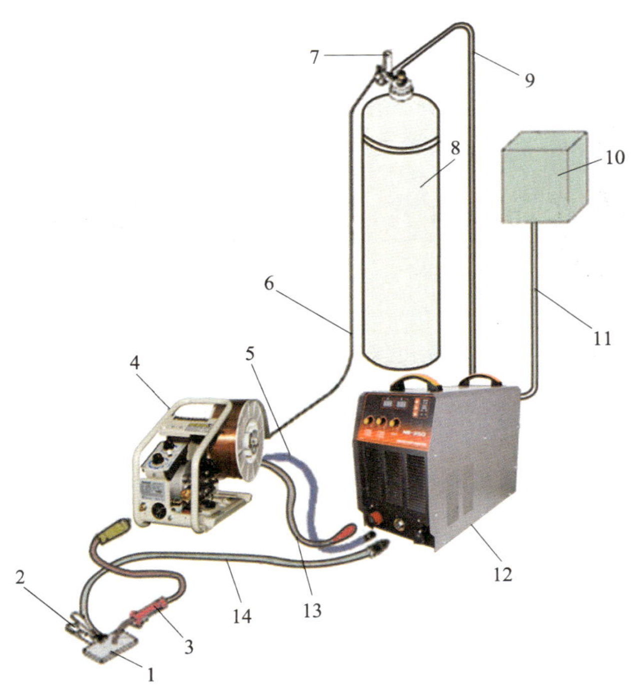

图 5-2　CO_2 焊设备的连接

1—焊件　2—地线夹　3—焊枪　4—送丝机　5—送丝控制电缆　6—送气管　7—CO_2 气体减压流量调节器
8—CO_2 气瓶　9—加热器电缆　10—配电箱　11—输入电缆　12—焊接电源
13—输出电缆　14—母材电缆（地线）

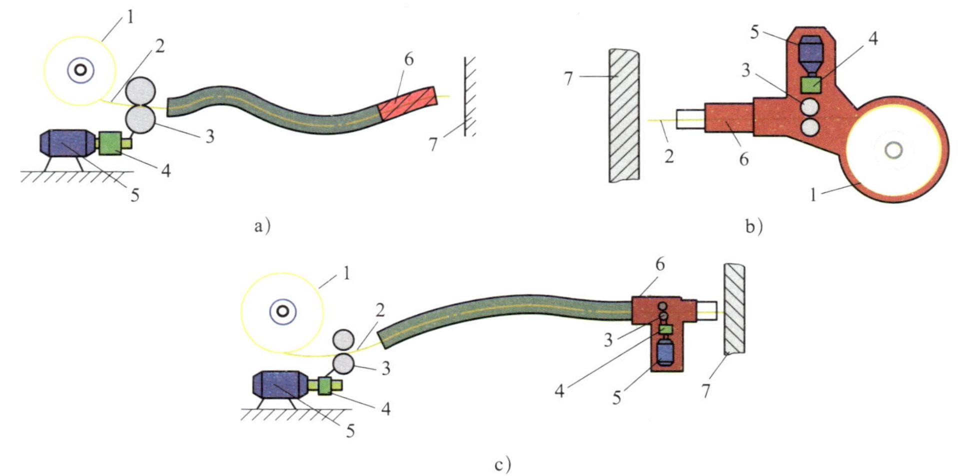

图 5-3　CO_2 半自动焊送丝机构

a）推丝式　b）拉丝式　c）推拉式

1—焊丝盘　2—焊丝　3—送丝滚轮　4—减速器　5—电动机　6—焊枪　7—焊件

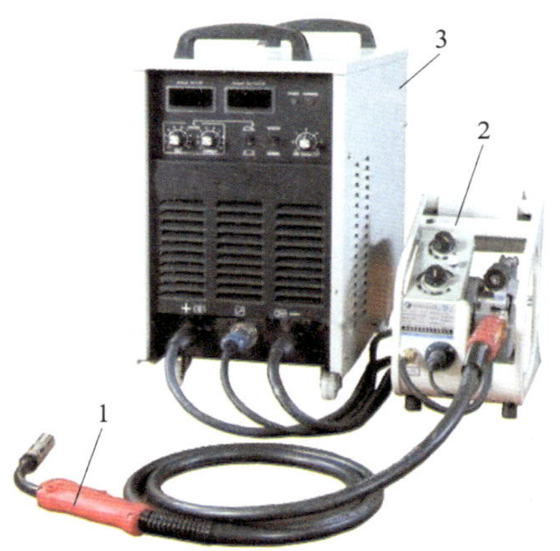

图 5-4　NB-350 型 CO_2 半自动焊机外部接线

1—焊枪　2—送丝机构　3—焊接电源

图 5-5　CO_2 半自动焊推丝式送丝机构

1—加压手柄　2—焊丝盘　3—焊丝　4—送丝电动机　5—校直轮　6—送丝滚轮　7—加压滚轮架

2）焊机的接线操作步骤及要求

①查明焊接电源所规定的输入电压、相数、频率，确保与电网相符后再接入配电盘。

②电源接地线。

③焊接电源输出端负极与母材连接，正极与焊枪供电部分连接。

④连接控制箱和送丝机构的控制电缆。

⑤安装 CO_2 气体减压流量调节器，并将出气口与送丝机构的气管连接。

⑥将 CO_2 气体减压流量调节器上的电源插头（预热作用）插入焊机的专用插座上。

⑦将焊丝送丝机构与焊枪连接。

3）焊机的操作

①接通配电箱开关，合上电源控制箱上的转换开关，这时电源指示灯亮，电源电路进入工作状态。

②扣动焊枪开关，打开气阀，调节 CO_2 气体流量。

③将送丝机构上的焊丝嵌入滚轮槽内，按下加压手柄调整压力，并把焊丝送入焊枪。点动焊枪开关，使焊丝伸出导电嘴 20 mm 左右。操作时应注意焊丝和焊枪要远离焊件，以防短路。

CO_2 焊控制程序图如图 5–6 所示。

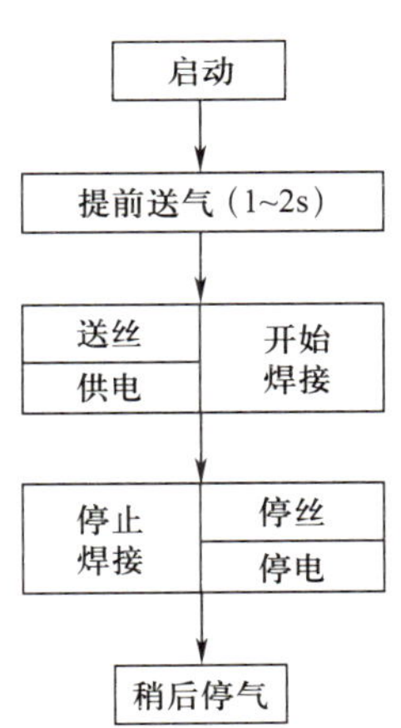

图 5–6　CO_2 焊控制程序图

2. CO_2 焊的焊接参数

CO_2 焊的焊接参数主要包括焊丝直径、焊接电流、电弧电压、焊接速度、焊丝伸出长度、气体流量、电源极性等。焊接电流与焊件的厚度、焊丝直径、施焊位置以及熔滴过渡形式有关，通常用直径为 0.8 ~ 1.6 mm 的焊丝。在短路过渡时，焊接电流在 50 ~ 230 A 范围内选择；粗滴过渡时，焊接电流在 250 ~ 500 A 范围内选择。焊接电流与其他焊接条件的关系见表 5–1。

表 5–1　　焊接电流与其他焊接条件的关系

焊丝直径（mm）	焊件厚度（mm）	施焊位置	焊接电流（A）	熔滴过渡形式
0.5 ~ 0.8	1 ~ 2.5	各种位置	50 ~ 160	短路过渡
	2.5 ~ 4	平焊	150 ~ 250	短路过渡
1.0 ~ 1.2	2 ~ 8	各种位置	90 ~ 180	短路过渡
	8 ~ 12	平焊	250 ~ 300	粗滴过渡
≥ 1.6	3 ~ 16	立焊、横焊、仰焊	100 ~ 180	短路过渡
	>6	平焊	350 ~ 500	粗滴过渡

除上述参数外，焊枪角度、焊枪与母材的距离等因素对焊接质量也有影响，如图 5–7 所示。

二、熔化极活性气体保护焊（MAG）

熔化极活性气体保护焊（Metal Active Gas Arc Welding，简称 MAG）是在氩气中加入少量的氧化性气体（如氧气、二氧化碳或其混合气体）混合而成的一种混合气体保护焊。我国常用的是 80%（体积分数，下同）的氩气 +20% 的二氧化碳的混合气体，由于混合气体中氩气占的比例较大，故常称为富氩混合气体保护焊。

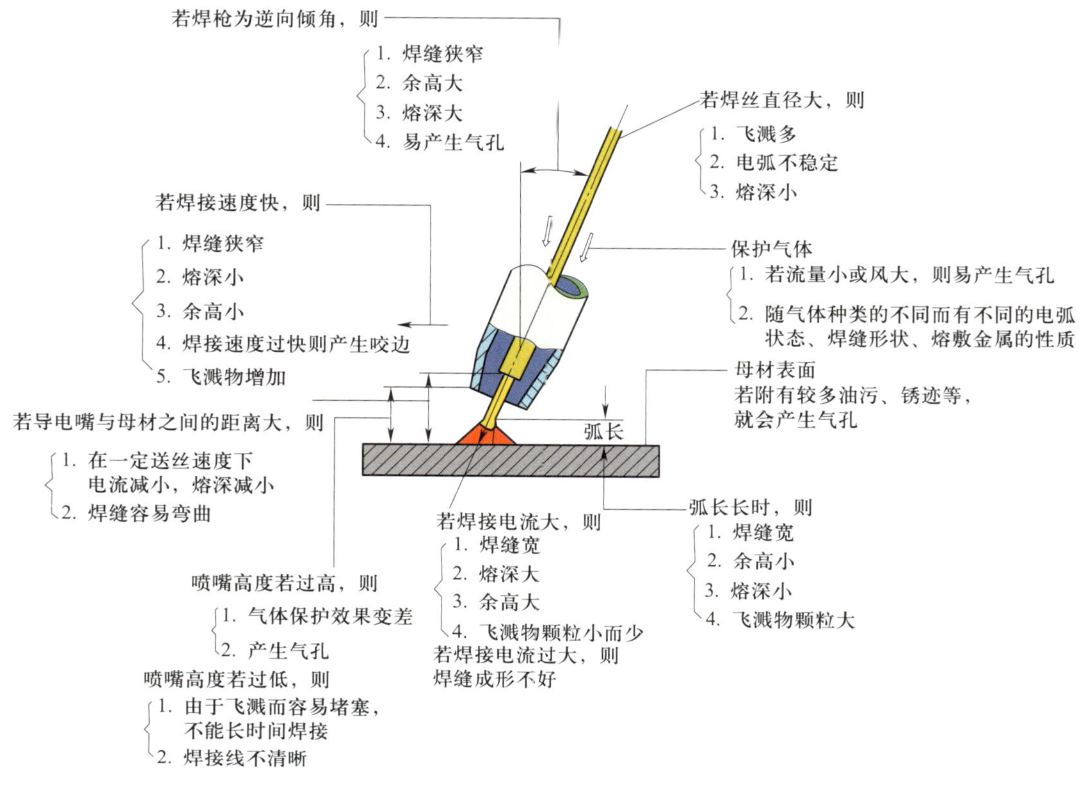

图 5-7　焊接条件对焊接质量的影响

1. MAG 焊的特点

（1）与纯氩气保护焊相比，其特点如下：

1）熔深大，熔敷系数高。

2）电弧挺度好，液态金属黏稠现象得到改观。

3）成本稍低。

（2）与纯 CO_2 焊相比，其特点如下：

1）电弧燃烧稳定，飞溅减少，故熔敷系数高，节省焊接材料。

2）对熔池的保护性能较高，焊缝气孔产生概率下降。

3）焊缝成形美观。

4）焊接参数增大，生产效率较高。

2. MAG 焊的设备

除必须采用电弧电压能无级调节的焊接电源外，焊枪及送丝机构、供气装置、控制系统等均与 CO_2 焊的设备相同。

3. MAG 焊常用混合气体

MAG 焊常用混合气体见表 5-2。

表 5-2 MAG 焊常用混合气体

元数	混合气体	特点	用途
二元	$Ar+O_2$	改善了熔滴细化率，电弧稳定性和金属过渡特性好，熔深较大，呈蘑菇形	主要用于碳钢、低合金钢、不锈钢等高合金钢及高强钢的焊接
	$Ar+CO_2$	电弧稳定性和金属过渡特性好，适用于短路过渡及喷射过渡，熔深较大，呈扁平形	主要用于碳钢、低合金钢的焊接
三元	$Ar+O_2+CO_2$	具有短路、粗滴、脉冲、喷射和高密度等过渡形式，各种形式都具有多方面适应性	主要用于各种厚度的碳钢、低合金钢、不锈钢的焊接

课题一 CO_2 焊平敷焊

学习目标及技能要求

1. 掌握左向焊法和右向焊法。
2. 熟练掌握 CO_2 焊平敷焊操作。

工艺分析

在操作过程中，引弧及平敷焊手法不稳定，容易产生顶丝的现象。横向摆动速度不均匀，容易使焊缝的成形宽窄不一致；焊丝向熔池送进时，会出现电弧过长或过短的现象；有时还会出现电弧电压与焊接电流不匹配的问题。在练习前期阶段一定要注意保证焊接过程中焊枪的角度保持不变，焊丝始终不离开熔池，焊接速度均匀，摆动频率一致，以便形成波纹均匀的焊缝。

1. 焊前准备

（1）焊件材料：Q235 钢。

（2）焊件尺寸：300 mm × 200 mm × 6 mm，如图 5-8 所示。

（3）焊接材料：焊丝选用 ER49-1，直径为 1.0 mm。

（4）焊接设备：NB-350 型 CO_2 半自动焊机，直流反接。

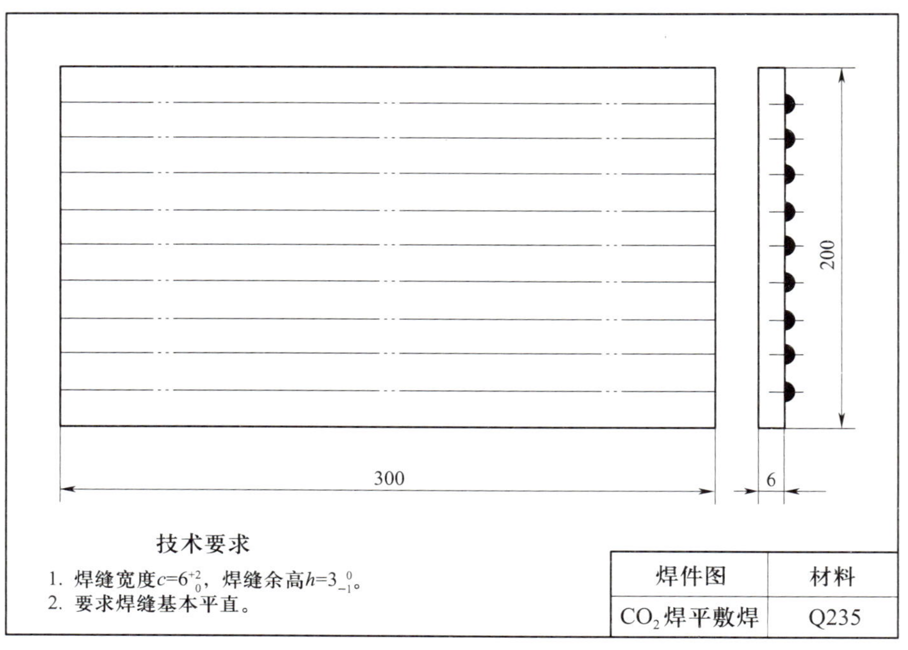

图 5-8　CO_2 焊平敷焊焊件图

2. 焊前清理

清理钢板上的油污、锈蚀、水分及其他污物，直至露出金属光泽。在钢板宽度方向每隔 20 mm 用粉笔画一条直线，作为焊接时的运丝轨迹，如图 5-9 所示。为防止飞溅物堵塞喷嘴，在喷嘴上涂一层喷嘴防堵剂。

图 5-9　平敷焊焊件

3. 确定焊接参数

CO_2 焊平敷焊焊接参数的选择见表 5-3。

表 5-3　　CO_2 焊平敷焊焊接参数

焊丝直径（mm）	焊接电流（A）	电弧电压（V）	焊接速度（m/h）	气体流量（L/min）
1.0	130 ~ 150	20 ~ 24	20 ~ 30	10 ~ 15

4. 焊接过程

CO_2 焊平敷焊操作步骤见表 5-4。

表 5-4　　CO_2 焊平敷焊操作步骤

操作步骤及要领	图示
（1）引弧 采用短路法引弧，引弧前先将焊丝端部较大直径的球形剪去，使之为锐角，以防产生飞溅。同时，保持焊丝端部与焊件相距 2 ~ 3 mm（见图 5-10），喷嘴与焊件相距 10 ~ 15 mm。按动焊枪开关，随后自动送气、送电、送丝，直至焊丝与焊件表面相碰短路，引燃电弧。此时，焊枪有抬起的趋势，须控制好焊枪，然后缓慢引向待焊处，当焊缝金属熔合后，再以正常焊接速度施焊。	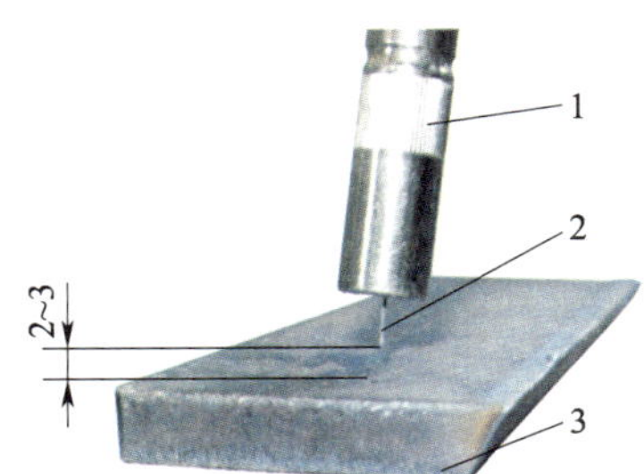 图 5-10　引弧时焊丝离焊件的距离 1—焊枪　2—焊丝　3—焊件
（2）直线焊接 直线无摆动焊接形成的焊缝宽度稍窄，焊缝偏高，熔深较浅。整条焊缝往往在始焊端、焊缝的连接处、终焊端等处最容易产生缺陷，所以应采取特殊处理措施。 1）始焊端。焊件始焊端处于较低的温度，应在引弧后先将电弧稍微拉长一些，对焊缝端部适当预热，然后再压低电弧进行始焊端焊接（见图 5-11a、b），这样可以获得具有一定熔深和成形比较整齐的焊缝。图 5-11c 所示为采取过短的电弧起焊而造成的焊缝成形不整齐，应当避免。 重要构件的焊接可在焊件始焊端加引弧板，将引弧时容易出现的缺陷留在引弧板上，如图 5-12 所示。	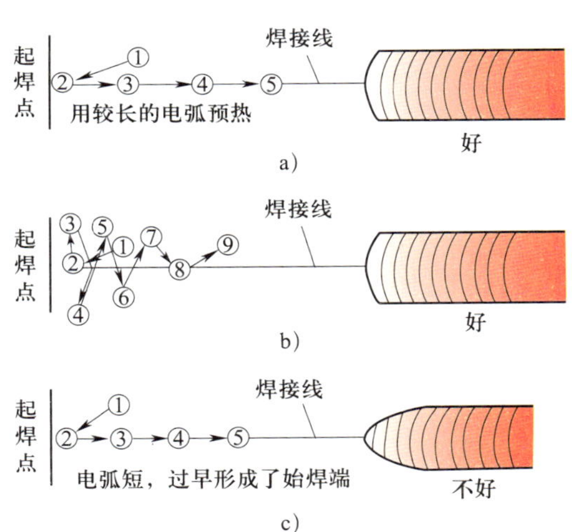 图 5-11　始焊端运丝法对焊缝成形的影响 a）长弧预热起焊的直线焊接 b）长弧预热起焊的摆动焊接 c）短弧起焊的直线焊接 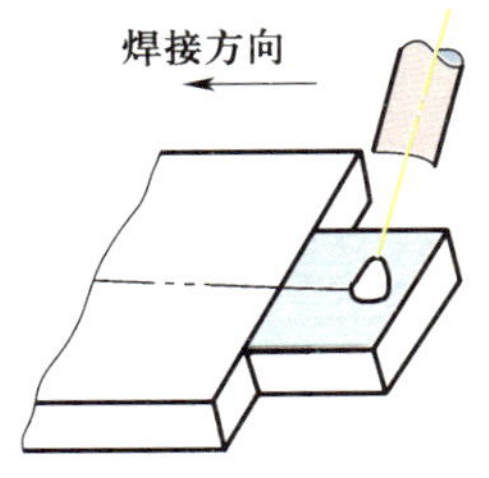 图 5-12　使用引弧板

操作步骤及要领	图示
2）焊缝接头。连接的方法有直线无摆动焊缝连接法和摆动焊缝连接法两种，如图 5–13 所示。 ①直线无摆动焊缝连接法。在原熔池前方 10 ~ 20 mm 处引弧，然后迅速将电弧引向原熔池中心，待熔化金属与原熔池边缘吻合填满弧坑后，再将电弧引向前方，使焊丝保持一定的高度和角度，并以稳定的速度向前移动，如图 5–13a 所示。 ②摆动焊缝连接法。在原熔池前方 10 ~ 20 mm 处引弧，然后以直线方式将电弧引向接头处，在接头中心开始摆动，并在向前移动的同时逐渐加大摆幅（保持形成的焊缝与原焊缝宽度相同），最后转入正常焊接，如图 5–13b 所示。 3）终焊端。焊缝终焊端若出现过深的弧坑，会使焊缝收尾处产生裂纹和缩孔等缺陷。所以在收弧时，如果焊机没有电流衰减装置，应采用多次断续引弧方式填充弧坑，直至将弧坑填平，并与母材圆滑过渡，如图 5–14 所示。 4）焊枪的运动方法。有左向焊法和右向焊法两种。焊枪自右向左移动称为左向焊法，自左向右移动称为右向焊法，如图 5–15 所示。 ①左向焊法。操作时，电弧的吹力作用在熔池及其前沿处，将熔池金属向前推延，由于电弧不直接作用在母材上，因此熔深较浅，焊道平坦且变宽，飞溅较大，保护效果好。采用左向焊法虽然观察熔池较困难，但易于掌握焊接方向，不易焊偏，如图 5–15a 所示。 ②右向焊法。如图 5–15b 所示，操作时，电弧直接作用在母材上，熔深较大，焊道窄而高，飞溅略小，但不易准确掌握方向，容易焊偏，尤其是对接焊时更明显。 一般 CO_2 焊时均采用左向焊法，前倾角为 10° ~ 15°。	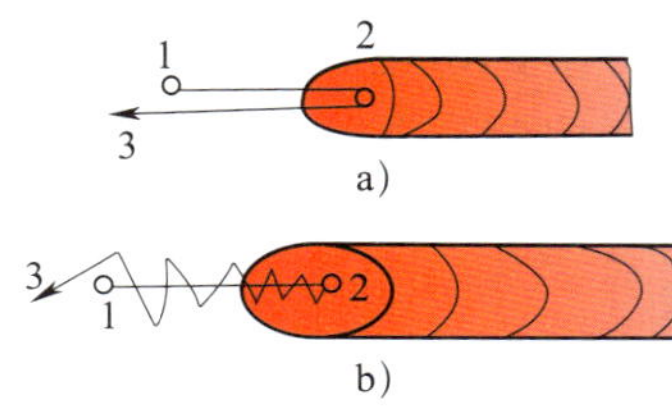 图 5–13　焊缝接头连接方法 a）直线无摆动焊缝连接法　b）摆动焊缝连接法 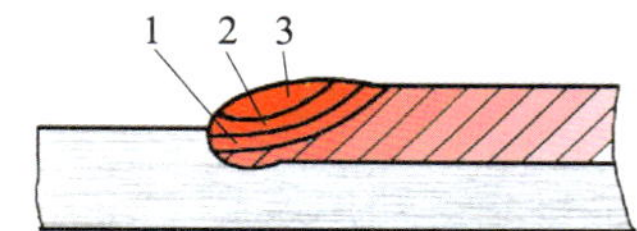 图 5–14　断续引弧填充弧坑 1 ~ 3—第 1 ~ 3 次引弧的熔池 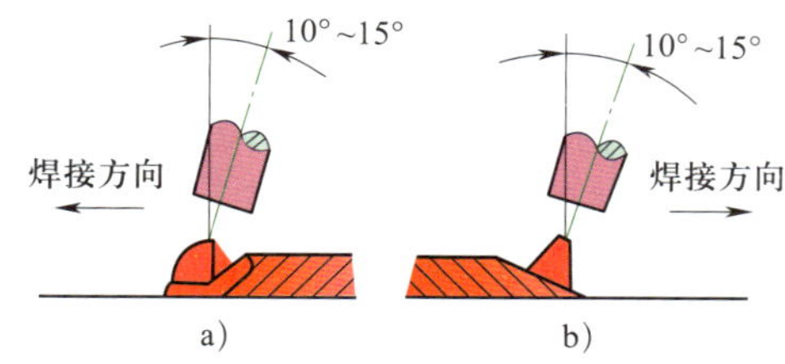 图 5–15　CO_2 焊焊枪的运动方法 a）左向焊法　b）右向焊法

续表

操作步骤及要领	图示
（3）摆动焊接 进行 CO_2 半自动焊时，为了获得较宽的焊缝，往往采用横向摆动运丝方式。常用的摆动方式有锯齿形、月牙形、正三角形、斜圆圈形等，如图 5-16 所示。 摆动焊接时，焊枪角度和操作要领与直线焊接一样。在横向摆动运丝时要注意：左右摆动的幅度要一致，摆动到中间时速度应稍快，而到两侧时要稍作停顿；摆动的幅度不能过大，否则部分熔池不能得到良好的保护。一般摆动幅度限制在喷嘴内径的 1.5 倍范围内。运丝时以手腕作为辅助，以手臂操作为主控制和掌握焊枪角度。	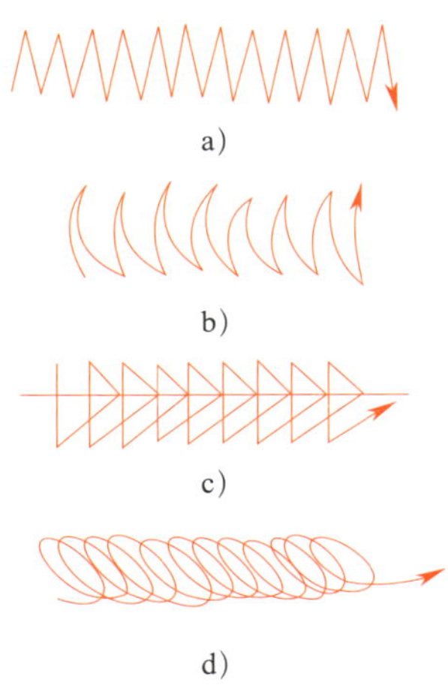 图 5-16　CO_2 半自动焊焊枪的摆动方式 a）锯齿形　b）月牙形　c）正三角形　d）斜圆圈形

5. 焊接质量要求

（1）焊缝边缘直线度误差≤ 2 mm，焊缝宽度差≤ 3 mm。

（2）焊缝与焊件平滑过渡，焊缝余高为 0 ~ 3 mm，余高差≤ 2 mm。

（3）焊缝表面不得有裂纹、未熔合、夹渣、气孔、焊瘤等缺陷。

（4）焊缝边缘咬边深度≤ 0.5 mm，焊缝两侧咬边总长度不得超过焊缝长度的 10%。

（5）焊件表面非焊道上不应有引弧痕迹。

课题二　CO_2 焊平角焊

学习目标及技能要求

掌握 CO_2 焊平角焊的操作方法。

工艺分析

进行 CO_2 焊平角焊时，若操作不当，极易产生咬边、未焊透、熔敷金属下坠等缺陷。因此，施焊时除了正确选择焊接参数外，还要根据焊件厚度和焊脚尺寸来控制焊枪角度。

1. 焊前准备

（1）焊件材料：Q235 钢。

（2）焊件尺寸：200 mm × 100 mm × 10 mm 一块，200 mm × 50 mm × 10 mm 一块，I 形坡口，如图 5-17 所示。

（3）焊接材料：焊丝选用 ER49-1，直径为 1.2 mm。

（4）焊接设备：NB-350 型 CO_2 半自动焊机，直流反接。

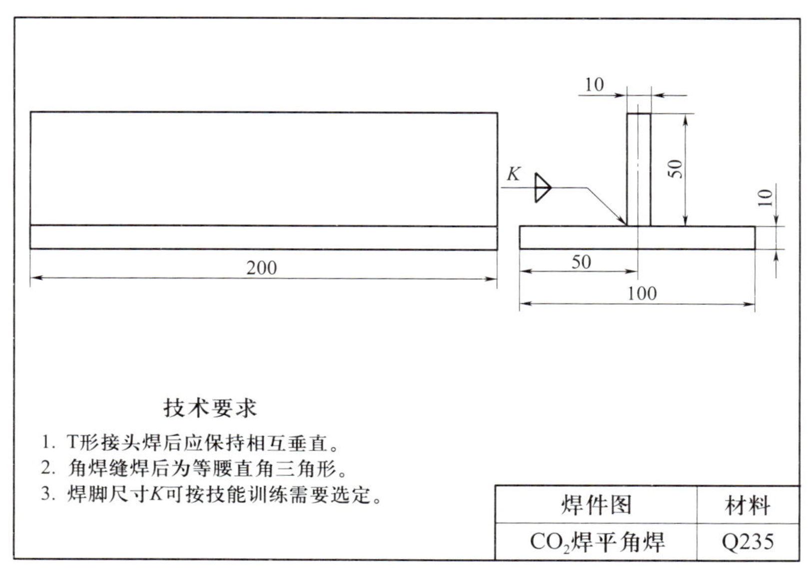

图 5-17　CO_2 焊平角焊焊件图

2. 焊件清理与装配

（1）焊前清理

清理坡口及坡口正、反面两侧各 20 mm 范围内的油污、锈蚀、水分及其他污物，直至露出金属光泽。为便于清理飞溅物和防止堵塞喷嘴，可在焊件表面涂上一层飞溅物防黏剂，在喷嘴上涂一层喷嘴防堵剂。

（2）装配

组对间隙为 0 ~ 2 mm。

（3）定位焊

定位焊采用与正式焊接相同型号的焊丝，定位焊的位置应在焊件两端的对称处，将焊件组焊成 T 形接头，四条定位焊缝长度均为 10 ~ 15 mm。定位完毕矫正焊件，保证立板与平板间的垂直度。

3. 确定焊接参数

CO_2 焊平角焊焊接参数的选择见表 5–5。

表 5–5　　　　　　　　　　　　**CO_2 焊平角焊焊接参数**

焊接层次	焊丝直径（mm）	伸出长度（mm）	焊接电流（A）	电弧电压（V）	气体流量（L/min）	运丝方式
一层一道	1.2	13 ~ 18	220 ~ 250	25 ~ 27	15 ~ 20	斜圆圈形或锯齿形运丝法

4. 焊接过程

CO_2 焊平角焊操作步骤见表 5–6。

表 5–6　　　　　　　　　　　　**CO_2 焊平角焊操作步骤**

<table>
<tr><th>操作步骤及要领</th><th>图示</th></tr>
<tr><td>（1）引弧
采用左向焊法，操作时，将焊枪置于右端引弧，如图 5–18 所示。</td><td>
图 5–18　引弧时焊枪的位置</td></tr>
<tr><td>（2）焊接
焊枪指向距离根部 1 ~ 2 mm 处。如果焊枪对准的位置不正确，引弧电压过低或焊接速度过慢都会使熔液下淌，造成焊缝下坠，如图 5–19a 所示；如果引弧电压过高，焊接速度过快或焊枪朝向垂直板，致使母材温度过高，则会引起焊缝的咬边，产生焊瘤，如图 5–19b 所示。
由于采用较大的焊接电流，焊接速度可稍快，同时要适当地做横向摆动，焊枪角度如图 5–20 所示。
焊接过程中要始终控制焊脚尺寸，并保证焊道与焊件熔合良好。</td><td>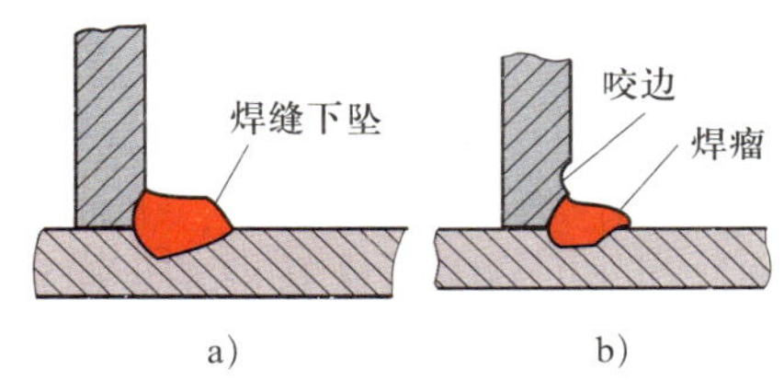

图 5–19　平角焊缝的缺陷
a）焊缝下坠　b）咬边、焊瘤
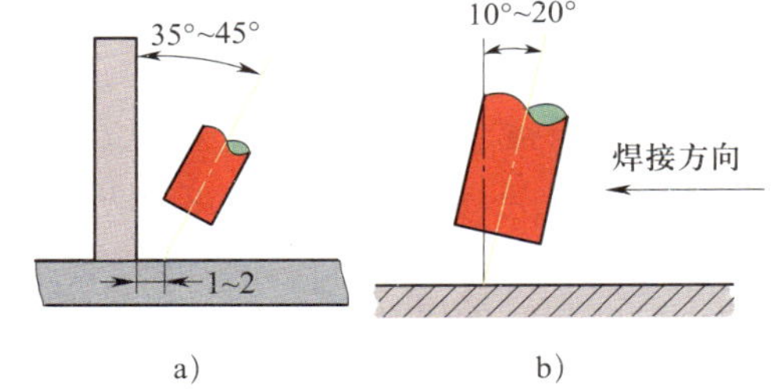

图 5–20　平角焊焊枪角度
a）正面　b）侧面</td></tr>
</table>

续表

操作步骤及要领	图示
（3）收弧 焊至终焊端填满弧坑，稍停片刻缓慢地抬起焊枪完成收弧，如图 5–21 所示。	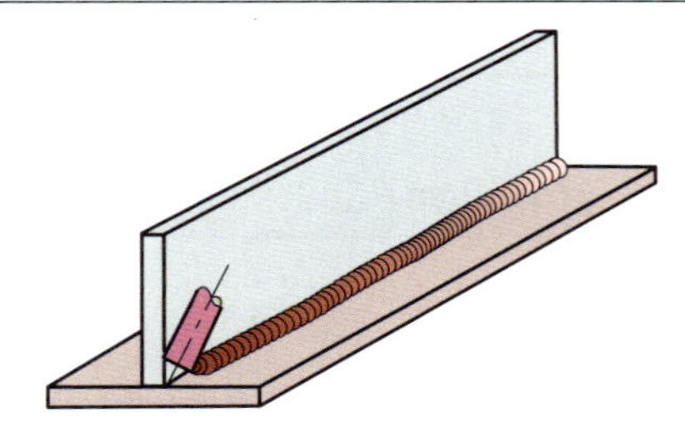 图 5–21　收弧方法

5. 注意事项

（1）施焊过程中要灵活掌握焊接速度，防止产生未熔合、气孔、咬边等缺陷。

（2）熄弧时禁止突然切断电源，在弧坑处必须稍作停留，待填满弧坑后再收弧，以防止产生裂纹和气孔。

（3）当板厚不同时，应使电弧偏向厚板一侧，正确调整焊枪角度，以防止咬边、焊缝下坠，并保持焊脚尺寸正确。

（4）焊后关闭设备电源，用钢丝刷清理焊缝表面，目测或用放大镜观察焊缝表面是否有气孔、裂纹、咬边等缺陷，用焊缝检验尺测量焊缝外观成形尺寸。

安全生产

（1）CO_2 焊时，电弧温度为 6 000 ～ 10 000 ℃，弧光辐射比焊条电弧焊强，因此应加强防护。

（2）CO_2 焊时，飞溅较多，尤其是粗丝焊接（直径大于 1.6 mm）时更易产生大颗粒飞溅物，因此，焊工应使用完善的防护用具，以防止人体被灼伤。

（3）CO_2 气体在焊接电弧高温下会分解生成对人体有害的 CO 气体，焊接时还会排出其他有害气体和烟尘，所以应加强通风，特别是在容器内施焊时，要使用能供给新鲜空气的特殊面罩，容器外应有人监护。

（4）CO_2 气体预热器所使用的电压不得高于 36 V，且外壳应可靠接地。工作结束时，立即切断电源和气源。

（5）装有液态 CO_2 的气瓶满瓶压力为 5 ～ 7 MPa，但当遇到外部的热源时，液体会迅速地蒸发为气体，使瓶内压力升高，而且吸收的热量越多，压力越高，这样就有造成爆炸的危险。因此，装有 CO_2 的钢瓶不能接近热源，同时应采取降温等安全措施，避免气瓶发生爆炸事故。此外，使用 CO_2 气瓶必须遵守《气瓶安全监察规程》的规定。

（6）进行大电流粗丝 CO_2 焊时，应防止焊枪水冷系统漏水而破坏绝缘，并在焊把前加防护挡板，以免发生触电事故。

6. 焊接质量要求

（1）焊脚尺寸为 6 ～ 8 mm。

（2）焊缝过渡圆滑，焊脚对称，成形美观。

（3）焊缝无咬边和焊缝下坠现象。

课题三　CO_2 焊板材 V 形坡口对接平焊

学习目标及技能要求

掌握 CO_2 焊板材 V 形坡口对接平焊的操作方法。

工艺分析

与焊条电弧焊相同，CO_2 焊板材对接平焊的基本操作也包括引弧、收弧、接头、摆动等技能。由于焊接过程没有焊条送进运动，只需维持弧长不变，并根据熔池情况摆动和移动焊枪，因此，操作起来相对比较容易。

1. 焊前准备

（1）焊件材料：Q235 钢。

（2）焊件尺寸：300 mm × 100 mm × 12 mm，每组两块，V 形坡口，坡口尺寸如图 5-22 所示。

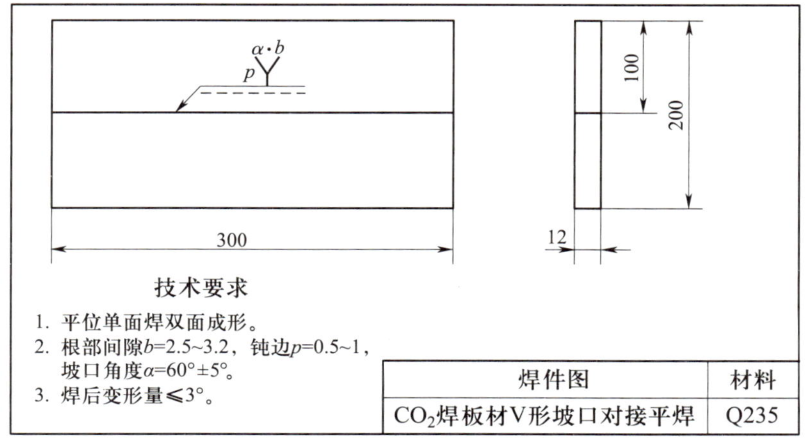

图 5-22　CO_2 焊板材 V 形坡口对接平焊焊件图

（3）焊接要求：单面焊双面成形。

（4）焊接材料：焊丝选用 ER49-1，直径为 1.2 mm。

（5）焊接设备：NB-350 型 CO_2 半自动焊机，直流反接。

2. 焊件清理与装配

（1）钝边

修磨钝边为 0.5 ~ 1 mm，去除毛刺。

（2）焊前清理

清理坡口及坡口正、反面两侧各 20 mm 范围内的油污、锈蚀、水分及其他污物，直至露出金属光泽。为便于清除飞溅物和防止堵塞喷嘴，可在焊件表面涂上一层飞溅物防黏剂，在喷嘴上涂一层喷嘴防堵剂。

（3）装配

始焊端装配间隙为 2.5 mm，终焊端装配间隙为 3.2 mm；错边量≤ 0.5 mm。

（4）定位焊

在焊件坡口内进行定位焊，焊缝长度为 10 ~ 15 mm。

（5）预置反变形

预置反变形量为 3°，如图 5-23 所示。

图 5-23　预置反变形

3. 确定焊接参数

CO_2 焊板材 V 形坡口对接平焊焊接参数的选择见表 5-7。

表 5-7　CO_2 焊板材 V 形坡口对接平焊焊接参数

焊接层次	焊丝直径（mm）	焊接电流（A）	电弧电压（V）	运丝方式	气体流量（L/min）
打底层	1.2	110 ~ 130	18 ~ 20	锯齿形或月牙形运丝法	15 ~ 20
填充层		130 ~ 150	20 ~ 24	锯齿形或月牙形运丝法	
盖面层		140 ~ 160	21 ~ 25	锯齿形或月牙形运丝法	

4. 焊接过程

采用左向焊法，焊接层次为三层三道，焊道分布如图 5-24 所示。

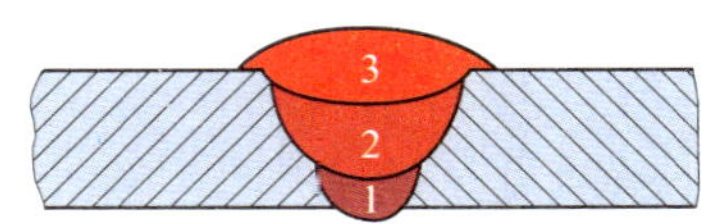

图 5-24　焊道分布

CO_2 焊板材 V 形坡口对接平焊操作步骤见表 5-8。

表 5-8　　CO_2 焊板材 V 形坡口对接平焊操作步骤

操作步骤及要领	图示
（1）打底焊 1）引弧。将焊件始焊端（间隙小的一端）放于右侧，在右侧定位焊缝处引弧，并略抬高电弧稍作预热，焊至定位焊缝尾部时，将焊枪向下压一下，然后开始向左焊接打底焊道，焊枪角度如图 5-25 所示。焊枪沿坡口两侧做小幅度横向摆动时，控制电弧在离底边 2 ~ 3 mm 处燃烧，并在坡口两侧稍微停留 0.5 ~ 1 s。焊接时应根据间隙大小和熔孔直径的变化调整横向摆动幅度和焊接速度，尽可能维持熔孔直径不变，以获得宽窄和高低均匀的背面焊缝，如图 5-26 所示，严防烧穿。 2）控制熔孔的大小。熔孔的大小决定背部焊缝的宽度和余高，要求焊接过程中控制熔孔直径始终比间隙大 0.5 ~ 1 mm，如图 5-27 所示。 3）控制电弧的停留时间。控制电弧在坡口两侧的停留时间，以保证坡口两侧熔合良好，使打底焊道两侧与坡口接合处稍下凹，焊道表面平整，如图 5-28 所示。	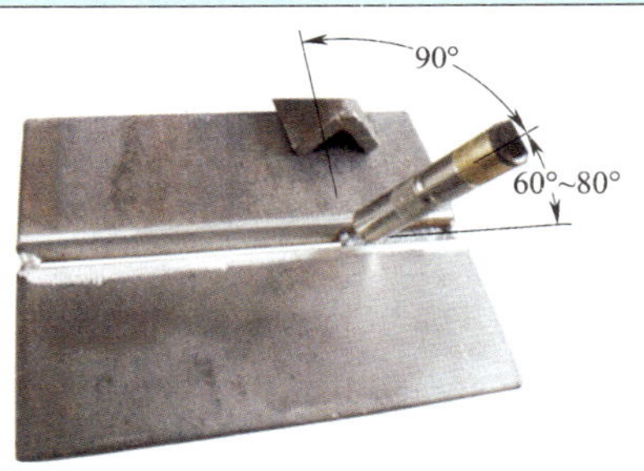 图 5-25　打底焊焊枪角度 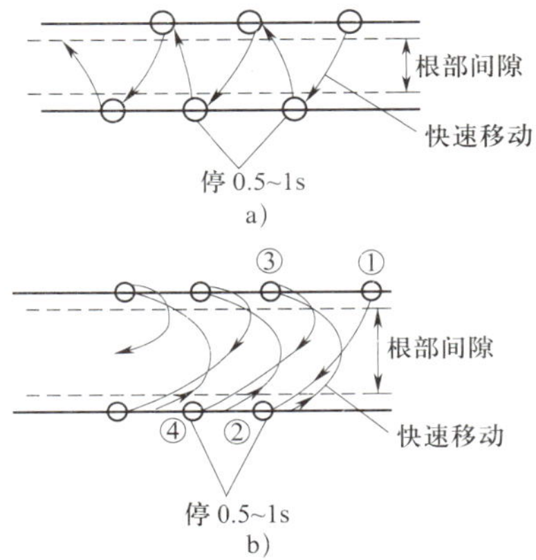 图 5-26　V 形坡口对接平焊焊枪摆动方式 a）月牙形摆动方式　b）倒退式月牙形摆动方式 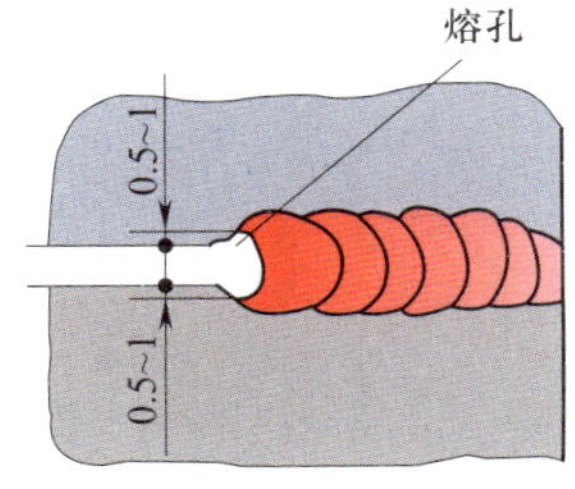 图 5-27　平焊时熔孔的尺寸 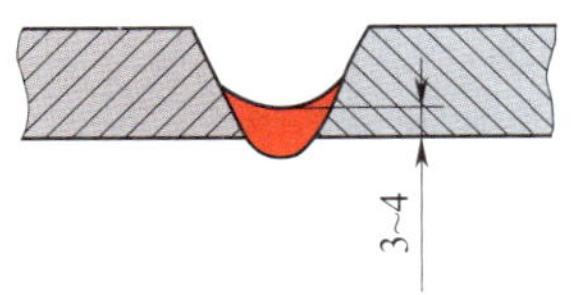 图 5-28　打底焊道

续表

操作步骤及要领	图示
4）控制喷嘴的高度。电弧必须在离坡口底部 2 ～ 3 mm 处燃烧，保证打底层厚度不超过 4 mm。 打底焊焊缝背面如图 5-29 所示。	 图 5-29　打底焊焊缝背面
（2）填充焊 调试填充层焊接参数，按图 5-30 所示的焊枪角度从焊件右端开始焊填充层，焊枪的横向摆动幅度应稍大于打底层焊缝宽度。注意观察熔池两侧熔合情况，保证焊道表面平整并稍向下凹，使填充层的高度低于母材表面 1.5 ～ 2 mm。焊接时不允许熔化坡口棱边，如图 5-31 所示。	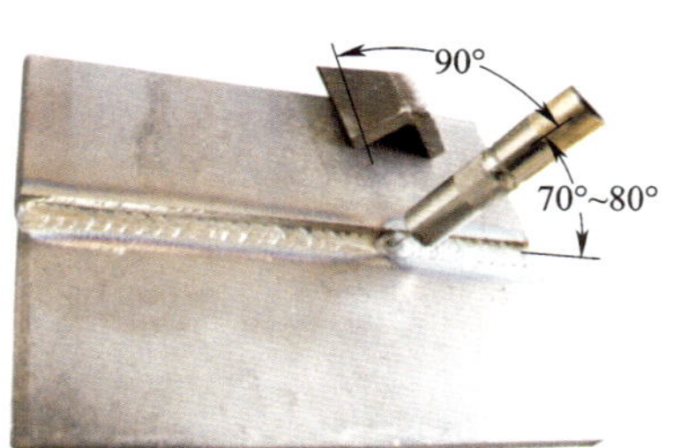 图 5-30　填充焊焊枪角度 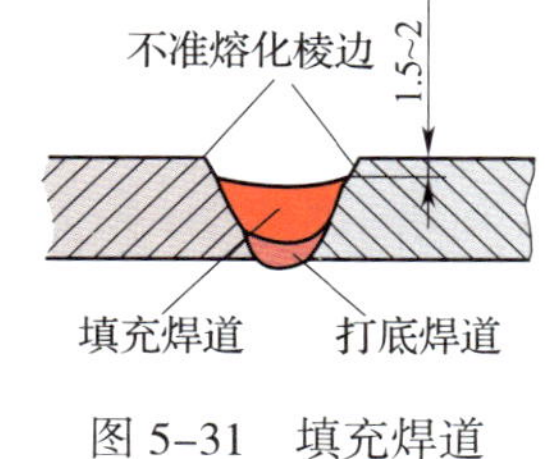 图 5-31　填充焊道
（3）盖面焊 调试好盖面层焊接参数后，按图 5-32 所示的焊枪角度从右端开始焊接。焊接时需注意以下事项： 1）保持喷嘴高度，焊接熔池边缘应超过坡口棱边 0.5 ～ 1 mm，并防止咬边。	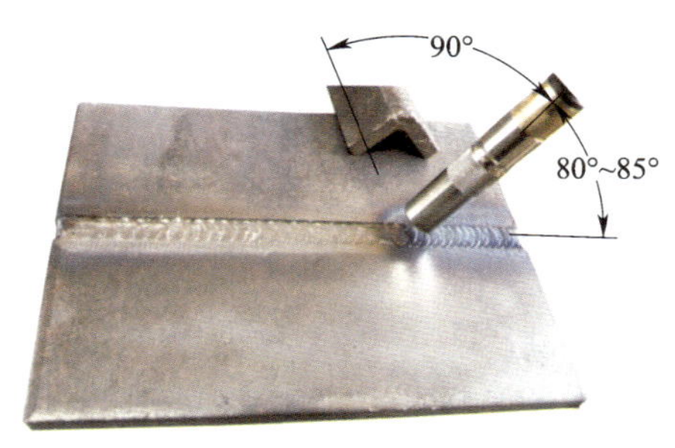 图 5-32　盖面焊焊枪角度

续表

操作步骤及要领	图示
2）焊枪横向摆动幅度应比填充焊时稍大，尽量保持焊接速度均匀，使焊缝外观成形平滑。盖面焊焊缝如图 5–33 所示。 3）收弧时要填满弧坑，收弧弧长要短，熔池凝固后方能移开焊枪，以免产生弧坑裂纹和气孔。	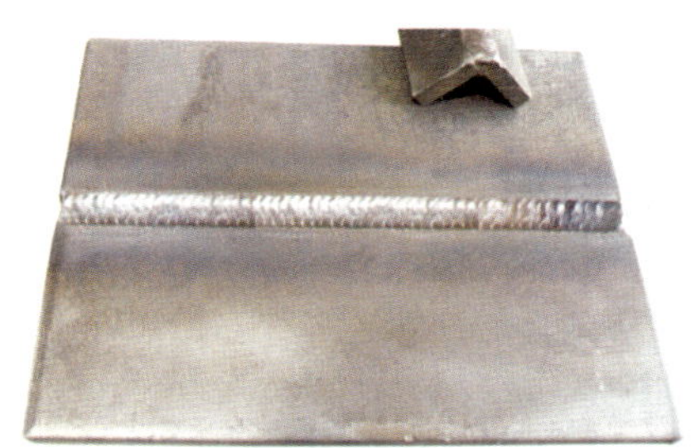 图 5–33　盖面焊焊缝

教师指导

【问题 1】怎样防止液态金属下坠？

回答：进行打底焊时，焊枪摆动方法要得当，在坡口两侧稍作停顿，控制熔池温度的上升，并使熔池大小一致，可防止液态金属透过坡口间隙产生下坠。

【问题 2】焊枪倾角是否会影响焊接效果？

回答：焊接操作时应注意焊枪倾角，焊枪倾角太大，不仅会破坏保护气氛，而且液态金属超前流动会阻碍熔孔的形成，使背面焊缝无法成形；焊枪倾角过小，不仅影响操作视线，而且容易出现穿丝现象。

【问题 3】CO_2 焊收弧时应注意哪些问题？

回答：收弧时，要填满弧坑并使弧坑尽量小些，防止弧坑处产生缺陷。当中途中断焊接时，不要马上抬起焊枪，要通过滞后停气做好对熔池的保护，以避免熔池在高温下发生氧化现象。

5. 焊接质量要求

（1）外观检查

1）焊缝边缘直线度误差≤ 2 mm；焊道宽度比坡口每侧增宽 0.5 ～ 1 mm，宽度差≤ 3 mm。

2）焊缝与母材圆滑过渡；焊缝余高为 0 ～ 3 mm，余高差≤ 2 mm；背面凹坑≤ 2 mm，长度不得超过焊缝长度的 10%。

3）焊缝表面不得有裂纹、未熔合、夹渣、气孔、焊瘤等缺陷。

4）焊缝边缘咬边深度≤ 0.5 mm，焊缝两侧咬边总长度不得超过焊缝长度的 10%。

5）焊件表面非焊道上不应有引弧痕迹，焊件变形量≤ 3°，错边量≤ 0.5 mm。

（2）焊件的射线透照检验要求与焊条电弧焊检验要求相同。

课题四　CO_2 焊板材 V 形坡口对接横焊

学习目标及技能要求

掌握 CO_2 焊板材 V 形坡口对接横焊的操作方法。

工艺分析

横焊时液态金属在重力作用下容易下坠，会出现焊缝表面的不对称，在上侧产生咬边，下侧产生焊瘤。为避免这些缺陷，对于坡口较大、焊缝较宽的焊件，一般都采用多层多道焊，以通过多条窄焊道的堆积来尽量减小熔池体积，最终获得较好的焊缝表面成形。

1. 焊前准备

（1）焊件材料：Q235 钢。

（2）焊件尺寸：300 mm × 100 mm × 12 mm，每组两块，V 形坡口，坡口尺寸如图 5-34 所示。

（3）焊接要求：单面焊双面成形。

（4）焊接材料：焊丝选用 ER49-1，直径为 1.0 或 1.2 mm。

（5）焊接设备：NB-350 型 CO_2 半自动焊机，直流反接。

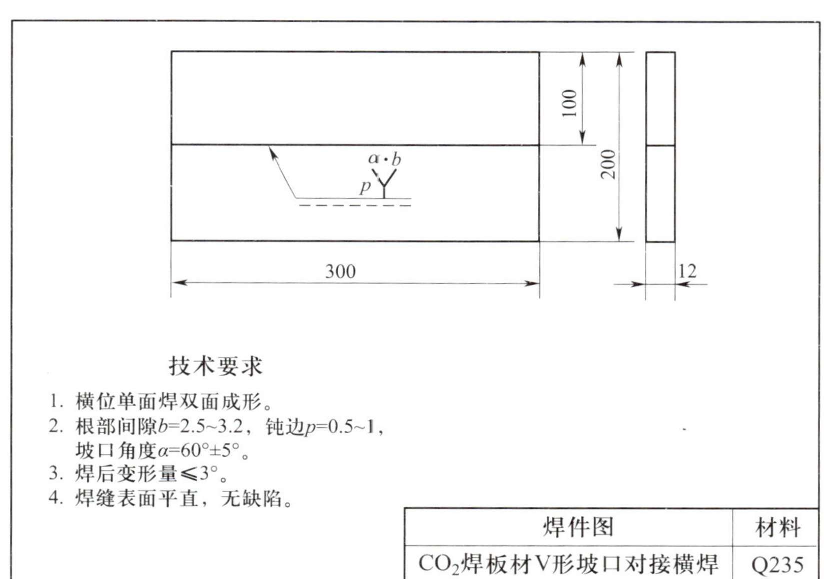

图 5-34　CO_2 焊板材 V 形坡口对接横焊焊件图

2. 焊件清理与装配

（1）钝边

修磨钝边为 0.5 ~ 1 mm，去除毛刺。

（2）焊前清理

清理坡口及坡口正、反面两侧各 20 mm 范围内的油污、锈蚀、水分及其他污物，直至露出金属光泽。为便于清除飞溅物和防止堵塞喷嘴，可在焊件表面涂上一层飞溅物防黏剂，在喷嘴上涂一层喷嘴防堵剂。

（3）装配

始焊端装配间隙为 2.5 mm，终焊端装配间隙为 3.2 mm；错边量≤ 0.5 mm。

（4）定位焊

在焊件坡口内进行定位焊，焊缝长度为 10 ~ 15 mm。

（5）预置反变形

预置反变形量为 3° ~ 4°。

3. 确定焊接参数

CO_2 焊板材 V 形坡口对接横焊焊接参数的选择见表 5–9。

表 5–9　CO_2 焊板材 V 形坡口对接横焊焊接参数

焊接层次	焊丝直径（mm）	焊接电流（A）	电弧电压（V）	运丝方式	气体流量（L/min）
打底层（1）	1.0	90 ~ 100	18 ~ 20	锯齿形或斜圆圈形运丝法	10 ~ 15
填充层（2、3）		110 ~ 120	20 ~ 22	斜圆圈形运丝法	
盖面层（4、5、6）		110 ~ 120	20 ~ 22	斜圆圈形运丝法	
打底层（1）	1.2	100 ~ 110	20 ~ 22	锯齿形或斜圆圈形运丝法	15 ~ 20
填充层（2、3）		130 ~ 150	23 ~ 25	斜圆圈形运丝法	
盖面层（4、5、6）		130 ~ 150	23 ~ 25	斜圆圈形运丝法	

4. 焊接过程

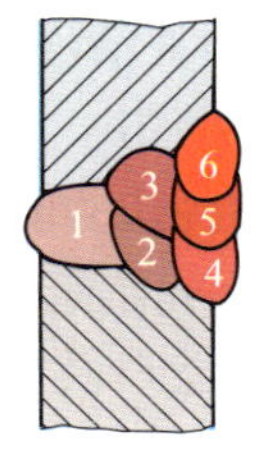

图 5-35　对接横焊焊道分布

横焊时，熔池虽有下面的母材支承而较易操作，但焊道表面不易对称，所以，焊接时必须使熔池尽量小。同时，采用多道焊的方法来调整焊道表面形状，以获得较对称的焊缝外形。

横焊时采用左向焊法，三层六道，焊道分布如图 5-35 所示。将焊件垂直固定在焊接夹具上，焊缝处于水平位置，间隙小的一端放于右侧。

CO_2 焊板材 V 形坡口对接横焊操作步骤见表 5-10。

表 5-10　　CO_2 焊板材 V 形坡口对接横焊操作步骤

操作步骤及要领	图示
（1）打底焊 调试好焊接参数后，按图 5-36 所示的焊枪角度，从右向左进行焊接。 在焊件定位焊缝上引弧，以小幅度锯齿形或斜圆圈形摆动焊丝，自右向左焊接，并保持熔孔边缘超过坡口根部间隙 0.5 ~ 1 mm，如图 5-37 所示。 焊接过程中要仔细观察熔池和熔孔，根据间隙调整焊接速度及焊枪摆动幅度，尽可能地维持熔孔直径不变，焊至左端收弧。 采用小幅度锯齿形和斜圆圈形运丝法焊接打底层焊道。 若打底焊过程中电弧中断，则应按下列步骤接头： 1）将接头处焊道打磨成斜坡。 2）在斜坡的高处引弧，并以小幅度锯齿形摆动焊丝，当接头区前端形成熔孔后，继续焊完打底焊道。 打底焊焊缝背面如图 5-38 所示。	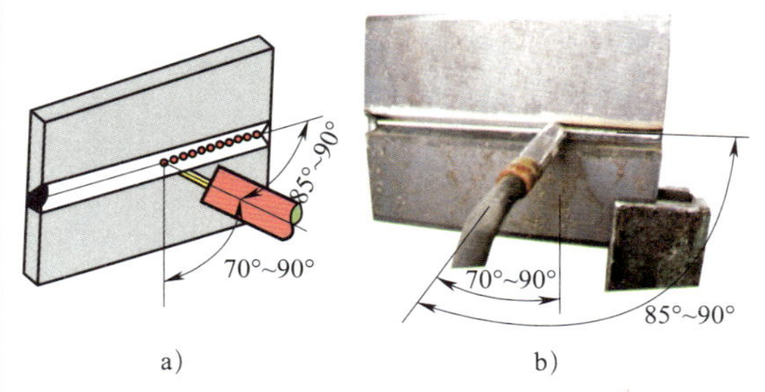 图 5-36　打底焊焊枪角度 a）示意图　b）实物图 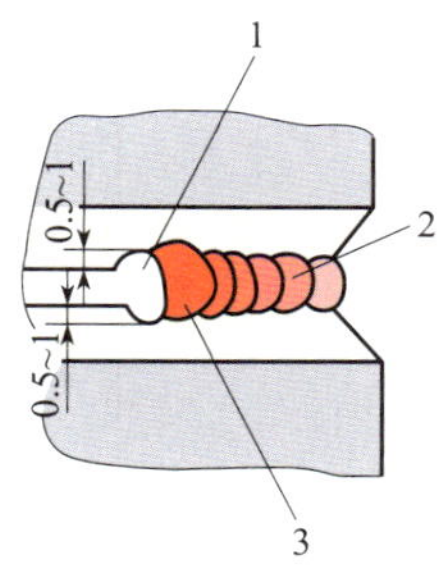 图 5-37　横焊时熔孔的控制 1—熔孔　2—焊道　3—熔池  图 5-38　打底焊焊缝背面

续表

操作步骤及要领	图示
（2）填充焊 调试好填充焊焊接参数，按图 5-39 所示的焊枪对中位置及角度焊接第一道与第二道填充层。整个填充焊层厚度应低于母材 1.5 ~ 2 mm，且不得熔化坡口棱边。 填充层焊道从下往上排列，要求相互重叠 1/2 ~ 2/3 为宜，并保持各焊道平整，防止焊缝两侧咬边。 1）焊第一道填充层时，焊枪成 0° ~ 10° 俯角，电弧以打底焊道的下缘为中心做横向斜圆圈形摆动，保证下坡口熔合好。 2）焊第二道填充层时，焊枪成 0° ~ 10° 仰角，电弧以打底焊道的上缘为中心，在第一道填充层和上坡口面间摆动，保证熔合良好，重叠前一焊道 1/2 ~ 2/3。 3）清除填充焊道的表面飞溅物，并用角向磨光机打磨局部凸起处。	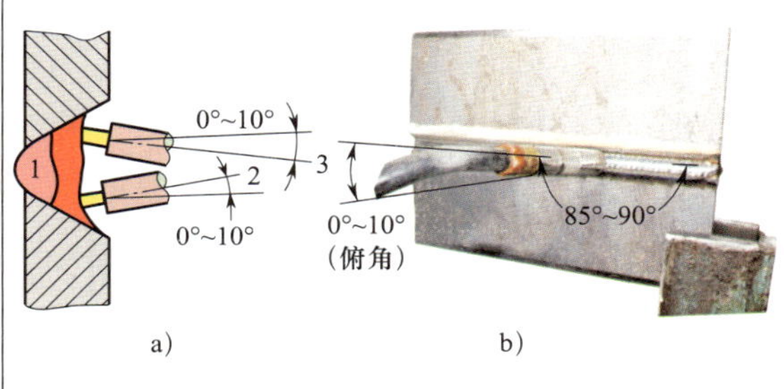 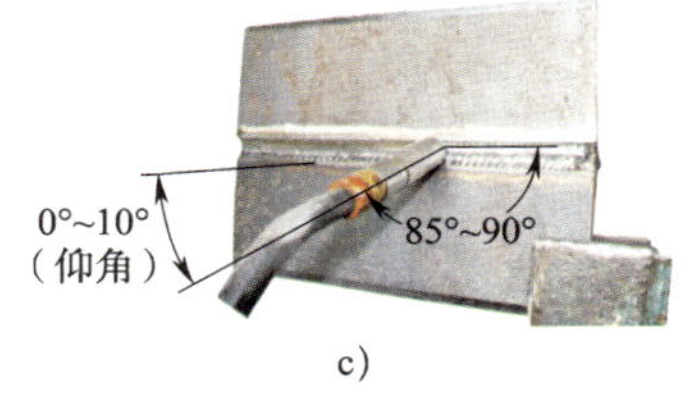 图 5-39　填充焊焊枪角度 a）示意图　b）第一道实物图　c）第二道实物图
（3）盖面焊 调试好盖面焊焊接参数，按图 5-40 所示的焊枪对中位置及角度进行盖面焊道的焊接。操作要领基本同填充焊。 盖面层的焊接电流可略微减小，以防止熔敷金属下淌，造成焊道成形不规则。 盖面焊焊缝如图 5-41 所示。	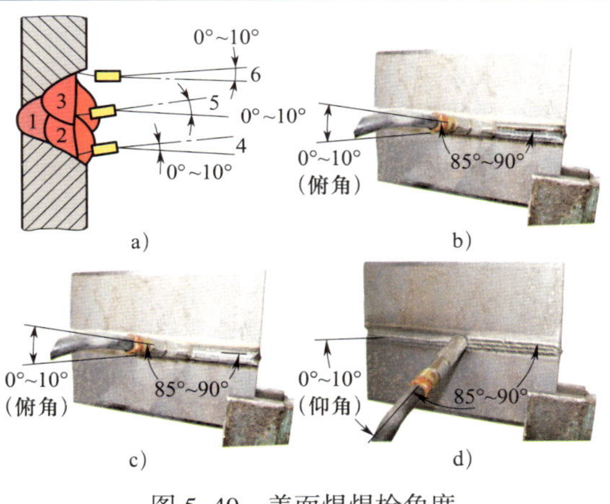 图 5-40　盖面焊焊枪角度 a）示意图　b）第一道实物图 c）第二道实物图　d）第三道实物图  图 5-41　盖面焊焊缝

5. 焊接质量要求

CO_2 焊板材 V 形坡口对接横焊焊件所有检查项目、检查数量和试样数量以及各项检验要求与第三单元课题三“板材 V 形坡口对接平焊”焊件的焊接质量要求相同。

课题五　CO_2 焊板材 V 形坡口对接立焊

学习目标及技能要求

掌握 CO_2 焊板材 V 形坡口对接立焊的操作方法。

工艺分析

CO_2 焊板材 V 形坡口对接立焊打底焊容易产生穿丝的现象，为了避免这种焊接缺陷，要保证焊接过程中焊丝一直处于熔池的前 1/3 处。填充焊容易产生凸起的焊缝表面，给盖面焊带来不利，要防止填充层焊缝的表面凸起，熟练掌握反月牙形运丝方式，并在坡口两侧稍作停留，保证焊道两侧的良好熔合以及内凹的填充层焊道质量。盖面焊焊丝运行至坡口棱边时要稍加过渡停顿，防止产生咬边缺陷。

1. 焊前准备

（1）焊件材料：Q235 钢。

（2）焊件尺寸：300 mm × 100 mm × 12 mm，每组两块，V 形坡口，坡口尺寸如图 5–42 所示。

（3）焊接要求：单面焊双面成形。

（4）焊接材料：焊丝选用 ER49–1，直径为 1.2 mm。

（5）焊接设备：NB–350 型 CO_2 半自动焊机，直流反接。

2. 焊件清理与装配

（1）钝边

修磨钝边为 0.5 ~ 1 mm，去除毛刺。

（2）焊前清理

清理坡口及坡口正、反面两侧各 20 mm 范围内的油污、锈蚀、水分及其他污物，直至露出金属光泽。为便于清除飞溅物和防止堵塞喷嘴，可在焊件表面涂上一层飞溅物防黏剂，在喷嘴上涂一层喷嘴防堵剂。

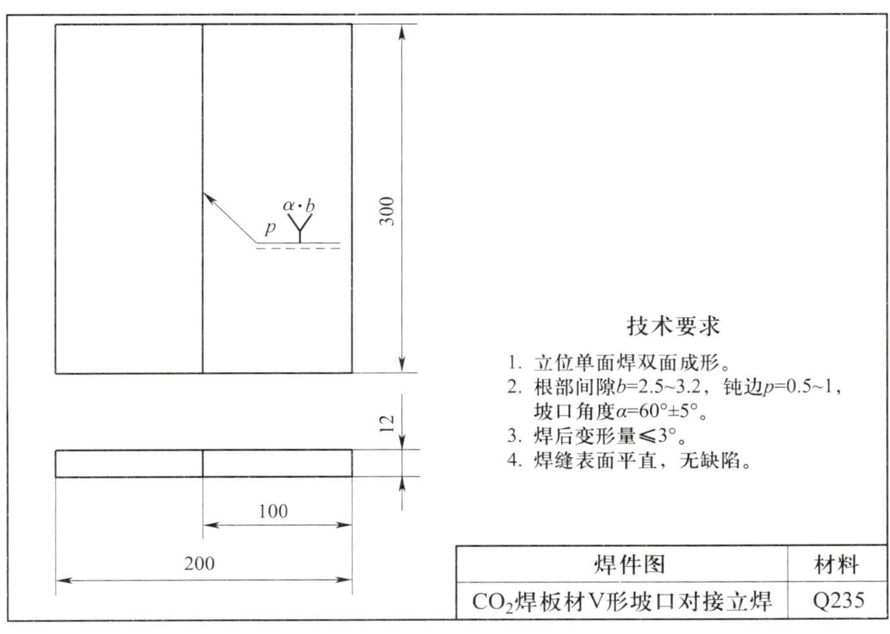

图 5-42　CO_2 焊板材 V 形坡口对接立焊焊件图

（3）装配

始焊端装配间隙为 2.5 mm，终焊端装配间隙为 3.2 mm；错边量≤ 0.5 mm。

（4）定位焊

在焊件坡口内进行定位焊，焊缝长度为 10 ～ 15 mm。

（5）预置反变形

预置反变形量为 3° ～ 4°。

（6）装夹

将焊件按立焊位固定在焊接夹具上，距离地面 200 ～ 300 mm 高度。

3. 确定焊接参数

CO_2 焊板材 V 形坡口对接立焊焊接参数的选择见表 5-11。

表 5-11　　CO_2 焊板材 V 形坡口对接立焊焊接参数

焊接层次	焊丝直径（mm）	焊接电流（A）	电弧电压（V）	运丝方式	气体流量（L/min）
打底层	1.2	100 ～ 110	18 ～ 20	锯齿形运丝法	15 ～ 20
填充层		130 ～ 150	22 ～ 25	锯齿形或反月牙形运丝法	
盖面层		130 ～ 140	22 ～ 24	锯齿形或反月牙形运丝法	

4. 焊接过程

CO_2 焊板材 V 形坡口对接立焊操作步骤见表 5-12。

表 5-12　　CO_2 焊板材 V 形坡口对接立焊操作步骤

操作步骤及要领	图示
（1）打底焊 V 形坡口立焊打底层采用小直径焊丝和较小的焊接电流，并采用短弧焊接，向上立焊，焊枪角度如图 5-43 所示，焊丝与焊接方向保持在 90° ±10°。采用小锯齿形运丝法，自下而上匀速移动，控制电弧在熔敷金属的前方，不使熔敷金属下坠，保证背面有良好的成形。 打底焊背面焊缝如图 5-44 所示。	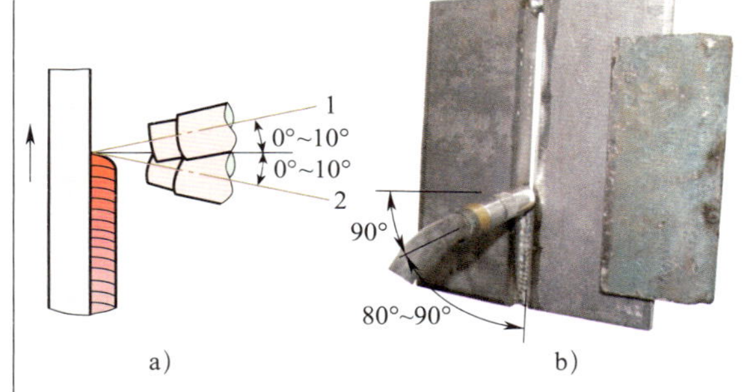 图 5-43　打底焊焊枪角度 a）示意图　b）实物图  图 5-44　打底焊背面焊缝
（2）填充焊 填充焊时，焊枪角度如图 5-45 所示，焊丝与焊接方向保持在 90° ±10°。 焊丝采用锯齿形运丝法，焊枪做小幅度摆动，在均匀摆动的情况下，快速向上移动，如图 5-46a 所示。如果要求有较大的熔宽，可采用反月牙形摆动。摆动时，中间快速移动，焊道两侧稍作停顿，以防咬边，如图 5-46b 所示。但不应采用图 5-46c 所示的向下弯曲的月牙形摆动，向下弯曲摆动容易引起熔敷金属下淌和产生咬边。 焊接填充层最后一层时，使焊道低于母材表面 1 ~ 1.5 mm，不允许熔化坡口的棱边。	 图 5-45　填充焊焊枪角度 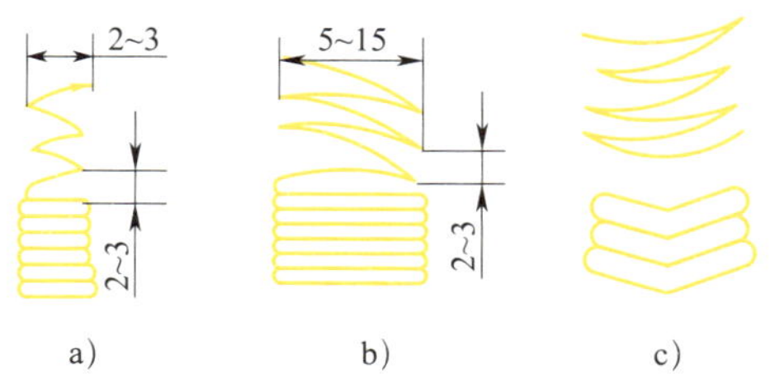 图 5-46　焊枪横向摆动运丝法 a）小幅度摆动　b）反月牙形摆动　c）不推荐的月牙形下弯摆动

续表

操作步骤及要领	图示
（3）盖面焊 施焊盖面层焊缝时，应适当调整焊接电流和焊接速度，采用锯齿形或反月牙形运丝法，焊枪角度如图 5–47 所示。运丝时中间快，两侧稍停留片刻，并保持熔化坡口边缘 0.5 ~ 1 mm，避免产生咬边和焊缝余高过大的现象。 盖面焊焊缝如图 5–48 所示。	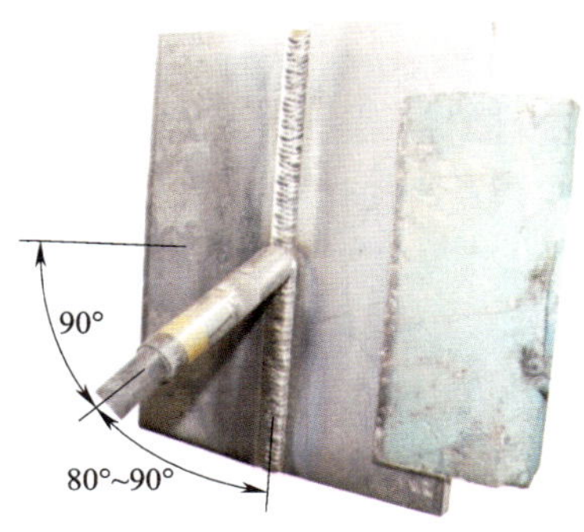 图 5–47　盖面焊焊枪角度  图 5–48　盖面焊焊缝

经验点滴

CO_2 焊立焊操作不推荐采用向下弯曲的月牙形摆动法。向下弯曲的月牙形摆动会促使熔敷金属下淌，产生焊瘤和咬边缺陷，因此，常采用向上弯曲的反月牙形摆动法进行立焊。

5. 焊接质量要求

CO_2 焊板材 V 形坡口对接立焊焊件的检查项目、检查数量和试样数量以及检验要求，除焊缝余高为 0 ~ 4 mm、余高差≤ 3 mm 之外，其他的各项检验与第三单元课题三“板材 V 形坡口对接平焊”焊件的焊接质量要求相同。

课题六　CO_2 焊板材 V 形坡口对接仰焊

学习目标及技能要求

掌握 CO_2 焊板材 V 形坡口对接仰焊的操作方法。

工艺分析

CO_2 焊板材 V 形坡口对接仰焊是板对接最难的焊接位置，主要困难是熔化金属严重下坠，故必须严格控制焊接热输入和冷却速度，采用较小的焊接电流、较大的焊接速度，加大气体流量，使熔池尽可能小，凝固尽可能快，防止熔化金属下坠，保证焊缝成形美观。

1. 焊前准备

（1）焊件材料：Q235 钢。

（2）焊件尺寸：300 mm × 100 mm × 12 mm，每组两块，坡口形式及尺寸如图 5-49 所示。

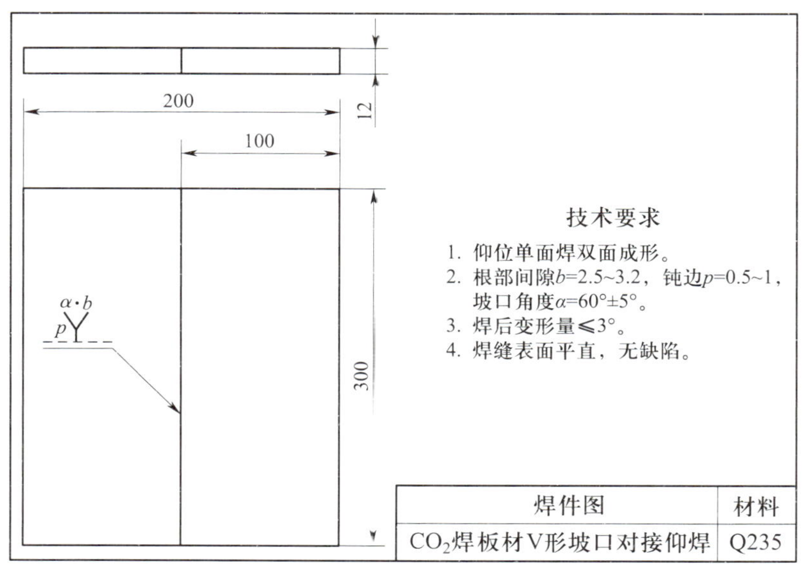

图 5-49　CO_2 焊板材 V 形坡口对接仰焊焊件图

（3）焊接要求：单面焊双面成形。

（4）焊接材料：焊丝选用 ER50-6，直径为 1.0 mm。

（5）焊接设备：NB-350 型 CO_2 半自动焊机，直流反接。

2. 焊件清理与装配

（1）钝边

修磨钝边为 0.5 ~ 1 mm，去除毛刺。

（2）焊前清理

清理坡口及坡口正、反面两侧各 20 mm 范围内的油污、锈蚀、水分及其他污物，直至露出金属光泽。为便于清理飞溅物和防止堵塞喷嘴，可在焊件表面涂上一层飞溅物防黏剂，在喷嘴上涂一层喷嘴防堵剂。

（3）装配

始焊端装配间隙为 2.5 mm，终焊端装配间隙为 3.2 mm；错边量≤ 0.5 mm。

（4）定位焊

在焊件两端坡口进行定位焊，定位焊缝长度为 10 ~ 15 mm。

（5）预置反变形

预置反变形量为 3°。

3. 确定焊接参数

CO_2 焊板材 V 形坡口对接仰焊焊接参数的选择见表 5–13。

表 5–13　　CO_2 焊板材 V 形坡口对接仰焊焊接参数

焊接层次	焊丝直径（mm）	焊接电流（A）	电弧电压（V）	运丝方式	气体流量（L/min）
打底层	1.0	95 ~ 100	19 ~ 20	锯齿形或斜圆圈形运丝法	20 ~ 25
填充层		110 ~ 130	21 ~ 23	锯齿形或斜圆圈形运丝法	
盖面层		100 ~ 120	20 ~ 22	锯齿形或斜圆圈形运丝法	

4. 焊接操作过程

CO_2 焊板材 V 形坡口对接仰焊操作步骤见表 5–14。

表 5–14　　CO_2 焊板材 V 形坡口对接仰焊操作步骤

操作步骤及要领	图示
（1）打底焊 焊枪与焊件表面垂直，与焊接方向成 70° ~ 90°角，焊枪角度如图 5–50 所示。	焊接方向 y 90° x 大间隙端 70°~90° z 焊接方向 70°~90° 90° a）

续表

操作步骤及要领	图示
焊接时尽量压低电弧，采用直线移动或小幅度摆动，从始焊端（远处）开始在坡口一侧引弧再移至另一侧，保证焊透和形成坡口根部熔孔，熔孔每侧比根部间隙大 0.5 ~ 1 mm。然后尽可能快地匀速向近处移动，利用 CO_2 气体有撑托熔池金属的作用，控制电弧在熔敷金属的前方，防止熔化金属下坠。 打底焊背面焊缝如图 5-51 所示。	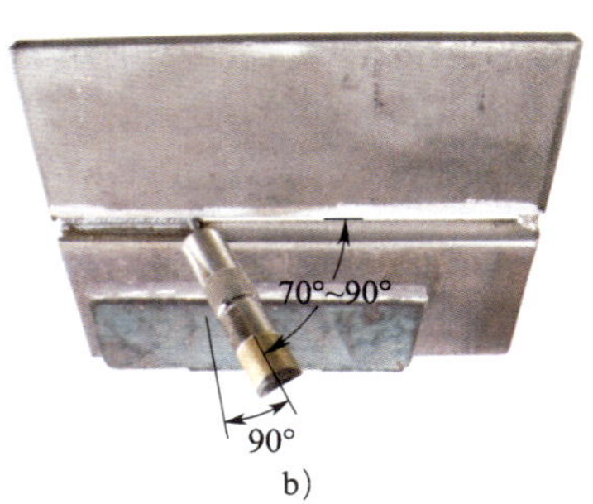 b) 图 5-50　对接仰焊焊枪角度 a）示意图　b）实物图  图 5-51　对接仰焊打底焊背面焊缝
（2）填充焊 填充层焊接的焊枪角度如图 5-52 所示。填充焊时，焊丝摆动幅度要比打底焊增大，以保证坡口两侧熔合良好。焊道不要太厚，焊道越薄，凝固越快，填充层总厚度应低于母材表面 1 mm，不得熔化坡口棱边。	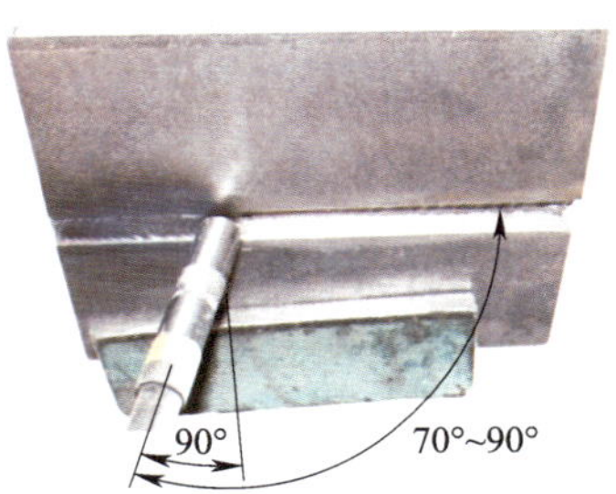 图 5-52　填充焊焊枪角度

续表

操作步骤及要领	图示
（3）盖面焊 焊接盖面层时焊枪角度如图 5–53 所示。焊丝摆动幅度要加大，焊接速度放慢，保证熔池两侧超过坡口棱边 0.5 ~ 1 mm，保证其熔合良好，以确保焊缝表面成形美观。 盖面焊焊缝如图 5–54 所示。	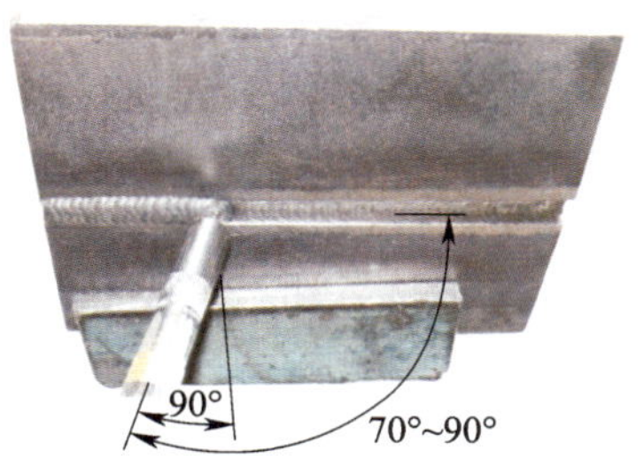 图 5–53　盖面焊焊枪角度  图 5–54　盖面焊焊缝

安全生产

由于仰焊时熔滴飞溅不易控制，一方面要注意安全防护，如将面罩上的护目玻璃固定好；衣服不能系在裤腰内；裤脚不能卷起，更不能系在鞋筒内；袖口、衣领要扣紧等，以免造成烧伤。另一方面要检查焊接现场有无易燃、易爆物品。

5. 焊接质量要求

CO_2 焊板材 V 形坡口对接仰焊焊件的检查项目、检查数量和试样数量以及各项检验要求与第三单元课题三“板材 V 形坡口对接平焊”焊件的焊接质量要求相同。但是其背面凹坑深度不做具体规定，凹坑长度不得超过焊缝长度的 10%。

课题七　MAG 焊管材对接水平固定焊

学习目标及技能要求

掌握 MAG 焊管材对接水平固定焊的操作方法。

工艺分析

MAG 焊管材对接水平固定焊时，焊接位置由仰位到平位不断发生变化，焊枪角度和焊枪横向的摆动速度、幅度及在坡口两侧的停留时间均应随焊接位置的变化而变化。为保证背面焊缝良好成形，控制熔孔大小是关键，在不同的焊接位置熔孔尺寸应有所不同。仰焊位置，熔孔应小些，以避免液态金属下坠而造成内凹；立焊位置，有熔池的撑托，熔孔可适当大些；平焊位置，液态金属容易流向管内，熔孔应小些。

1. 焊前准备

（1）焊件材料：20 钢管。

（2）焊件尺寸：ϕ133 mm × 5 mm，L=100 mm，每组两根；坡口形式及尺寸如图 5-55 所示。

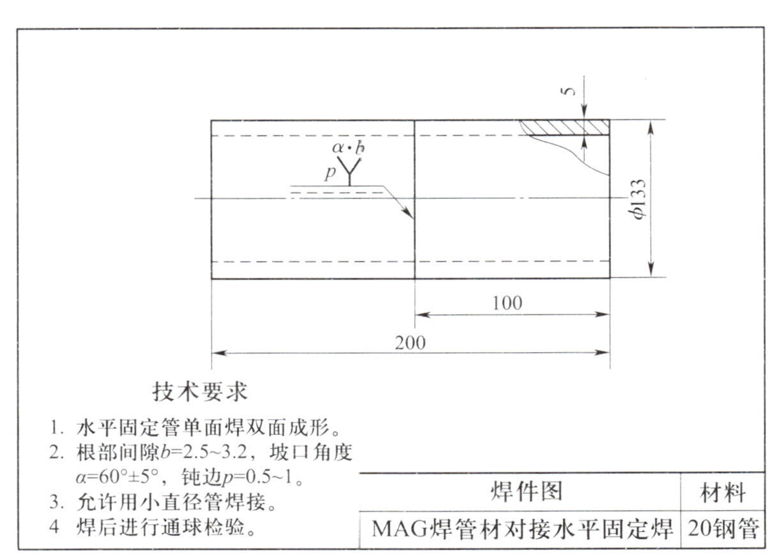

图 5-55　MAG 焊管材对接水平固定焊焊件图

（3）焊接要求：单面焊双面成形。

（4）焊接材料：焊丝选用 ER50–6，直径为 1.0 mm；保护气体选用 80%（体积分数，下同）的氩气 + 20% 二氧化碳的混合气体，纯度≥ 99.5%。

（5）焊接设备：NB–350 型 CO_2 半自动焊机，直流反接。

2. 焊件清理与装配

（1）钝边

修磨钝边为 0.5 ~ 1 mm，去除毛刺。

（2）焊前清理

清理坡口及坡口正、反面两侧各 20 mm 范围内的油污、锈蚀、水分及其他污物，直至露出金属光泽。为便于清理飞溅物和防止堵塞喷嘴，可在焊件表面涂上一层飞溅物防黏剂，或在喷嘴上涂一层喷嘴防堵剂，也可在喷嘴上涂一些硅油。

（3）装配

始焊端装配间隙为 2.5 mm，终焊端装配间隙为 3.2 mm；错边量≤ 0.5 mm。

（4）定位焊

按圆周方向在焊件坡口内均布 2 ~ 3 处，每处定位焊缝长度为 10 ~ 15 mm，要求焊透，不得有气孔、夹渣、未熔合等缺陷。定位焊缝两端修成斜坡，以利于接头。

（5）装夹

将焊件水平固定在焊接夹具上，焊缝采用全位置焊成形。

3. 确定焊接参数

MAG 焊管材对接水平固定焊焊接参数的选择见表 5–15。

表 5–15　MAG 焊管材对接水平固定焊焊接参数

焊接层次	焊丝直径（mm）	焊接电流（A）	电弧电压（V）	运丝方式	气体流量（L/min）
打底层	1.0	90 ~ 100	18 ~ 20	锯齿形运丝法	10 ~ 15
盖面层		100 ~ 110	19 ~ 21	锯齿形运丝法	

4. 焊接过程

MAG 焊管材对接水平固定焊操作步骤见表 5–16。

表 5–16　　MAG 焊管材对接水平固定焊操作步骤

操作步骤及要领	图示
（1）打底焊 打底焊焊枪角度如图 5–56 所示，在管子圆周的 7 点位置处引弧，焊枪沿逆时针方向做小幅度锯齿形摆动。 焊接过程中要控制好熔孔大小，熔孔直径比间隙大 0.5 ~ 1 mm 较为合适，熔孔与间隙两边对称才能保证根部熔合良好。 打底焊半圈最好一次完成，如果中间停止需要接头时，要将灭弧处的弧坑打磨成斜面，并由此引弧，形成熔孔后，再继续按逆时针方向焊至 12 点位置。然后将刚焊完的打底层焊道的两端（焊接时钟 7 点和 12 点处）打磨成缓坡，在 7 点处的缓坡前端引弧，迅速拉回接头轮廓处，摆动焊枪填满凹坑，继续按图 5–56 所示的焊枪角度焊完后半圈。	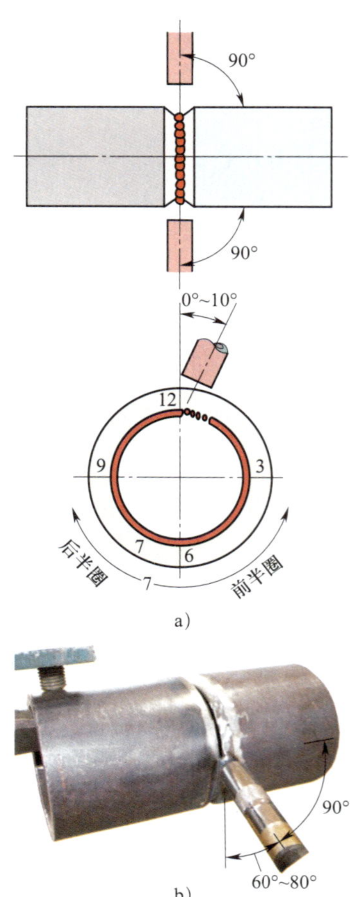 图 5–56　打底焊焊枪角度 a）示意图　b）实物图
（2）盖面焊 清理打底焊的熔渣、飞溅物，打磨掉打底焊接头局部凸起。然后按图 5–57 所示的角度进行盖面层的焊接。	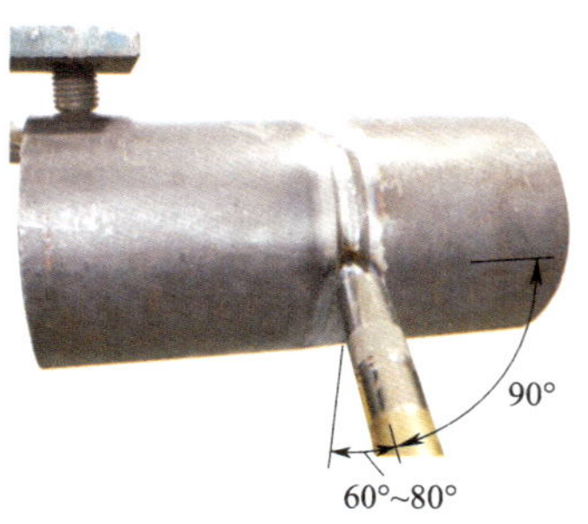 图 5–57　盖面焊焊枪角度

续表

操作步骤及要领	图示
焊接过程中，焊枪采用锯齿形运丝方式，摆动的幅度要比打底焊稍大，并在坡口两侧适当停留，保证熔池边缘超过坡口棱边 0.5 ~ 1 mm。焊接速度要均匀，并注意使盖面层两侧熔合良好，防止咬边和焊道中间凸凹度超过标准的要求，以保证焊缝表面平整，外形美观。 盖面焊焊缝如图 5–58 所示。	 图 5–58　盖面焊焊缝

经验点滴

MAG 焊管材对接水平固定焊操作时，焊接位置由仰位到平位会不断发生变化，当焊枪的角度不便于施焊时，要中止焊接来调整焊工身体位置，此时熄弧不必填满弧坑，焊枪暂时不能离开熔池，应迅速转动身体，达到最佳位置后马上继续操作。

5. 焊接质量要求

MAG 焊管材对接水平固定焊焊件的焊接质量要求与第三单元课题七“管材对接水平固定焊”焊件的焊接质量要求相同。

课题八　MAG 焊管材对接垂直固定焊

学习目标及技能要求

掌握 MAG 焊管材对接垂直固定焊的操作方法。

工艺分析

MAG 焊管材对接垂直固定焊的焊接位置为横焊，其与板对接横焊的区别如下：焊工在焊接过程中要不断地按照管子的弯曲移动身体，并逐渐调整焊丝沿管子圆周转动，给操作带来一定的难度。

大直径薄壁管垂直固定焊单面焊双面成形时，液态金属受重力影响，极易下坠形成焊瘤或下坡口边缘熔合不良、坡口上侧则易产生咬边等缺陷。因此，焊接过程中应始终保持较短的焊接电弧，并使焊枪角度随环形焊缝的周向变化而变化，以获得满意的焊缝成形。

1. 焊前准备

（1）焊件材料：20 钢管。

（2）焊件尺寸：ϕ133 mm × 8 mm，L=100 mm，每组两根；坡口形式及尺寸如图 5-59 所示。

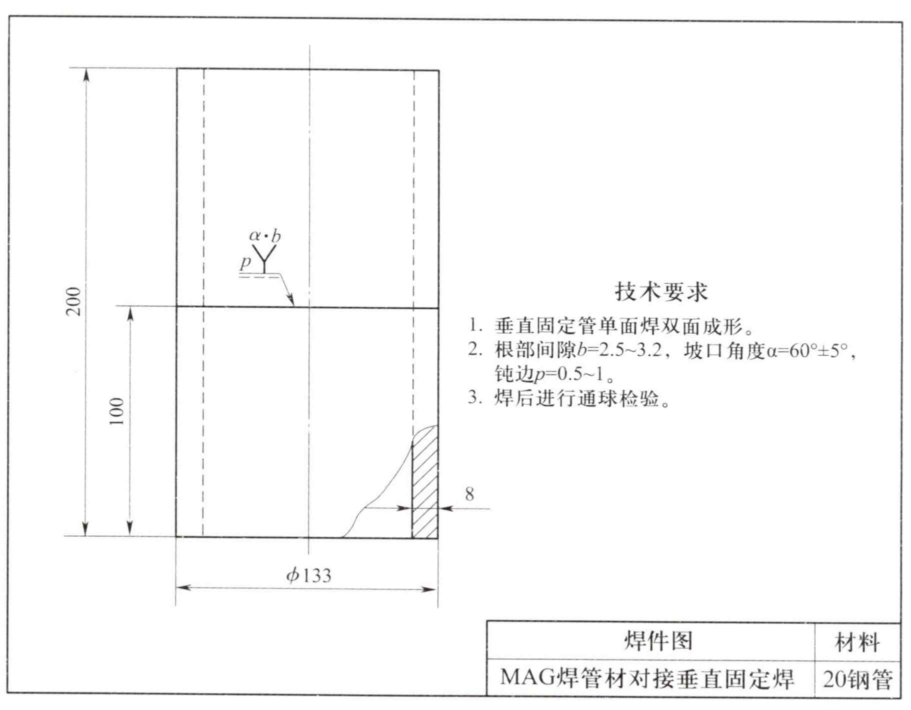

图 5-59　MAG 焊管材对接垂直固定焊焊件图

（3）焊接要求：单面焊双面成形。

（4）焊接材料：焊丝选用 ER50-6，直径为 1.2 mm；保护气体选用 80%（体积分数，下同）以上的氩气 + 少于 20% 二氧化碳的混合气体，纯度≥ 99.5%。

（5）焊接设备：NB-350 型 CO_2 半自动焊机，直流反接。

2. 焊件清理与装配

（1）钝边

修磨钝边为 0.5 ～ 1 mm，去除毛刺。

（2）焊前清理

清理坡口及坡口正、反面两侧各 20 mm 范围内的油污、锈蚀、水分及其他污物，直至露出金属光泽。为便于清理飞溅物和防止堵塞喷嘴，可在焊件表面涂上一层飞溅物防黏剂，或在喷嘴上涂一层喷嘴防堵剂，也可在喷嘴上涂一些硅油。

（3）装配

始焊端装配间隙为 2.5 mm，终焊端装配间隙为 3.2 mm；错边量≤ 0.5 mm。

（4）定位焊

按圆周方向在焊件坡口内均布 2 ～ 3 处，每处定位焊缝长度为 10 ～ 15 mm，要求焊透，不得有气孔、夹渣、未熔合等缺陷。定位焊缝两端修成斜坡，以利于接头。

（5）装夹

将焊件垂直固定在焊接夹具上，焊缝为横焊位置。

3. 确定焊接参数

MAG 焊管材对接垂直固定焊焊接参数的选择见表 5–17。

表 5–17　MAG 焊管材对接垂直固定焊焊接参数

焊接层次	焊丝直径（mm）	焊接电流（A）	电弧电压（V）	运丝方式	气体流量（L/min）
打底层	1.2	90 ～ 100	18 ～ 20	小锯齿形运丝法	10 ～ 15
填充层		100 ～ 110	19 ～ 21	锯齿形或斜圆圈形运丝法	
盖面层（1）		100 ～ 110	19 ～ 21	锯齿形或小斜圆圈形运丝法	
盖面层（2）		90 ～ 100	18 ～ 20	锯齿形或小斜圆圈形运丝法	

4. 焊接过程

MAG 焊管材对接垂直固定焊操作步骤见表 5–18。

表 5-18　　MAG 焊管材对接垂直固定焊操作步骤

操作步骤及要领	图示
（1）打底焊 采用左向焊法，打底焊焊枪角度如图 5-60 所示。 在右侧定位焊缝上引弧，由右向左开始焊接，焊枪做小幅度锯齿形摆动，保证熔孔直径比间隙大 0.5 ~ 1 mm，两边对称。 在焊接过程中要保证焊丝不离开熔池，始终处在熔池的前 1/3 处，每一个熔池覆盖前一个熔池的 2/3，以便形成波纹均匀的打底焊缝。	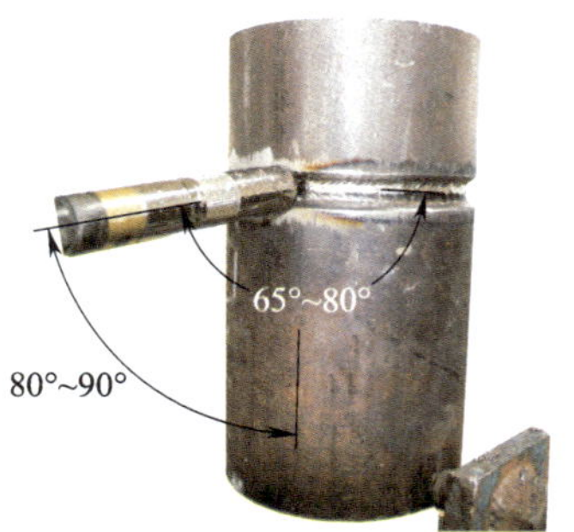 图 5-60　打底焊焊枪角度
（2）填充焊 焊接填充层前将打底层表面的飞溅物清理干净，打磨平整接头凸起处，清理喷嘴飞溅物，调试好焊接参数，即可引弧焊接。焊枪角度如图 5-61 所示。但焊枪锯齿形摆动幅度要大些，并注意在坡口两侧适当停顿，以保证焊道与母材良好熔合，控制填充量，使焊道表面低于管子表面 1.5 ~ 2 mm，坡口棱边保持完好。	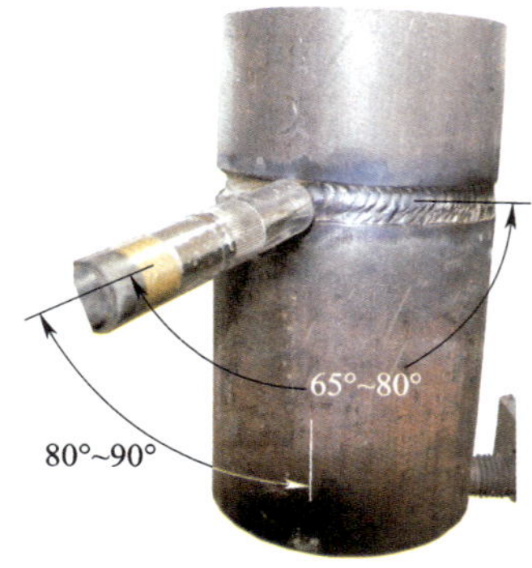 图 5-61　填充焊焊枪角度
（3）盖面焊 盖面焊焊接前清理填充焊的熔渣和飞溅物，打磨掉填充焊接头局部凸起处。 盖面层的焊接采用两道焊，第一条焊道要使焊缝与下面的钢管坡口熔合良好，熔化坡口边缘 1 ~ 2 mm，保证焊道下边缘整齐，焊枪角度如图 5-62 所示。	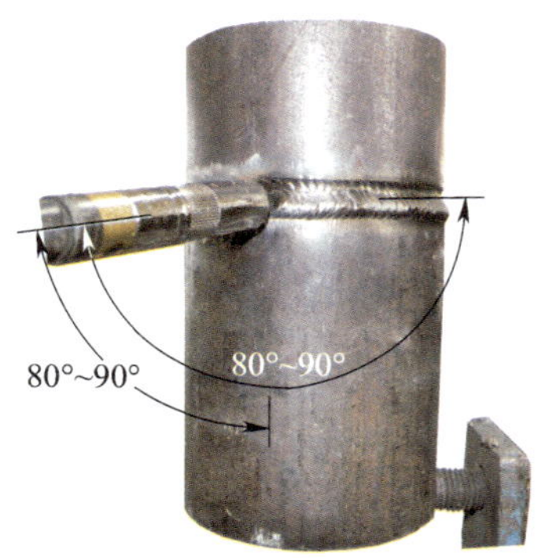 图 5-62　盖面焊第一道焊枪角度

续表

操作步骤及要领	图示
第二条焊道施焊时，焊枪角度与第一条焊道基本相同，如图 5-63 所示，与第一条焊道重叠 1/2 ~ 2/3，并根据焊道需要的宽度适当增加焊枪摆动和焊接速度，或用小斜圆圈形运丝法，避免焊道间形成凹槽或凸起，防止管壁咬边。 焊接过程中，焊枪采用锯齿形或斜圆圈形运丝方式，摆动的幅度要比打底焊稍大，并在坡口两侧适当停留，保证熔池边缘超过坡口棱边 0.5 ~ 1.5 mm，保证焊道平齐。 盖面焊焊缝如图 5-64 所示。	 图 5-63　盖面焊第二道焊枪角度  图 5-64　盖面焊焊缝

经验点滴

打底焊过程若中断熄弧，再进行接头时，需将接头处打磨成斜坡面，但要注意不能磨损坡口的钝边，以免造成局部间隙变大，影响背面焊缝成形。

5. 焊接质量要求

MAG 焊管材对接垂直固定焊焊件的焊接质量要求与第三单元课题七“管材对接水平固定焊”焊件的焊接质量要求相同。

第六单元

手工钨极氩弧焊

基础知识

学习目标及技能要求

1. 了解手工钨极氩弧焊的原理、设备。
2. 能合理地选择手工钨极氩弧焊的焊接参数。

一、钨极氩弧焊的原理及设备

钨极氩弧焊（Tungsten Inert Gas Welding，TIG）是利用钨极与焊件间产生的电弧热熔化母材和焊丝，利用从焊枪喷嘴连续喷出的氩气在电弧周围形成气体保护层隔绝空气，以防止对钨极、熔池和热影响区的有害影响，如图 6–1 所示。

a）

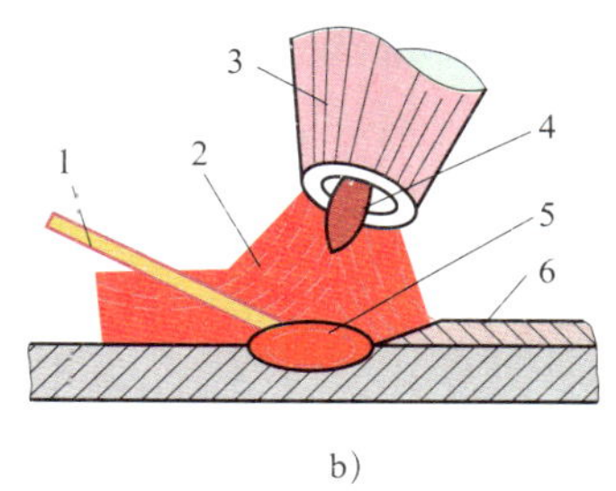

b）

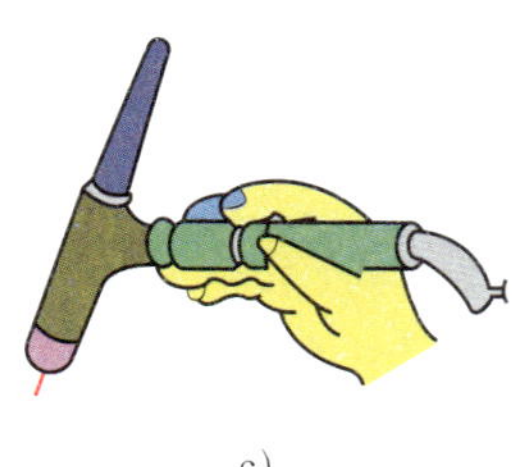

c）

图 6–1　手工钨极氩弧焊

a）焊接过程　b）熔池的形成　c）手握焊枪姿势

1—焊丝　2—保护气体　3—喷嘴　4—钨极　5—熔池　6—焊缝

手工钨极氩弧焊设备主要由焊接电源、控制箱、焊枪、供气及冷却系统等部分组成，外部接线如图 6–2 所示。

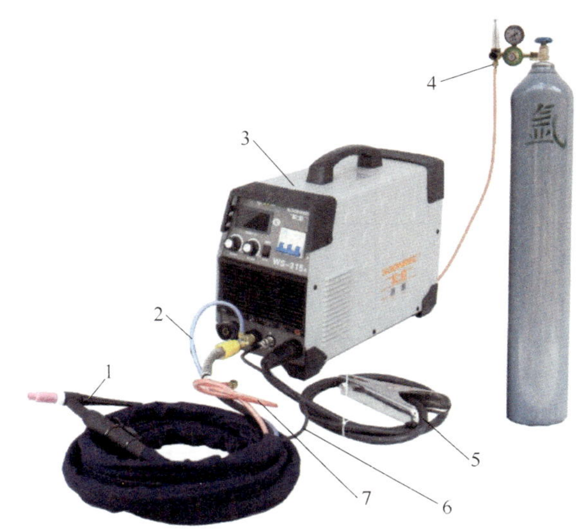

图 6-2　手工钨极氩弧焊设备外部接线

1—焊枪　2—水冷管　3—焊机　4—供气系统
5—地线　6—控制线　7—氩气管

手工钨极氩弧焊焊接控制程序图如图 6-3 所示。

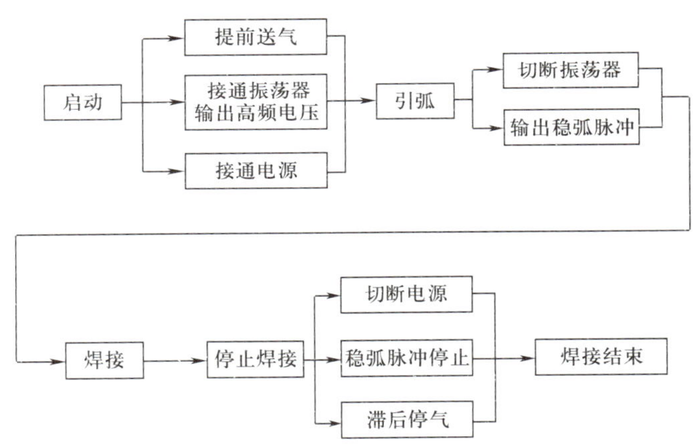

图 6-3　手工钨极氩弧焊焊接控制程序图

二、手工钨极氩弧焊焊接参数

手工钨极氩弧焊的主要焊接参数包括电源种类和极性、焊接电流、钨极直径、电弧电压、焊接速度、喷嘴直径、氩气流量、喷嘴与焊件间的距离以及钨极伸出长度等。

1. 焊接电源的种类和极性

钨极氩弧焊可以采用交流或直流两种焊接电源，采用的电源种类与所焊金属或合金种类有关，见表 6-1。

表 6-1　　焊接电源种类和极性的选择

材料	直流		交流
	正极性	反极性	
铝及铝合金	×	○	△
铜及铜合金	△	×	○
铸铁	△	×	○
低碳钢、低合金钢	△	×	○
高合金钢、镍及镍合金、不锈钢	△	×	○
钛合金	△	×	○

注：△—最佳；○—可用；×—不可用。

采用直流电源时还要考虑极性的选择，如图 6–4 所示。采用直流反接时，焊件是阴极，质量较大的氩正离子流向焊件，撞击金属熔池表面，可将铝、镁等金属表面致密难熔的氧化膜击碎，这种现象称为"阴极破碎"作用。但是采用直流反接时，钨极因接正极温度较高，容易过热或烧损。所以，铝、镁及其合金一般不采用直流反接，而应尽可能使用交流电进行焊接。

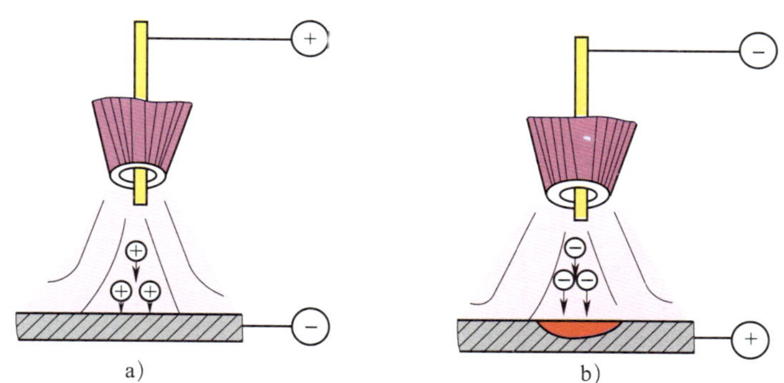

图 6–4　钨极氩弧焊电源的极性
a）直流反接　b）直流正接

采用直流正接时，没有"阴极破碎"作用，故适用于焊接不锈钢、耐热钢、钛及钛合金、铜及铜合金。

2. 焊接电流与钨极直径

通常根据焊件的材质、厚度来选择焊接电流，钨极直径应根据焊接电流的大小而定。如果钨极粗而焊接电流小，钨极端部温度不够，电弧会在钨极端部不规则地飘移，电弧不稳定；如果焊接电流超过钨极相应直径的许用电流，钨极端部温度达到或超过钨极的熔点，会出现钨极端部熔化现象，甚至产生夹钨缺陷。

只有钨极直径与焊接电流选择匹配时，电弧才会稳定燃烧。不锈钢、耐热钢和铝合金手工钨极氩弧焊钨极直径和焊接电流的选择分别见表 6–2 和表 6–3。

表 6-2　　不锈钢和耐热钢手工钨极氩弧焊的焊接电流

材料厚度（mm）	钨极直径（mm）	焊丝直径（mm）	焊接电流（A）
1.0	2.0	1.6	40 ~ 70
1.5	2.0	1.6	50 ~ 85
2.0	2.0	2.0	80 ~ 130
3.0	2.0 ~ 3.0	2.0	120 ~ 160

表 6-3　　铝合金手工钨极氩弧焊的焊接电流

材料厚度（mm）	钨极直径（mm）	焊丝直径（mm）	焊接电流（A）
1.5	2.0	2.0	70 ~ 80
2.0	2.0 ~ 3.0	2.0	90 ~ 120
3.0	3.0 ~ 4.0	2.0	120 ~ 130
4.0	3.0 ~ 4.0	2.5 ~ 3.0	120 ~ 140

3. 电弧电压

电弧电压主要由弧长决定。电弧长度增加，容易产生未焊透的缺陷，并使氩气保护效果变差，因此，应在电弧不短路的情况下尽量控制电弧长度，一般弧长近似等于钨极直径。

4. 焊接速度

焊接速度通常由焊工根据熔池的大小、形状和焊件熔合情况随时调节。过快的焊接速度会破坏气体保护氛围，焊缝容易产生未焊透和气孔等缺陷；焊接速度太慢，则焊缝容易烧穿和咬边。

5. 喷嘴直径与氩气流量

喷嘴直径的大小直接影响保护区的范围，一般根据钨极直径来选择。可按下列经验公式确定：

$$D=2d+4$$

式中　D——喷嘴直径，mm；

d——钨极直径，mm。

通常焊枪选定后，喷嘴直径很少改变，而是通过调整氩气流量来加强气体保护效果。流量合适时，熔池平稳，表面明亮、无渣，无氧化痕迹，焊缝成形美观；流量不合适时，熔池表面有渣，焊缝表面发黑或有氧化皮。

氩气的合适流量可按下式计算：

$$Q=(0.8 \sim 1.2)D$$

式中　Q——氩气流量，L/min；

D——喷嘴直径，mm。

当 D 较小时，Q 取下限；D 较大时，Q 取上限。

6. 喷嘴与焊件间的距离

喷嘴与焊件间的距离以 8 ~ 14 mm 为宜。距离过大，气体保护效果差；距离过小，虽对气体保护有利，但能观察的范围和保护区域变小。

7. 钨极伸出长度

为了防止电弧热烧坏喷嘴，钨极端部应伸出喷嘴以外，其伸出长度一般为 3 ~ 4 mm。伸出长度过短，焊工不便于观察熔化状况，对操作不利；伸出长度过长，气体保护效果会受到一定的影响。

经验点滴

气体保护效果的好坏常用焊点试验法来判断。具体方法如下：在铝板上点焊，电弧引燃后焊枪固定不动，待燃烧 5 ~ 10 s 后断开电源。这时铝板上焊点周围因受到“阴极破碎”作用而出现的银白色区域（见图 6-5）就是气体有效保护区域，称为去氧化膜区。其直径越大，说明保护效果越好。另外，在实际生产中也可以通过直接观察焊缝表面色泽和是否存在气孔来判定气体保护效果，见表 6-4。

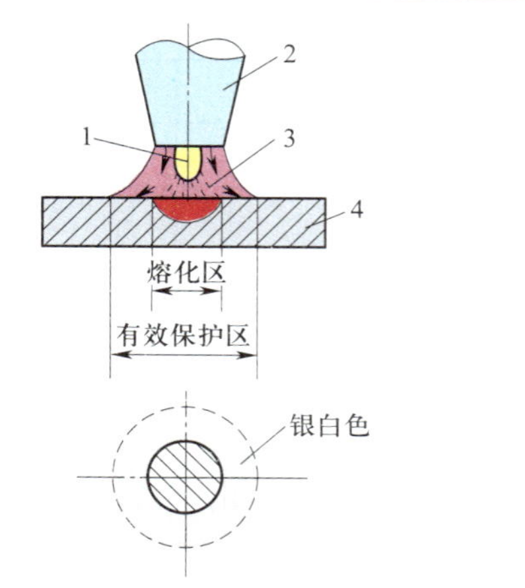

图 6-5　氩气有效保护区域

1—钨极　2—喷嘴　3—氩气流　4—焊件

表 6-4　不锈钢、铝合金气体保护效果的判定

焊接材料	最好	良好	较好	最坏
不锈钢	银白色、金黄色	蓝色	红灰色	黑色
铝合金	银白色	—	—	黑灰色

课题一　板材 V 形坡口对接平焊

学习目标及技能要求

掌握板材 V 形坡口对接平焊手工钨极氩弧焊的操作方法。

工艺分析

手工钨极氩弧焊板材 V 形坡口对接平焊相对于焊条电弧焊，只要调整好焊接参数即可轻松控制，但是操作时要注意以下问题：

（1）若操作中动作不协调致使钨极与焊丝相碰，会发生瞬间短路而造成焊缝污染和夹钨。

（2）两手进行焊枪移动与送丝过程中，若出现动作不协调，会影响焊缝成形。

（3）若填充焊丝不均匀，会影响焊缝质量。填充焊丝速度过快，焊缝余高大；速度过慢，则焊缝下凹和咬边。

1. 焊前准备

（1）焊件材料：Q235 钢。

（2）焊件尺寸：300 mm × 100 mm × 6 mm，每组两块；坡口形式及尺寸如图 6-6 所示。

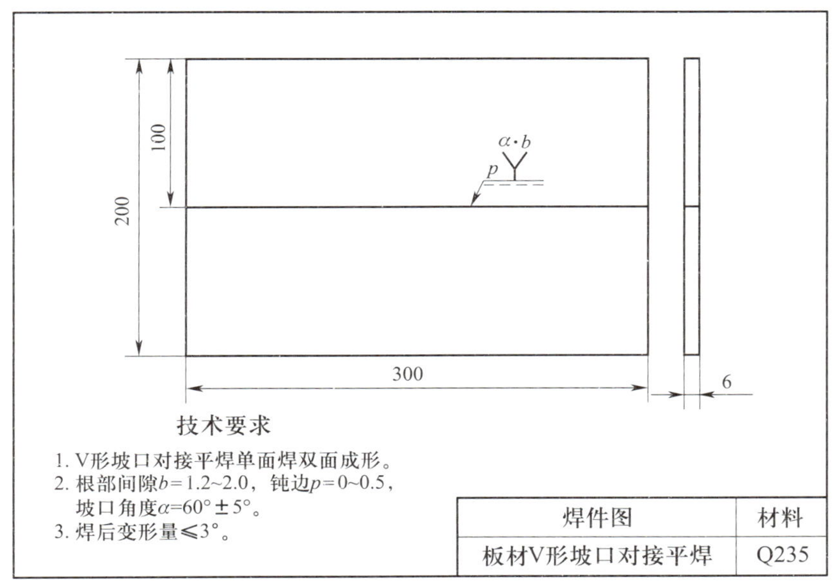

图 6-6　板材 V 形坡口对接平焊焊件图

（3）焊接要求：单面焊双面成形。

（4）焊接材料：焊丝选用 ER49-1，焊丝应符合国家标准《气体保护电弧焊用碳钢、低合金钢焊丝》（GB/T 8110—2008）的规定；电极选用铈钨极（WCe20/ϕ 2.5 mm），为使电弧稳定，将其尖角磨成如图 6-7 所示的形状；保护气体用氩气，纯度应≥ 99.99%。

（5）焊接设备：WS-400 型焊机，采用直流正接。使用前应检查焊机各处的接线是否正确、牢固，按要求调试好焊接参数。同时，应检查氩弧焊水冷却系统或气冷却系统有无堵塞、泄漏，如发现故障应及时排除。

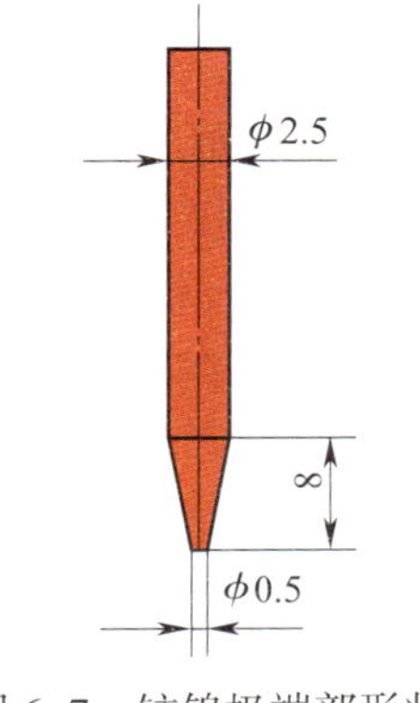

图 6-7　铈钨极端部形状

2. 焊件清理与装配

（1）焊前清理

清理坡口及其正、反面两侧 20 mm 范围内和焊丝表面的油污、锈蚀、水分，直至露出金属光泽，然后用丙酮进行清洗。

（2）装配

装配间隙为 1.2 ~ 2.0 mm，错边量≤ 0.5 mm。

（3）定位焊

采用手工钨极氩弧焊，按表 6–5 中打底层焊接参数在焊件两端正面坡口内进行定位焊，焊缝长度为 10 ~ 15 mm，将焊缝接头预先打磨成斜坡。

（4）预置反变形

装配时要预置反变形量，将组对好的焊件轻轻磕打，使两板向焊后角变形的相反方向预置 3° 的反变形量。

（5）装夹

焊接姿势采用蹲姿，装夹高度为 200 ~ 300 mm。

3. 确定焊接参数

板材 V 形坡口对接平焊手工钨极氩弧焊焊接参数的选择见表 6–5。

表 6–5　　板材 V 形坡口对接平焊手工钨极氩弧焊焊接参数

焊接层次	焊接电流（A）	氩气流量（L/min）	钨极直径（mm）	焊丝直径（mm）	钨极伸出长度（mm）	喷嘴直径（mm）	喷嘴至焊件距离（mm）
打底层	90 ~ 100	8 ~ 10	2.5	2.5	4 ~ 6	8 ~ 10	≤ 12
填充层	100 ~ 120						
盖面层	100 ~ 110						

4. 焊接过程

板材 V 形坡口对接平焊操作步骤见表 6–6。

表 6–6　　板材 V 形坡口对接平焊操作步骤

操作步骤及要领	图示
（1）打底焊 手工钨极氩弧焊通常采用左向焊法，故将焊件装配间隙大的一端放在左侧，间隙小的一端放在右侧，如图 6–8 所示。 1）引弧。在焊件右端定位焊缝上引弧。引弧时采用较长的电弧（弧长为 4 ~ 7 mm），在坡口处预热 4 ~ 5 s。当定位焊缝左端形成熔池并出现熔孔后开始送丝。	 图 6–8　装夹位置

操作步骤及要领	图示
2）焊接。焊接打底层时，采用较小的焊枪倾角和焊接电流，焊枪、焊丝与焊件的角度如图 6–9 所示。焊丝送入要均匀，焊枪移动要平稳，速度一致。焊接时，要密切注意焊接熔池的变化，随时调节有关参数，保证背面焊缝成形良好。当熔池增大，焊缝变宽且不出现下凹时，说明熔池温度过高，应减小焊枪与焊件夹角，加快焊接速度；当熔池减小时，说明熔池温度过低，应增大焊枪与焊件夹角，减慢焊接速度。 3）接头。当更换焊丝或暂停焊接时需要接头，这时应松开焊枪上控制开关（使用接触引弧焊枪时，立即将电弧移至坡口边缘上快速灭弧），停止送丝，借焊机电流衰减功能熄弧，但焊枪仍需对准熔池进行保护，待其完全冷却后方能移开焊枪。若焊机无电流衰减功能，应在松开控制开关后稍抬高焊枪，等电弧熄灭、熔池完全冷却后移开焊枪。进行接头前，应先检查接头熄弧处弧坑质量。如果无氧化物等缺陷，则可直接接头后进行焊接。如果有缺陷，则必须把缺陷修磨掉，并将其前端打磨成斜面，然后在弧坑右侧 15 ~ 20 mm 处引弧，缓慢向左移动，待弧坑处开始熔化形成熔池和熔孔后，继续填丝进行焊接。 4）收弧。当焊至焊件末端时，应减小焊枪与焊件夹角，使热量集中在焊丝上，加大焊丝熔化量，以填满弧坑。切断控制开关后，焊接电流将逐渐减小，熔池也随之减小，此时应将焊丝抽离电弧，但不离开氩气保护区。停弧后，氩气延时约 10 s 关闭，从而防止熔池金属在高温下氧化。 打底焊背面焊缝如图 6–10 所示。	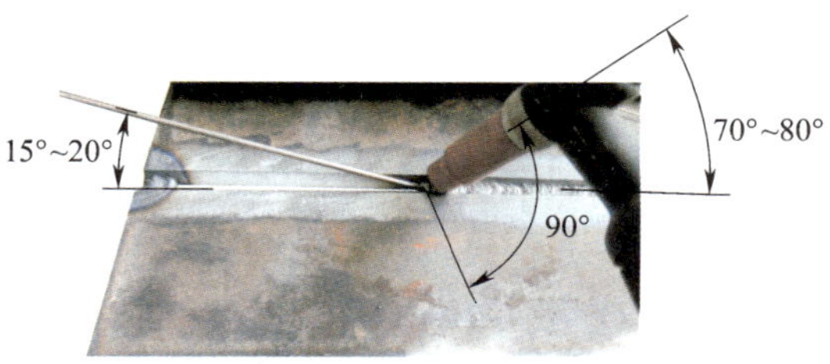 图 6–9　打底焊焊枪、焊丝与焊件的角度  图 6–10　打底焊背面焊缝

续表

操作步骤及要领	图示
（2）填充焊 按表 6-5 中填充层焊接参数调节好设备，进行填充层焊接。其操作方法与打底层焊接相同，如图 6-11 所示。焊接时焊枪可做锯齿形横向摆动，其幅度应稍大，并在坡口两侧停留，以保证坡口两侧熔合良好，焊道均匀。从焊件右端开始焊接，注意观察熔池两侧熔合情况，保证焊缝表面平整且稍下凹。填充层的焊道焊完后应比焊件表面低 1.0 ～ 1.5 mm（见图 6-12），以免坡口边缘熔化而导致盖面层产生咬边或焊偏现象，焊完后将焊道表面清理干净。	 图 6-11　填充焊焊接操作 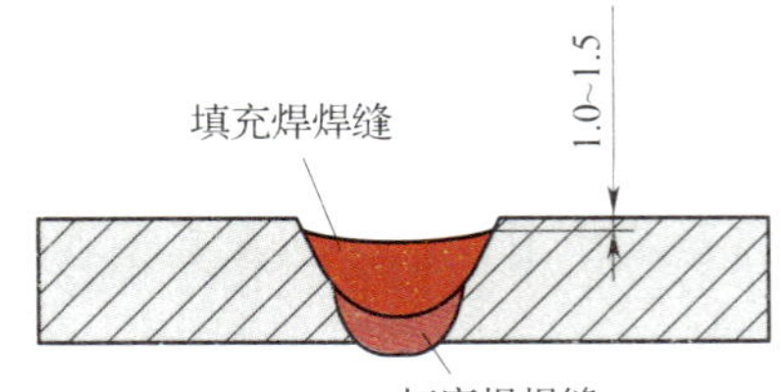 图 6-12　填充焊焊缝
（3）盖面焊 按表 6-5 中盖面层焊接参数调节好设备，进行盖面层焊接。其操作方法与填充层焊接基本相同（见图 6-13），但要加大焊枪的摆动幅度，保证熔池两侧超过坡口边缘 0.5 ～ 1 mm，并按焊缝余高确定送丝速度与焊接速度，尽可能保持焊接速度均匀，熄弧时必须填满弧坑，盖面焊焊缝如图 6-14 所示。	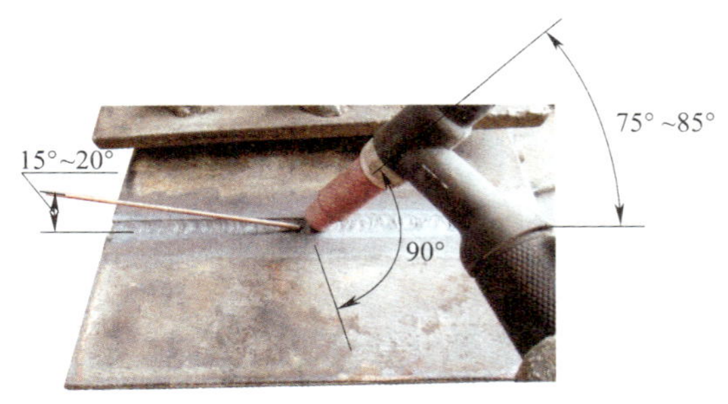 图 6-13　盖面焊焊接操作  图 6-14　盖面焊焊缝

教师指导

【问题 1】在操作过程中，若不慎使焊丝与钨极相触碰怎么办？

回答：如果焊丝与钨极相触碰，发生瞬间短路，造成焊缝污染和夹钨，应立即停止焊接，用角向磨光机磨掉被污染处，直至露出金属光泽；被污染的钨极要重新磨尖后方可继续施焊。

【问题 2】手工钨极氩弧焊的氩气流量大小对焊缝质量有什么影响？

回答：如果氩气流量过小，容易产生气孔、焊缝被氧化等缺陷；若氩气流量过大，则会产生紊流，使空气卷入焊接区，降低保护效果。在生产实践中，孔径为 12 ~ 20 mm 的喷嘴，最佳氩气流量范围为 8 ~ 16 L/min。

5. 焊接质量要求

用钢丝刷清理焊缝表面，肉眼观察或用低倍放大镜检查焊缝表面是否有气孔、裂纹、咬边等缺陷。用焊缝检验尺测量焊缝外观成形尺寸。

手工钨极氩弧焊板材 V 形坡口对接平焊焊缝检查用表参见第三单元课题三中的表 3-9。

课题二　管材对接垂直固定焊

学习目标及技能要求

掌握手工钨极氩弧焊管材对接垂直固定焊的操作方法。

工艺分析

管材对接垂直固定焊时，由于管径小，管壁薄，焊接时温度上升较快，容易造成焊穿或焊道过高；在焊缝上部产生咬边，下部成形不良，甚至出现下坠、焊瘤等缺陷。因此，焊接时应注意焊枪摆动到焊缝两侧时的停留时间，上侧稍短，下侧稍长，并控制送丝位置在熔池的上缘。当熔敷金属过热将要出现下坠时停止送丝，灭弧，待熔池温度稍低后再次引弧焊接。

1. 焊前准备

（1）焊件材料：20 钢管。

（2）焊件尺寸：ϕ57 mm × 5 mm，L=100 mm，每组两根，坡口尺寸如图 6–15 所示。

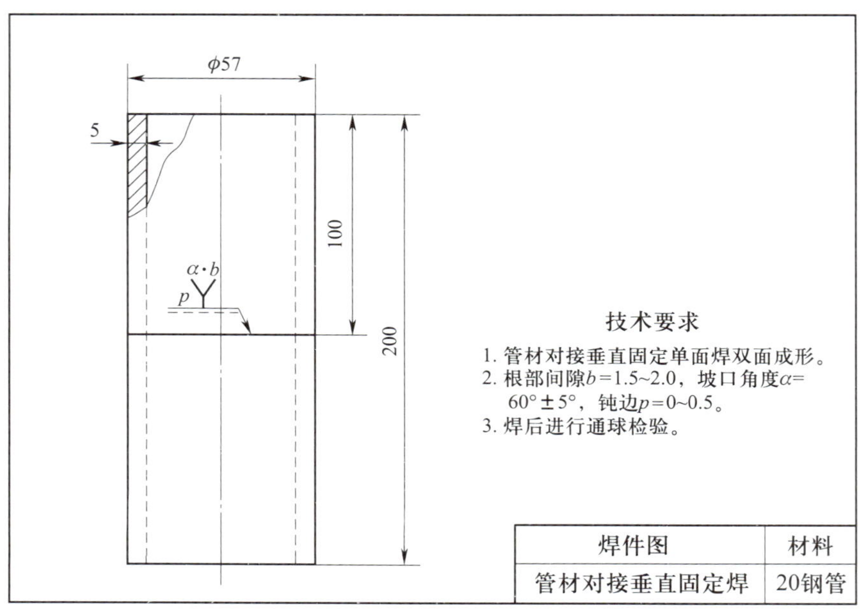

图 6–15　管材对接垂直固定焊焊件图

（3）焊接要求：单面焊双面成形。

（4）焊接材料：焊丝选用 ER49–1、直径为 2.5 mm；电极为铈钨极（WCe20），直径为 2.5 mm。

（5）焊接设备：WS–400 型焊机，直流正接。

2. 焊件清理与装配

（1）钝边

修磨钝边为 0 ~ 0.5 mm，去除毛刺。

（2）焊前清理

清理坡口及其正、反面两侧 20 mm 范围内和焊丝表面的油污、锈蚀、水分，直至露出金属光泽（钢管内表面的清理使用电磨机打磨）。

（3）装配

装配间隙为 1.5 ~ 2.0 mm，错边量≤ 0.5 mm。

（4）定位焊

一点定位，定位焊缝长为 10 mm 左右，并保证该处间隙为 2 mm，与它相隔 180° 处间隙为 1.5 mm，使管子轴线垂直并在焊接夹具上装夹，间隙小的一侧位于右边。定位焊缝两端应先打磨成斜坡，以利于接头。

3. 确定焊接参数

管材对接垂直固定焊焊接参数的选择见表 6–7。

4. 焊接过程

管材对接垂直固定焊操作步骤见表 6–8。

表 6–7　　管材对接垂直固定焊焊接参数

焊接层次	焊接电流（A）	氩气流量（L/min）	钨极直径（mm）	焊丝直径（mm）	钨极伸出长度（mm）	喷嘴直径（mm）	喷嘴至焊件距离（mm）
打底层	90 ~ 95	8 ~ 10	2.5	2.5	4 ~ 6	8	≤ 8
盖面层	95 ~ 100	6 ~ 8					

表 6–8　　管材对接垂直固定焊操作步骤

<table>
<tr><th>操作步骤及要领</th><th>图示</th></tr>
<tr><td>（1）打底焊
打底焊焊枪和焊丝的角度如图 6–16 所示，在右侧间隙最小处（1.5 mm）引弧，先不加焊丝，待坡口根部熔化形成熔池后，将焊丝轻轻地向熔池里送一下，并在坡口内摆动，将熔液送到坡口根部，以保证背面焊缝的高度。填充焊丝的同时，焊枪做小幅度横向摆动并向左均匀移动。在焊接过程中，焊丝以往复运动方式间断地送入电弧内的熔池前方，在熔池前呈滴状加入。焊丝送进要有规律，不能时快时慢，以保证焊缝成形美观。当操作者移动位置暂停焊接时，应按收弧要点操作。继续焊接时，焊前应将收弧处修磨成斜坡并清理干净，在斜坡上引弧后移至离接头 8 ~ 10 mm 处的弧坑边缘，焊枪不动，当获得明亮、清晰的熔池后，即可填充焊丝，继续从右向左进行焊接。
小直径管垂直固定打底焊时，熔池的热量要集中在坡口的下部，以防止上部坡口过热，母材熔化过多，产生咬边或焊缝背面的余高下坠。
打底焊表面要保证内凹，这样有利于进行盖面焊，其焊缝如图 6–17 所示。</td><td>

图 6–16　打底焊焊枪和焊丝的角度

图 6–17　打底焊焊缝</td></tr>
</table>

操作步骤及要领	图示
（2）盖面焊 盖面焊时焊枪和焊丝的角度如图 6–18 所示。焊接盖面焊道时，电弧对准打底焊道下沿，使熔池下沿超出管子坡口的棱边 0.5 ~ 1 mm，然后将焊枪向右上方移动，这样有左下方先形成的焊缝作依托，右上方的熔池便不容易下坠，待焊枪摆到焊道上沿后，熔池上沿也要超出管子坡口的棱边 0.5 ~ 1 mm。盖面焊焊接速度可适当加快，送丝频率也加快，适当减少送丝量，防止焊缝下坠。 盖面焊焊缝如图 6–19 所示。	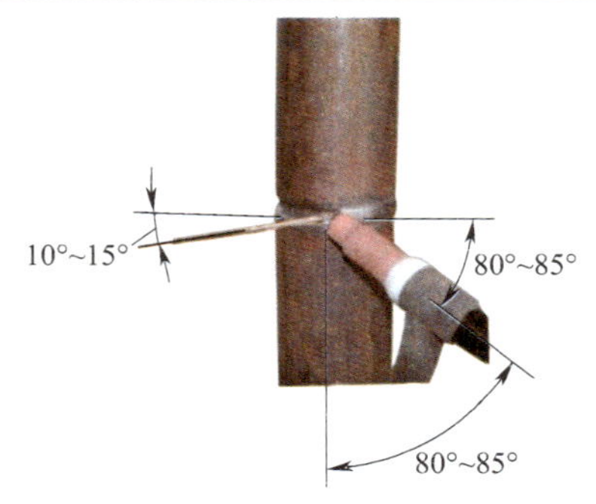 图 6–18　盖面焊时焊枪和焊丝的角度  图 6–19　盖面焊焊缝

教师指导

【问题 1】进行手工钨极氩弧焊时，如何判断焊接电流是否合适？

回答：焊接电流合适时，钨极端部的电弧呈半球状（见图 6–20a），此时电弧稳定，焊缝成形良好；焊接电流过小时，钨极端部电弧偏移，电弧飘动（见图 6–20b）；焊接电流过大时，钨极端部发热，钨极的一部分熔化后脱落到熔池中（见图 6–20c），形成夹钨等缺陷，并且电弧不稳定，焊接质量差。

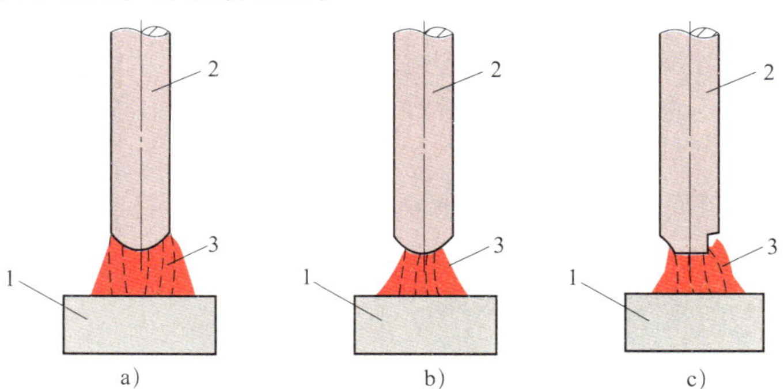

图 6–20　焊接电流的判断

a）焊接电流正常　b）焊接电流过小　c）焊接电流过大

1—焊件　2—钨极　3—电弧

【问题 2】手工钨极氩弧焊焊接过程中应该注意哪些事项？

回答：（1）打底焊时，应尽量采用短弧焊接，填丝量要少，焊枪尽可能不摆动。当焊件间隙较小时，可直接进行击穿焊接。如果定位焊缝有缺陷，必须将缺陷磨掉，不允许用重熔的方法来处理定位焊缝上的缺陷。

（2）盖面焊时，填充焊丝要均匀，快慢适当，填充焊丝过快，焊缝余高大；过慢，则焊缝下凹和咬边，焊至收尾处焊件温度会提高很多，这时就应适当加快焊接速度，收弧时多送几滴熔滴填满弧坑，防止产生弧坑裂纹。

（3）手工钨极氩弧焊是双手同时操作，这一点有别于焊条电弧焊。操作时，双手配合协调显得尤为重要。因此，应加强这方面的基本功训练。

5. 焊接质量要求

管材对接垂直固定手工钨极氩弧焊焊件的检查项目、检查数量和试样数量以及各项试验要求与第三单元课题七“管材对接水平固定焊”焊件的焊接质量要求相同，焊缝检查用表参见第三单元课题七中的表 3–18。

课题三　管材对接水平固定焊

学习目标及技能要求

掌握手工钨极氩弧焊管材对接水平固定焊的操作方法。

工艺分析

管材对接水平固定焊时，若焊枪角度不正确，未熔透即填入焊丝，很有可能出现底层仰焊部位未焊透的缺陷。因此，焊接时要调整好焊枪角度，等待形成熔孔后再填入焊丝；操作过程中，焊枪摆动频率不正确，加上焊丝填入量不恰当，容易出现整体焊缝仰位超高、平位偏低等现象。焊接时在仰位填丝要少些，平位要多些；立位焊枪摆动要快些，平位要慢些。

1. 焊前准备

（1）焊件材料：20 钢管。

（2）焊件尺寸：ϕ42 mm × 5 mm，L=100 mm，每组两根，60° ± 5° V 形坡口，如图 6–21 所示。

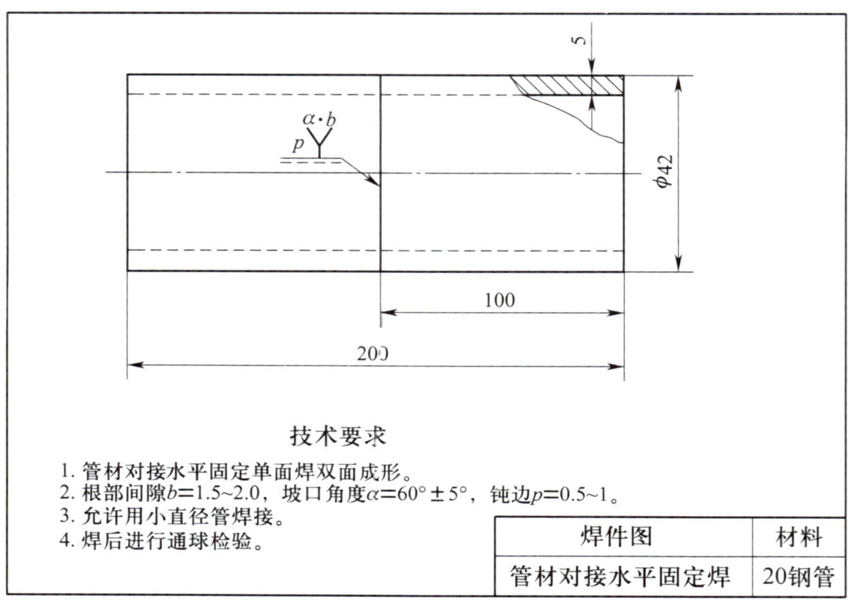

图 6-21　管材对接水平固定焊焊件图

（3）焊接要求：单面焊双面成形。

（4）焊接材料：焊丝选用 ER49-1，直径为 2.5 mm；电极为铈钨极（WCe20），直径为 2.5 mm。

（5）焊接设备：WS-400 型焊机，直流正接。

2. 焊件装配及定位

（1）钝边

修磨钝边为 0.5 ~ 1 mm，去除毛刺。

（2）焊前清理

清理管件坡口及其两侧内、外表面各 20 mm 范围内的油污、锈蚀、水分及其他污物，直至露出金属光泽，然后用干净的棉纱蘸丙酮擦拭管件，清理待焊部位。

（3）装配间隙

上部（焊接时钟 12 点位置）装配间隙为 2.0 mm，下部（6 点位置）装配间隙为 1.5 mm，放大上部间隙作为焊接时焊缝的收缩量；错边量≤ 0.5 mm。

（4）定位焊

一点定位，定位焊缝长度为 10 mm，要求焊透，不得有气孔、夹渣、未焊透等缺陷，定位焊缝两端修磨成斜坡，以利于接头。

3. 确定焊接参数

管材对接水平固定焊焊接参数的选择见表 6-9。

4. 焊接过程

管材对接水平固定焊采用两层两道焊，焊接按两个半圈进行，在焊接时钟 6 点起焊，12 点收尾，其操作步骤见表 6-10。

表 6-9　　管材对接水平固定焊焊接参数

焊接层次	焊接电流（A）	氩气流量（L/min）	钨极直径（mm）	焊丝直径（mm）	钨极伸出长度（mm）	喷嘴直径（mm）	喷嘴至焊件距离（mm）
打底层	90 ~ 100	8 ~ 10	2.5	2.5	4 ~ 6	8	≤ 8
盖面层	95 ~ 110	6 ~ 8					

表 6-10　　管材对接水平固定焊操作步骤

操作步骤及要领	图示
（1）打底焊 1）引弧。在图 6-22 所示 A 点位置引弧起焊，引弧时将钨极对准坡口根部，使其逐渐接近母材引燃电弧。 引燃电弧后控制弧长为 2 ～ 3 mm，对坡口根部两侧加热，待钝边熔化形成熔池后即可填丝。始焊时焊接速度应慢些，并多填焊丝加厚焊缝，以达到背面成形和防止裂纹的目的。 2）焊枪角度。打底焊时，焊枪与管子和焊丝的夹角如图 6-23 所示。 3）送丝手法。焊丝端部应始终处于氩气保护范围内，以避免焊丝氧化，且不能直接插入熔池，应位于熔池的前方，边熔化边送丝。送丝动作应干净利落，使焊丝端部呈球形。 4）焊接。在焊接过程中，电弧应交替加热坡口根部和焊丝端部，控制坡口两侧熔透均匀，以保证背面焊缝的成形。 5）收弧。在图 6-22 所示 *B* 点位置灭弧，灭弧前应送几滴填充金属，以防止出现冷缩孔，并将电弧移至坡口一侧，然后收弧。 后半圈焊法从仰焊位置引弧，焊至平焊位置结束，操作时的注意事项及要点同前半圈。 打底焊时，每半圈应尽量一次完成，中途尽量不停顿。若需中断，应将原焊缝末端重新熔化，使起焊焊缝与原焊缝重叠 5 ～ 10 mm。打底层焊道厚度一般为 3 mm 左右，太薄易导致在盖面焊时将焊道烧穿，或使焊缝背面内凹或剧烈氧化。	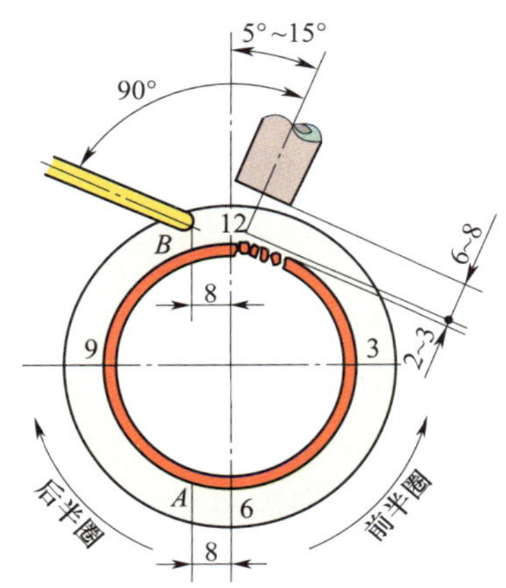 图 6-22　焊接位置 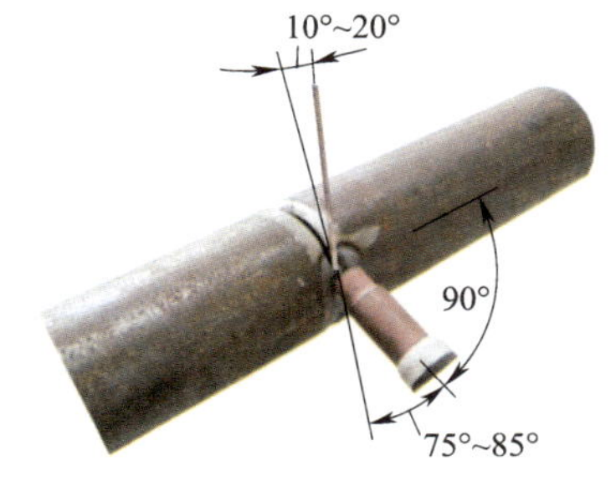 图 6-23　打底焊焊枪与管子和焊丝的角度

操作步骤及要领	图示
打底焊焊缝表面要保证是内凹的，这样有利于进行盖面焊，如图 6–24 所示。	 图 6–24　打底焊焊缝
（2）盖面焊 清除打底焊道氧化物，修整局部凸起后，分前半圈和后半圈进行盖面层焊接，操作方法如下： 1）焊枪应在焊接时钟 6 点左右的位置起焊，如图 6–22 所示。焊枪可做月牙形或锯齿形摆动，摆动幅度应稍大，待坡口边缘及打底焊道表面熔化，形成熔池后可填充焊丝，在仰焊部位每次填充的熔液应少些，以免熔敷金属下坠。 2）盖面焊时，焊枪与管子和焊丝的夹角如图 6–25 所示。 3）焊枪摆动到坡口边缘时应稍作停顿，以保证熔合良好，防止咬边。在立焊部位，焊枪的摆动频率应适当加快，以防止熔液下滴。在焊至平焊位置时，应稍多加填充金属，以使焊缝饱满，同时，应尽量使熄弧位置前移，以利于后半圈收弧时接头。 4）后半圈的焊接方法与前半圈相同，当盖面焊焊缝封闭时应尽量向前施焊，并减少焊丝填充量，衰减电流熄弧。 盖面焊焊缝如图 6–26 所示。	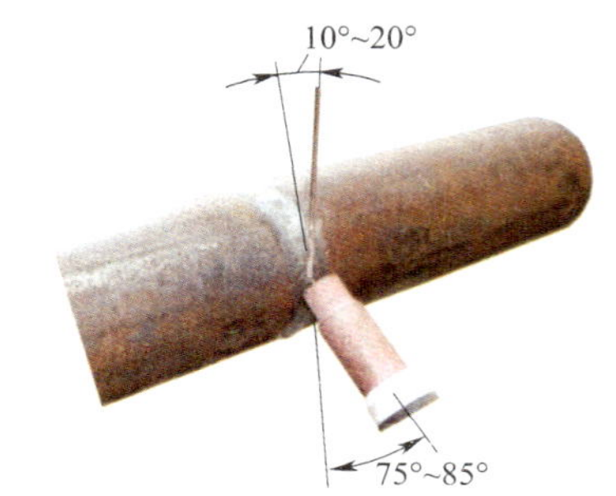 图 6–25　盖面焊时焊枪与管子和焊丝的角度  图 6–26　盖面焊焊缝

教师指导

【问题】怎样正确使用手工钨极氩弧焊机？

回答：焊工工作前，应看懂焊接设备使用说明书，掌握焊接设备一般构造和正确的使用方法；焊机应按外部接线图正确连接，并检查铭牌电压值与网络电压值是否相符，外壳必须可靠接地；焊机使用前，必须检查水路、气路的连接是否良好，以保证焊接时正常供水、供气；工作完毕或临时离开工作现场必须切断电源，关闭水源及气瓶阀门。

5. 焊接质量要求

管材对接水平固定手工钨极氩弧焊焊件的检查项目、检查数量和试样数量以及各项试验要求与第三单元课题七“管材对接水平固定焊”焊件的焊接质量要求相同，焊缝检查用表参见第三单元课题七中的表 3–18。

课题四　管材对接 45° 固定组合焊

学习目标及技能要求

掌握管材对接 45° 固定组合焊（TIG 焊打底，焊条电弧焊盖面）的操作方法。

工艺分析

管材对接 45° 固定焊是介于水平固定管和垂直固定管之间的一种焊接位置。熔池形状很难控制，操作时稍有不当，就会影响焊缝的成形，造成咬边、余高超限、焊缝宽窄不一致等缺陷。因此，焊接时应两手协调动作，焊丝填充均匀，焊接速度适中，保证熔池形状一致，同时保持焊缝与母材的圆滑过渡。尽量保证从仰焊 6 点位置到平焊 12 点位置一次焊接完成，并注意随时调整身体姿势和呼吸的频率。

1. 焊前准备

（1）焊件材料：20 钢管。

（2）焊件尺寸：ϕ57 mm × 5 mm，L=100 mm，每组两根，60° ± 5° V 形坡口，如图 6–27 所示。

（3）焊接要求：45° 固定组合焊，TIG 焊打底，焊条电弧焊盖面，单面焊双面成形。

（4）焊接材料：焊丝选用 ER49–1，直径为 2.5 mm；电极为铈钨极（WCe20），直径为 2.5 mm；焊条选用 E4315，直径为 3.2 mm，焊条烘干温度为 350 ~ 400 ℃，恒温 2 h，随用随取。

（5）焊接设备：WS–400 型焊机。

2. 焊件装配

（1）钝边

修磨钝边为 0.5 ~ 1 mm，去除毛刺。

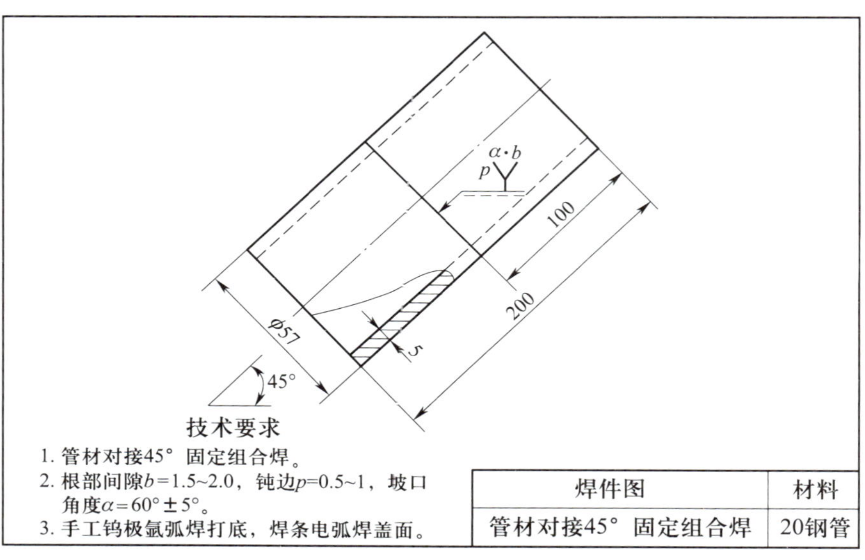

图 6–27 管材对接 45° 固定组合焊焊件图

（2）焊前清理

清理坡口及其两侧内、外表面 20 mm 范围内的油污、锈蚀及其他污物，直至露出金属光泽，并用丙酮清洗该区域。

（3）装配

装配间隙为 1.5 ~ 2 mm，最小间隙位于坡口的最低点，即起焊 6 点位置；焊件错边量≤0.5 mm。

（4）定位焊

采用 TIG 焊在焊接时钟 12 点位置一点定位，所用焊接材料应与正式焊接时相同，定位焊缝长度为 10 ~ 15 mm，要求焊透，不得有焊接缺陷。

3. 确定焊接参数

管材对接 45° 固定组合焊焊接参数的选择见表 6–11。

表 6–11　　管材对接 45° 固定组合焊焊接参数

焊接方法及层次	焊丝（焊条）直径（mm）	焊接电流（A）	氩气流量（L/min）	钨极直径（mm）	喷嘴直径（mm）	喷嘴至焊件距离（mm）
TIG 焊打底层	2.5	90 ~ 100	7 ~ 10	2.5	8	≤ 8
焊条电弧焊盖面层	3.2	95 ~ 110	—	—	—	—

4. 焊接过程

管材对接 45° 固定组合焊操作步骤见表 6–12。

表 6-12　　管材对接 45° 固定组合焊操作步骤

<table>
<tr><th>操作步骤及要领</th><th>图示</th></tr>
<tr><td>（1）打底焊
TIG 焊打底焊在焊接时钟 6 点过 5 mm 的位置引弧，焊枪和焊丝的角度如图 6-28 所示。焊枪应在始焊部位坡口内上下轻微摆动，待根部熔化形成熔孔后，即可填入焊丝。为防止仰焊部位背面内凹，焊丝应压向坡口根部，并逐渐向上焊接，同时使焊接熔池始终保持水平位置。施焊过程中，注意焊枪的摆动幅度，应使熔孔保持深入坡口每侧 0.5 ~ 1 mm。为防止在爬坡及平焊位置焊缝背面下凹，应逐渐抬高焊丝，加大焊丝端部距坡口根部的距离。在 12 点位置收弧，焊工转至另一侧，以同样方法完成后半圈打底焊缝的焊接，在 12 点过 5 mm 位置填满弧坑收弧。
打底焊焊缝表面不能凸出，最好是凹面，如图 6-29 所示，以利于盖面焊操作。</td><td>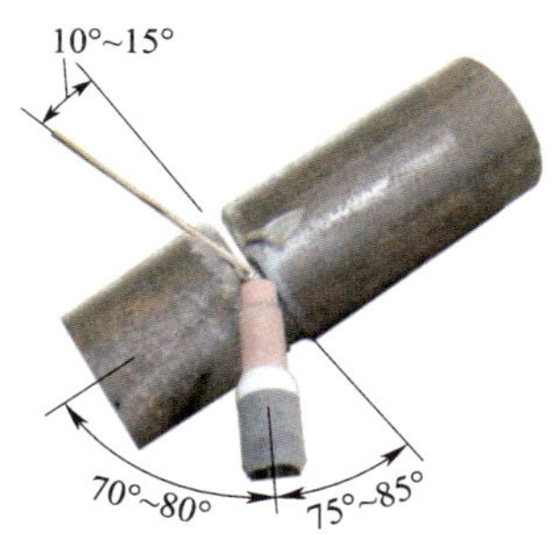

图 6-28　打底焊焊枪和焊丝的角度

图 6-29　打底焊焊缝</td></tr>
<tr><td>（2）盖面焊
焊条电弧焊盖面及接头方法有两种，具体操作方法参见第三单元课题八“管材对接 45° 固定焊”焊接过程中的盖面焊。盖面焊焊条角度如图 6-30 所示。
焊好的盖面焊焊缝如图 6-31 所示。</td><td>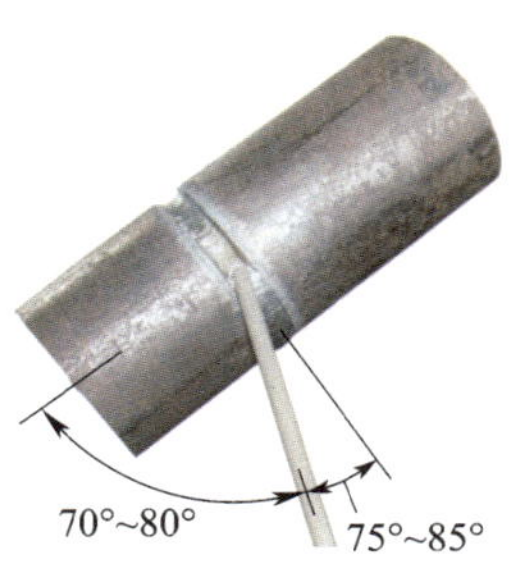

图 6-30　盖面焊焊条角度

图 6-31　盖面焊焊缝</td></tr>
</table>

教师指导

【问题】手工钨极氩弧焊焊机常见故障有哪些？应怎样排除？

回答：手工钨极氩弧焊焊机常见故障有水路、气路堵塞或泄漏；焊枪钨极夹头未旋紧，导致电弧不稳定；焊件与地线接触不良或钨极有污物，无法正常引弧；焊机熔断器断路，焊枪控制开关接触不良，使焊机不能正常启动；焊机内部电子元件损坏或其他机械设备故障等。常见故障现象、产生原因及排除方法见表 6-13。

表 6-13　钨极氩弧焊焊机常见故障现象、产生原因及排除方法

序号	故障现象	产生原因	排除方法
1	电源接通，指示灯不亮	（1）开关损坏 （2）熔丝烧断 （3）控制变压器损坏 （4）指示灯损坏	（1）更换开关 （2）更换熔丝 （3）更换变压器 （4）更换指示灯
2	控制线路放电	（1）焊枪上的控制开关接触不良 （2）启动继电器有故障 （3）控制变压器损坏或接触不良	（1）更换焊枪上的控制开关 （2）检修继电器 （3）检修或更换控制变压器
3	有振荡器放电，但无法正常引弧	（1）电源与焊件接触不良 （2）焊接电源接触器触点烧坏 （3）控制线路故障	（1）检修并确保电源与焊件接触良好 （2）检修接触器 （3）检修控制线路
4	引弧后焊接过程中电弧不稳定	（1）稳弧器有故障 （2）直流元件故障 （3）焊接电源线路接触不良	（1）检修稳弧器 （2）更换直流元件 （3）检修焊接电源，确保接触良好
5	焊机启动后无氩气输出	（1）气路堵塞 （2）电磁气阀故障 （3）控制线路故障 （4）延时线路故障	（1）清理气路 （2）更换电磁气阀 （3）检修控制线路 （4）检修延时线路
6	无振荡或振荡火花微弱	（1）脉冲引弧器或高频振荡器故障 （2）火花放电间隙不对 （3）放电盘云母击穿 （4）放电器电极烧坏	（1）检修脉冲引弧器或高频振荡器 （2）调节放电盘间隙 （3）更换云母 （4）更换放电器电极

5. 焊接质量要求

管材对接 45° 固定组合焊焊件的检查项目、检查数量和试样数量以及各项试验要求与第三单元课题七“管材对接水平固定焊”焊件的焊接质量要求相同，焊缝检查用表参见第三单元课题七中的表 3–18。

第七单元

等离子弧焊与等离子弧切割

基础知识

学习目标及技能要求

1. 理解等离子弧焊原理，熟悉等离子弧焊机，能够正确选择等离子弧焊焊接参数。
2. 理解等离子弧切割原理，熟悉等离子弧切割机，能够正确选择等离子弧切割参数。

一、等离子弧焊

等离子弧焊是指利用特殊构造的等离子弧焊枪所产生的高达几万摄氏度的高温等离子弧，有效地熔化焊件而实现焊接的过程，其原理如图 7-1 所示。

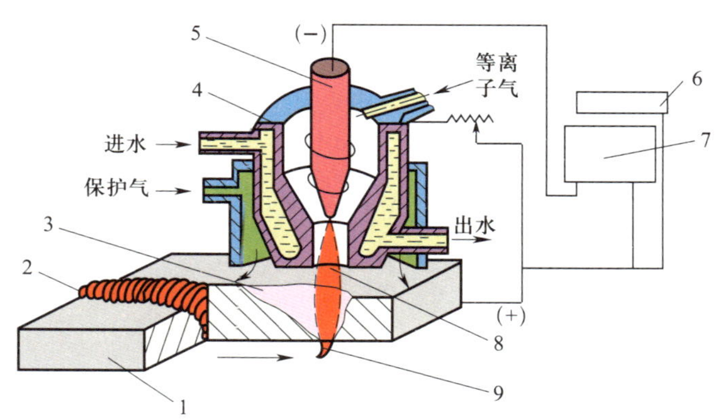

图 7-1　等离子弧焊原理

1—焊件　2—焊缝　3—小孔　4—喷嘴　5—钨极　6—焊接电源　7—高频振荡器　8—等离子弧　9—尾焰

1. 等离子弧焊机

等离子弧焊机按焊接电流的大小可分为大电流等离子弧焊机（如 LHJ8-160 型、LH3-63 型、LH3-100 型等）和微束等离子弧焊机（如 LH-6 型、LH-20 型、LH-30 型等）。

手工等离子弧焊机由焊接电源、焊枪、气路和水路系统、控制系统等部分组成，其外部线路连接如图 7–2 所示。

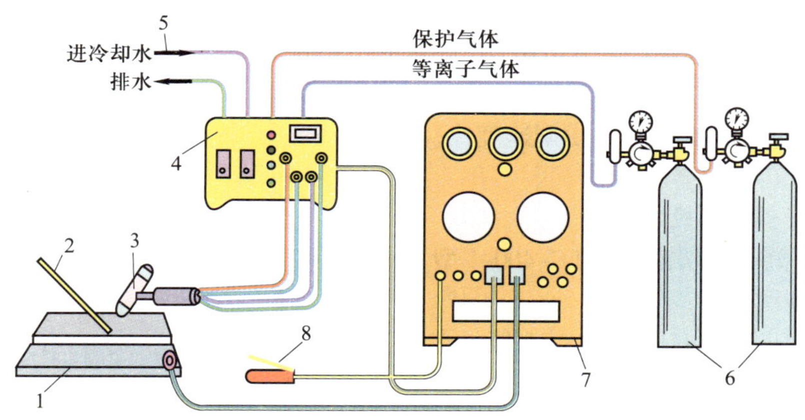

图 7–2 等离子弧焊机外部线路连接

1—焊件 2—焊丝 3—焊枪 4—控制系统 5—水冷系统 6—供气系统 7—焊接电源 8—启动开关

2. 等离子弧焊焊接参数

等离子弧焊焊接参数主要有等离子气流量、焊接电流、焊接速度、喷嘴到焊件的距离、保护气流量等。

（1）等离子气流量

当喷嘴孔径确定后，等离子气流量大小视焊接电流和焊接速度而定。等离子气流量直接影响熔透能力，为了形成稳定的小孔效应，必须有足够的等离子气流量。

（2）焊接电流

焊接电流由板厚和熔透要求来确定。电流过小不产生小孔效应；电流过大则小孔过大，会使熔池金属下坠，还会引起双弧现象。

（3）焊接速度

焊接速度也是影响小孔效应的重要参数。其他条件一定时，焊接速度过慢，焊件过热，会导致背面焊缝金属下陷；焊接速度加快，焊件热输入减小，小孔直径会减小，甚至消失。

（4）喷嘴到焊件的距离

喷嘴到焊件的距离一般保持在 3 ~ 5 mm 范围内。距离过大，会使熔透能力降低；距离过小，将影响操作过程对熔池的观察，并容易因飞溅物而堵塞喷嘴。

（5）保护气流量

保护气流量与等离子气流量应有一个适当的比例；否则会导致气流紊乱，影响电弧稳定和保护效果。

二、等离子弧切割

等离子弧切割是指利用高温、高速和高能的等离子气流来加热和熔化被切割材料，并借助被压缩高速气流的机械冲刷力，将熔化的材料排开，直至等离子气流穿透背面而形成狭窄切口的过程，其原理如图 7–3 所示。

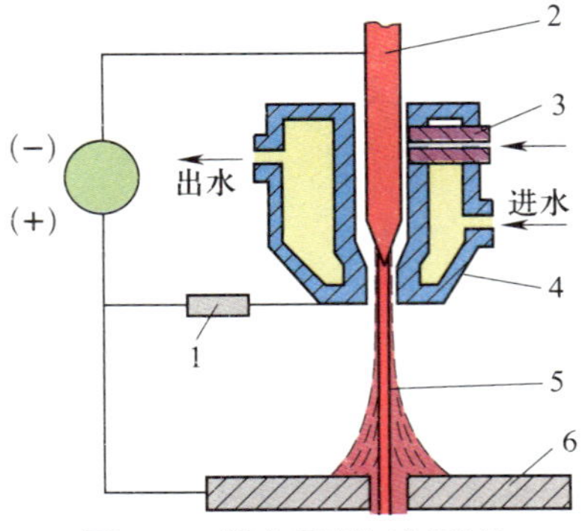

图 7–3 等离子弧切割原理

1—电阻 2—钨极 3—进气管 4—喷嘴 5—等离子弧 6—割件

等离子弧的温度远远超过金属和非金属的熔点，等离子弧切割过程不是依靠氧化反应，而是通过熔化来切割材料，因而可以切割氧乙炔焰和普通电弧不能切割的铝、铜、镍、钛、铸铁、不锈钢和高合金钢等，并能切割任何难熔金属和非金属，且切割速度快，切口狭窄、光洁、质量好。

1. 等离子弧切割机

常用的等离子弧切割机有 LG–400–1 型、LG–400–2 型和 LGK–100 型等。

等离子弧切割机包括电源、控制箱、水路系统、气路系统、割炬等，其外部接线如图 7–4 所示。

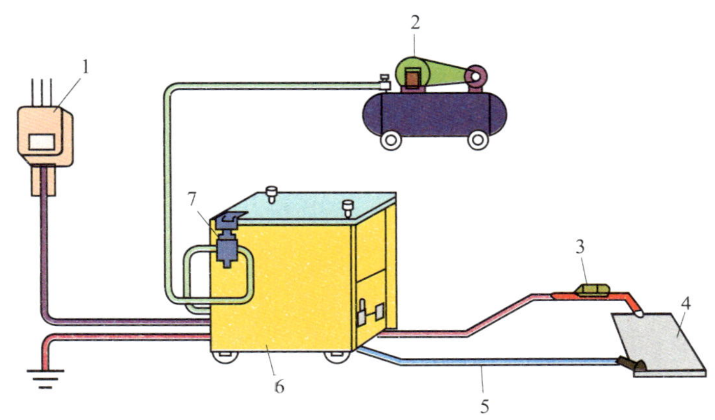

图 7–4 等离子弧切割机外部接线

1—电源开关 2—空气压缩机 3—割炬 4—工件 5—接工件的电缆 6—电源（含控制箱） 7—过滤减压网

2. 等离子弧切割参数

（1）切割电流

切割电流及电压决定了等离子弧功率及能量的大小。在增大切割电流的同时，应相应增大其他参数。若单纯增大切割电流，则切口变宽，喷嘴烧损会加剧，而且过大的切割电流会产生双弧现象。因此，应根据电极和喷嘴来选择合适的切割电流。一般切割电流可按下式选取：

$$I=(70\sim100)d$$

式中 I——切割电流，A；

d——喷嘴孔径，mm。

（2）空载电压

空载电压高易于引弧，特别是切割厚度大的板材时，空载电压相应要高。此外，空载电压还与割炬结构、喷嘴与工件的距离、气体流量有关。

（3）切割速度

提高切割速度会使切口区域受热减小，切口变窄，甚至不能切透工件；切割速度过慢，会导致切口表面粗糙，甚至在切口底部形成熔瘤，致使清渣困难。因此，应该在保证切透工件的前提下尽可能选择快的切割速度。

（4）气体流量

气体流量要与喷嘴孔径相适应。气体流量大，有利于压缩电弧，能量更为集中，同时工作电压也随之提高，可提高切割速度和切割质量。但气体流量过大，会使电弧散失一定的热量，降低切割能力。

（5）电极内缩量

电极内缩量是指电极端部至喷嘴内表面的距离。由于其不易测量，在已知喷嘴孔道长度的条件下，电极端部至喷嘴内表面的距离一般取 8 ~ 11 mm 为宜。

（6）喷嘴与工件的距离

在电极内缩量一定时，对于一般厚度的工件，喷嘴与工件的距离为 6 ~ 8 mm；当切割厚度更大的工件时，喷嘴与工件的距离可增大到 10 ~ 15 mm。

课题一　不锈钢薄板等离子弧焊

学习目标及技能要求

掌握不锈钢薄板等离子弧焊的引弧、收弧和焊接操作。

工艺分析

焊件的板厚仅为 1 mm，材料为不锈钢 06Cr19Ni10，宜采用微束等离子弧焊。焊接前应准确选择微束等离子弧焊的焊接参数，并采取可靠的焊接夹具，以保证焊件的装配质量，间隙和错边量越小越好。

1. 焊前准备

（1）焊件材料：06Cr19Ni10。

（2）焊件尺寸：300 mm × 100 mm × 1 mm，每组两块，I 形坡口，如图 7-5 所示。

（3）焊接要求：单面焊双面成形。

（4）焊接材料：焊丝选用 H06Cr21Ni10，直径为 1.0 mm；等离子气采用纯氩气（99.99%）。

（5）焊接设备：LH-30 型微束等离子弧焊机及其他辅助设备。

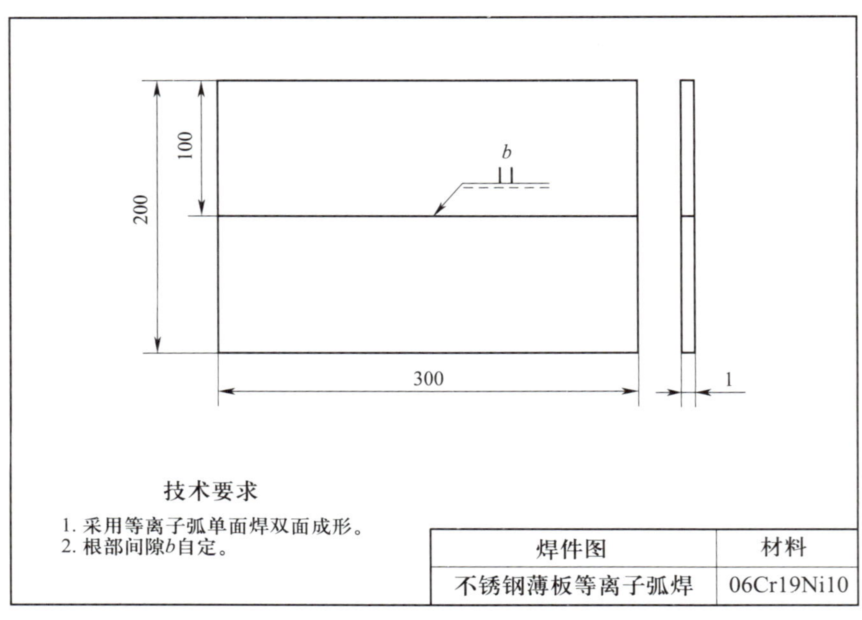

图 7-5　不锈钢薄板等离子弧焊焊件图

2. 焊件清理与装配

（1）钝边

修磨钝边，去除毛刺。

（2）焊前清理

清理坡口及其正、反面两侧各 20 mm 范围内的油污、锈蚀、水分及其他污物，直至露出金属光泽，并用丙酮清洗干净。

（3）装配

置于铜垫板上装配，装配时采用 I 形坡口，不留间隙对接，并控制根部间隙不超过板厚的 1/10，不出现错边。

（4）夹紧

采用专用夹具夹紧，如图 7-6 所示。

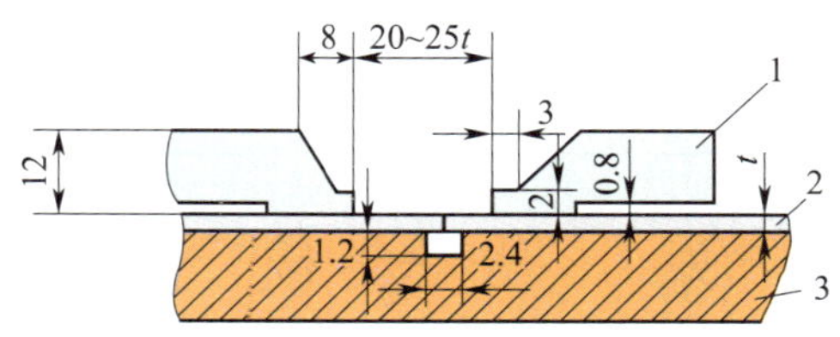

图 7-6　定位焊专用夹具

1—不锈钢压板　2—焊件　3—纯铜板

3. 确定焊接参数

不锈钢薄板等离子弧焊焊接参数的选择见表 7-1。

表 7–1　　　　　　　　　不锈钢薄板等离子弧焊焊接参数

焊接层次	焊接电流（A）	电弧电压（V）	焊接速度（mm/min）	等离子气体 Ar 流量（L/min）	保护气体 Ar 流量（L/min）	喷嘴孔径（mm）
单层焊	2.6 ~ 2.8	24	270	0.5	10	1.2

4. 焊接过程

不锈钢薄板等离子弧焊操作步骤见表 7–2。

表 7–2　　　　　　　　　不锈钢薄板等离子弧焊操作步骤

操作步骤及要领	图示
（1）操作准备 1）检查焊机外部接线是否正确，气路、水路和电路系统的接头处连接是否牢固可靠。 2）将钨极端部磨成 20° ~ 60° 角，顶端为尖状或稍加磨平。调整钨极与喷嘴的同轴度，接通高频振荡回路。高频火花在钨极和喷嘴之间呈圆周均匀分布在 75% ~ 80% 之间，则同轴度最佳，如图 7–7 所示。	80% 良　50% 较好　25% 不好 图 7–7　电极同轴度及高频火花
（2）焊接 1）引弧。首先打开气路和水路开关，接通焊接电源。手工操作等离子弧焊枪，在等离子弧焊过程中，焊枪、焊丝与焊件之间的相对位置及操作方法均与钨极氩弧焊相似，如图 7–8a 所示。按动“启动”按钮，接通高频振荡装置及电极与喷嘴的电源回路，引燃非转移弧。接着将焊枪对准焊件，建立转移弧，主电流形成，保持喷嘴与焊件的距离为 4 ~ 5 mm，即可进行等离子弧焊。此时，维弧（非转移弧）电路的高频电流自动断开，维弧电流消失。 2）采用左向焊法。起焊时，等离子弧在起焊处稍停片刻，用焊丝迅速触及焊接部位，等该部位开始熔化时，立即填入焊丝，焊丝的填入和焊枪的运行动作要配合协调。焊枪移动时要平稳，速度均匀，喷嘴与焊件距离保持在 4 ~ 5 mm 之间，如图 7–8b 所示。 3）适时、有规律地填充焊丝，如此重复，直至焊完。 4）中途停顿或焊丝用完再继续焊接时，要用等离子弧把起焊处的熔敷金属重新熔化，形成新的熔池后再加焊丝，并与原焊缝重叠 5 mm 左右。在重叠处要少填焊丝，以免接头过高。	焊接方向　3~4　70°~85°　10°~15°　4~5 a） 70°~85°　10°~15°　4~5 b） 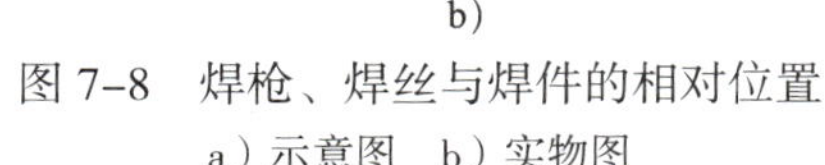 图 7–8　焊枪、焊丝与焊件的相对位置 a）示意图　b）实物图

续表

操作步骤及要领	图示
（3）收弧 当焊至焊缝末端时，适当加入一定量的焊丝填满弧坑，避免产生弧坑缺陷。然后断开电路，随电流衰减熄灭电弧。 最终形成的焊缝如图 7–9 所示。	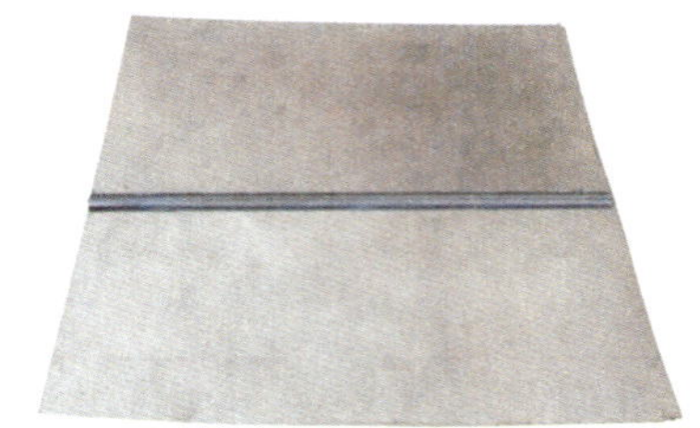 图 7–9　焊缝

教师指导

【问题】等离子弧焊与钨极氩弧焊相比具有哪些优点？

回答：（1）等离子弧的温度和能量密度高，不仅焊透能力和焊接速度显著提高，而且可产生小孔效应，实现单面焊双面成形。

（2）焊缝深宽比大，热影响区小，适用于焊接某些可焊性差的材料及双金属等。

（3）电流下限可以用得很低，目前已获得 0.1A 以下的微束等离子弧，适用于焊接超薄件。

（4）对焊炬高度变化的敏感性明显降低，电弧断面变化 20% 时，钨极氩弧焊的焊炬高度只允许变化 ±0.12 mm，等离子弧焊的焊炬则可变化 ±1.2 mm。这对保证焊缝成形和焊透均匀性都十分有益。

5. 焊接质量要求

（1）焊缝表面不得有裂纹、未熔合、夹渣、气孔和焊瘤等缺陷。

（2）焊缝边缘直线度误差≤ 2 mm，焊缝宽度差≤ 2 mm。

（3）焊缝与母材圆滑过渡，焊缝余高为 0 ～ 3 mm，余高差≤ 2 mm。

（4）焊缝边缘咬边深度≤ 0.5 mm。

（5）焊件表面非焊道上不应有引弧痕迹。

（6）保证焊透和背面成形，背面焊缝余高为 0 ～ 3 mm。

6. 等离子弧焊的常见缺陷及产生原因

（1）咬边

1）3 mm 以下的板，不填充焊丝时最容易出现咬边。

2）在装配间隙较大、有明显错边的地方会形成咬边。

3）当焊枪向接口一侧倾斜时，也会形成一侧咬边。

4）当等离子气流及焊接电流过大时，也会造成咬边，严重时会烧穿焊件。

（2）气孔

1）焊缝的根部和管子焊接首尾焊缝的搭接处容易出现气孔。

2）在焊接电流、电弧电压一定的情况下，提高焊接速度就会产生气孔，并且随着焊接速度的提高，气孔会增多。当焊接速度达到一定值时，即小孔效应消失时，甚至产生贯穿焊缝全长的长气孔。

3）焊接过程中，若焊丝送给速度太快，电弧电压过高，也会产生气孔。

课题二　碳钢空气等离子弧切割

学习目标及技能要求

掌握碳钢等离子弧切割的操作技能。

工艺分析

12 mm 碳钢等离子弧切割，要合理选择等离子弧切割参数。如果切割速度太快，等离子弧功率不够，气体流量太大或喷嘴离割件距离太远，会产生割件切割不透的现象；如果割件表面有污物，切割速度与割炬高低掌握不均匀，气体流量过小，会产生割件表面粗糙的现象。

1. 切割前准备

（1）试件材料：Q235 钢。

（2）试件尺寸：300 mm × 100 mm × 12 mm，如图 7–10 所示。用粉笔在钢板上沿长度方向每隔 20 mm 画一些切割线，作为等离子弧切割的运行轨迹。

（3）铈钨电极：直径为 5.5 mm。

（4）切割设备：LGK–100 型等离子弧切割机。

2. 确定切割参数

碳钢空气等离子弧切割参数的选择见表 7–3。

3. 切割过程

碳钢空气等离子弧切割操作步骤见表 7–4。

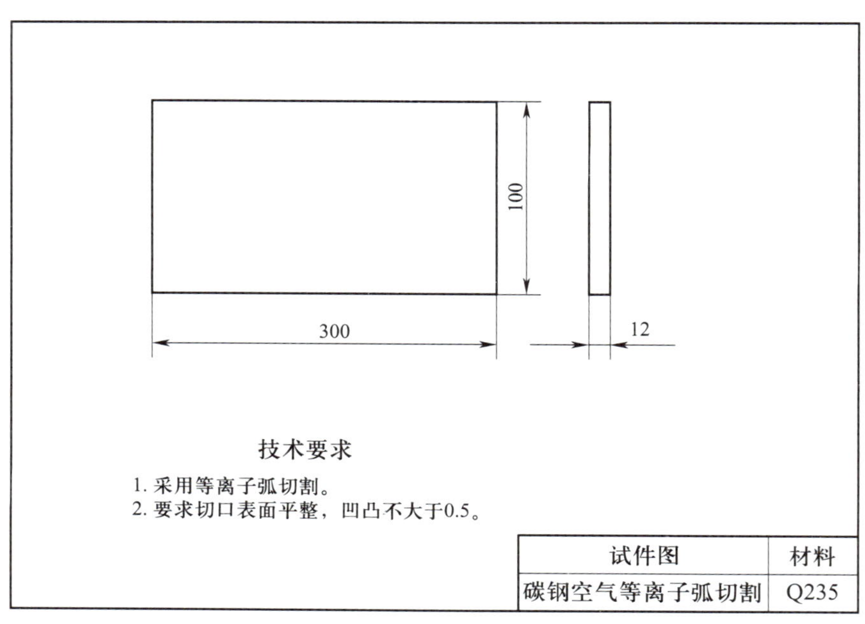

图 7-10　碳钢空气等离子弧切割试件图

表 7-3　碳钢空气等离子弧切割参数

板厚（mm）	喷嘴孔径（mm）	切割电流（A）	空气流量（L/min）	切割速度（mm/min）	空气压力（MPa）
12	0.9	35	15	200	0.4

表 7-4　碳钢空气等离子弧切割操作步骤

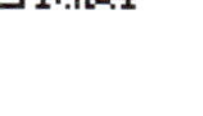

操作步骤及要领	图示
（1）调试 1）按等离子弧切割机外部接线图（见图 7-4）连接气路、水路和电路系统。 2）把割件安放在多柱支架上，如图 7-11 所示，使割件与电路正极连接牢固。	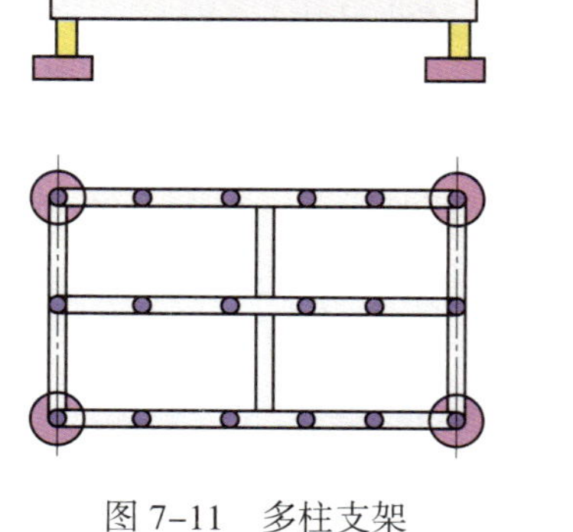 图 7-11　多柱支架

续表

操作步骤及要领	图示
3）打开水路系统，检查是否有漏水现象。打开气路系统，调节非转移弧气流和转移弧气流的流量，如图 7–12 所示。 4）接通控制线路，检查电极同轴度是否最佳（方法同不锈钢薄板等离子弧焊中钨极与喷嘴同轴度的调整）。 5）调节割炬位置和喷嘴到割件的距离，一般为 5 ~ 7 mm，不可过长或过短。 6）启动切割电源，查看空载电压是否正常，并初步选定切割电流（即旋钮所指示的刻度位置），如图 7–13 所示。 7）戴好面罩准备切割。	 图 7–12　调节气体流量 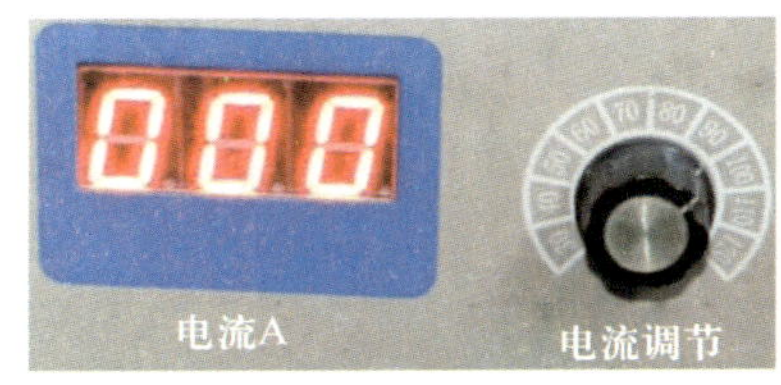 图 7–13　调节切割电流
（2）切割 1）将割炬移近割件起割边缘，保持割炬垂直于被切割件，如图 7–14 所示，并控制好喷嘴与割件表面间距离。 2）开启割炬开关，引燃等离子弧，起割应从割件边缘开始，将割件边缘切穿后，再移动割炬导入切割尺寸线，如图 7–15 所示。待电弧穿透割件后向切割方向匀速移动，切割速度大小以切穿为前提，宜快不宜慢。切割速度过快，会在切口前端产生翻弧现象，切割不透；切割速度过慢，切口宽而不齐，而且因割透的切口前沿金属远离电弧，相对电弧变长而造成电弧不稳定，甚至熄弧，使切割中断。 3）在整个切割过程中，割炬应与切口两侧平面保持平行，以保证切口平直、光洁。为了提高切割生产效率，割炬在切口所在平面内沿切割方向的反方向应倾斜一个角度（0° ~ 45°），如图 7–16 所示。 4）切割完毕，关闭割炬开关，熄灭等离子弧。此时，压缩空气延时喷出，以冷却割炬。数秒钟后，自动停止喷出。移开割炬，完成切割全过程。 5）切断电源电路，关闭水路和气路系统。	 图 7–14　割炬位置  图 7–15　沿切割线切割 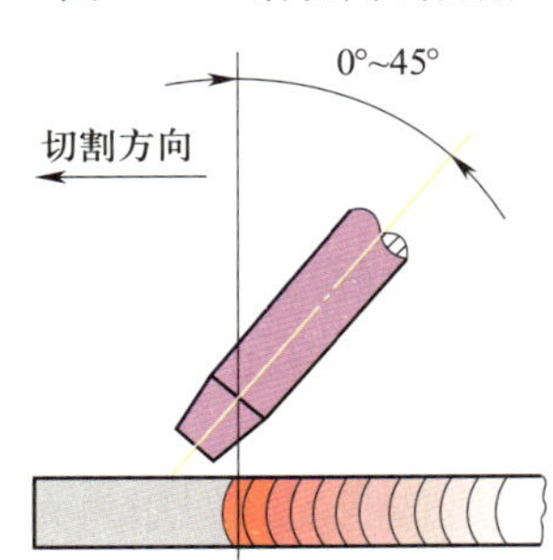 图 7–16　切割时割炬的后倾角

教师指导

【问题】等离子弧切割与其他切割方法相比有哪些特点?

回答:对于普通的结构钢,目前普遍采用氧乙炔焰气割。但是对于不锈钢、铝、铜等,用氧乙炔焰气割难以获得满意的效果。普通的电弧(如碳极电弧、金属极电弧等)作为金属熔化切割的热源时,切割厚度有限,速度较低,切口宽度较大,质量(直线度)较差。因此,除了在一些特定条件下,如水下切割(采用空心碳极或金属极,中心通以氧气的电氧切割)、碳弧气刨外,没有得到广泛的应用。等离子弧作为切割热源,切割厚度大,速度很高,切口宽度较窄,切口质量很高(切口平直,变形小,热影响区小)。目前已成为切割不锈钢、耐热钢、铝、铜、钛、铸铁以及钨、锆等难熔金属的主要方法,随着空气等离子弧切割新方法的研究成功,在普通结构钢中应用等离子弧切割技术的经济合理性也显露出来。此外,采用非转移弧还可以用来切割非金属,如花岗岩、耐火砖、混凝土等。

4. 等离子弧切割注意事项

(1)切割过程中应尽量使等离子焰流垂直于割件,以免增大等离子弧轨迹,相当于增大了割件的实际厚度。

(2)按下按钮开始切割时,一般可从割件边缘开始切割。当需要从割件中间切割时,应先用钻头在起始切割处钻 $\phi5$ mm 孔后再引弧切割;否则会被割件翻浆,造成喷嘴烧损,如图 7–17 所示。

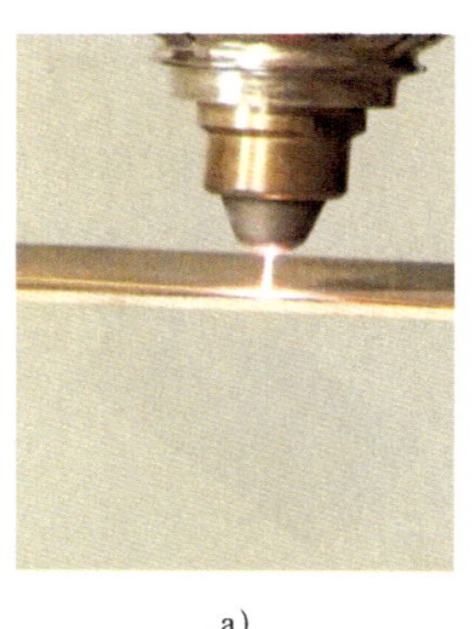

a)

b)

c)

图 7–17 等离子弧起割方式

a)割件边缘起割 b)预钻孔处起割 c)割件中间起割(翻浆)

(3)切割速度过慢,会使切口增宽,切口下部毛刺和卷边增多;切割速度过快,不仅切不透,而且易使熔化金属倒吹,黏附于喷嘴口,扰乱焰流,烧损喷嘴。

(4)工作时空气压力一般调节为 0.25 ~ 0.4 MPa,根据实际情况可在 ±0.05 MPa 之间变动,以得到最佳匹配。但压力太低,将无力吹走熔化金属,电极喷嘴冷却不好,易烧损;压力太高,又会使切口偏斜,切口温度下降太多,影响切口金属的熔化性和流动性,影响切割厚度。

5. 等离子弧切割常见故障及排除方法

等离子弧切割常见故障现象、产生原因及排除方法见表 7–5。

表 7–5　　等离子弧切割常见故障现象、产生原因及排除方法

序号	故障现象	产生原因	排除方法
1	产生双弧	电极对中不良	调整电极与喷嘴的同轴度
		割炬气室的压缩角太小或压缩孔通道过长	改进割炬结构尺寸
		喷嘴漏水	修好漏水处
		切割时等离子焰流上翻或熔渣飞溅至喷嘴	改变割炬角度或先在割件上钻好切割孔
		钨极内缩长度较大，气体流量太小	减小钨极内缩长度，增大气体流量
		喷嘴离割件太近	把割炬稍加提高
2	切口面不光洁	割件表面有污垢	切割前严格清理待割表面
		气体流量过小	适当加大气体流量
		切割速度及割炬与割件的距离掌握不均匀	注意提高操作技能
3	切割不透	等离子弧功率不够	增大功率
		切割速度太快	降低切割速度
		气体流量太大	适当减小气体流量
		喷嘴与割件的距离太大	把喷嘴压低

安全生产

等离子弧焊与等离子弧切割安全防护技术

（1）防电击

等离子弧焊和等离子弧切割所用电源的空载电压较高，尤其在手工操作时，有被电击的危险。因此，电源在使用时必须可靠接地，焊炬或割炬与手柄必须可靠绝缘。可以采用较低电压引燃非转移弧后，再接通较高电压的转移弧回路。如果启动开关装在手柄上，必须对外露开关套上绝缘橡胶套管，避免手直接接触开关。尽可能采用自动操作方法。

（2）防弧光辐射

弧光辐射强度大，它主要由紫外线辐射、可见光辐射与红外线辐射组成。等离子弧比其他电弧的光辐射强度更大，尤其是紫外线强度，故对皮肤损伤严重。操作者在焊接或切割时必须戴上良好的面罩、手套，最好加上吸收紫外线的镜片。自动操作时，可在操作者与操作区之间设置防护屏。等离子弧切割时，可采用水中切割的方法，利用水来吸收光辐射。

（3）防灰尘与烟气

等离子弧焊和等离子弧切割过程中伴有大量汽化的金属蒸气、臭氧、氮氧化物等。尤其切割时，由于气体流量大，致使工作场地上的灰尘大量扬起，这些烟气与灰尘对操作者的呼吸道、肺等有严重影响。因此，切割时在栅格工作台下方可以安装排风装置，也可以采取水中切割的方法。

（4）防噪声

等离子弧会产生高强度、高频率的噪声，尤其采用大功率等离子弧切割时，其噪声更大，这对操作者的听觉系统和神经系统非常有害，其噪声能量集中在 2 ~ 8 kHz 范围内。要求操作者戴耳塞，在可能的条件下，应尽量采用自动化切割，使操作者在隔音良好的操作室内工作，也可以采取水中切割的方法，利用水来吸收噪声。

（5）防高频

等离子弧焊和等离子弧切割采用高频振荡器引弧，由于高频电场对人体有一定的危害，因此，引弧频率选择在 20 ~ 60 kHz 较为合适。同时，还要求工件接地可靠，转移弧引燃后，应立即可靠地切断高频振荡器电源。

第八单元

电 阻 焊

基础知识

学习目标及技能要求

1. 掌握电阻焊的原理及分类。
2. 了解电阻焊的设备。

一、电阻焊的原理及分类

电阻焊是指焊件组合后通过电极施加压力，将焊件压紧于两电极之间，并通以电流，利用电流流经焊件接触面及邻近区域产生的电阻热将其加热到熔化或塑性状态，使之形成金属结合的一种方法。

目前，最常用的电阻焊有点焊、缝焊和对焊三种。

点焊是一种高速、经济的连接方法。它适用于制造接头不要求气密，厚度小于 3 mm，冲压、轧制的薄板搭接构件，广泛用于汽车、摩托车、航空航天、家具等行业产品的焊接生产，如图 8–1 所示。

缝焊主要用于焊接要求气密或液密的薄壁容器，如油箱、水箱、暖气包、火焰筒等。由于它的焊点重叠，故分流很大，因此焊件不能太厚，一般不超过 2 mm，如图 8–2 所示。

对焊广泛用于造船、汽车及一般机械工业中，如船用锚链、汽车曲轴、飞机操纵拉杆、建筑钢筋等零件的焊接。对焊焊件均为对接接头，如图 8–3 所示。

二、电阻焊设备

1. 点焊机

固定式点焊机的结构如图 8–4 所示，它由机架、加压机构、焊接回路、电极、传动与减速机构、开关与调节装置组成。其中，主要部分是加压机构、焊接回路和控制装置。

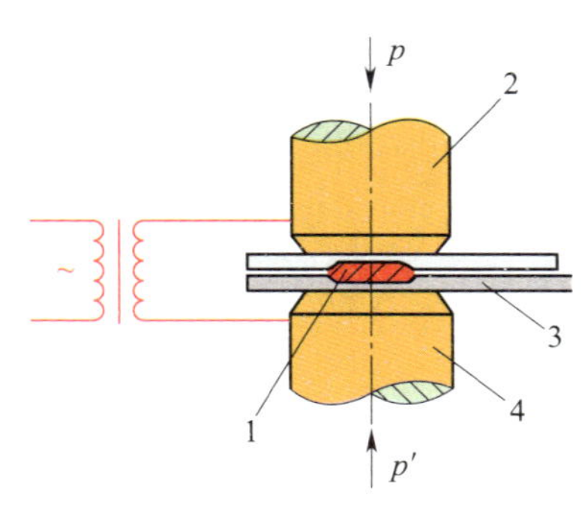

图 8-1　点焊

1—焊核　2、4—电极　3—焊件

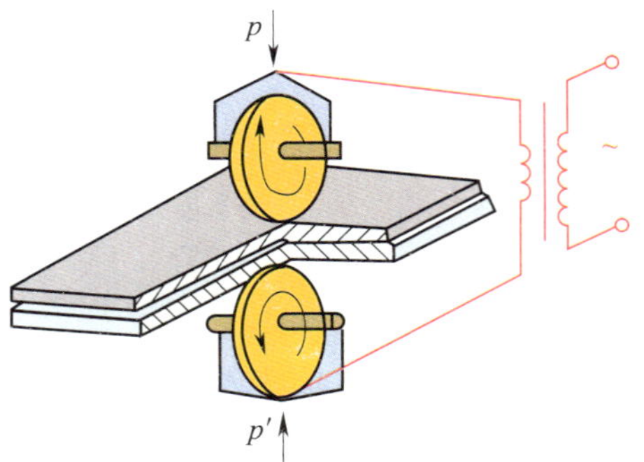

图 8-2　缝焊

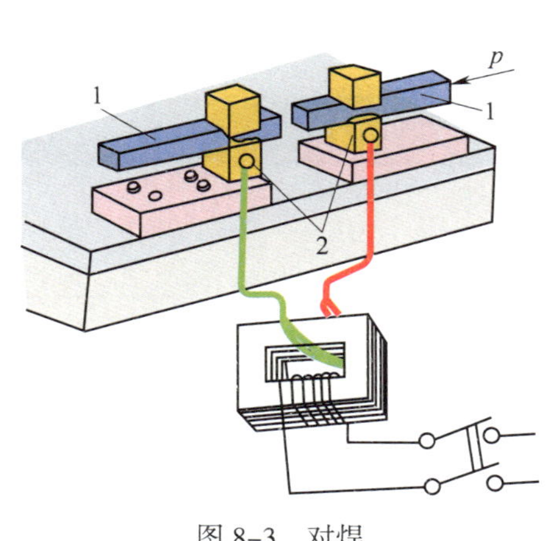

图 8-3　对焊

1—焊件　2—电极

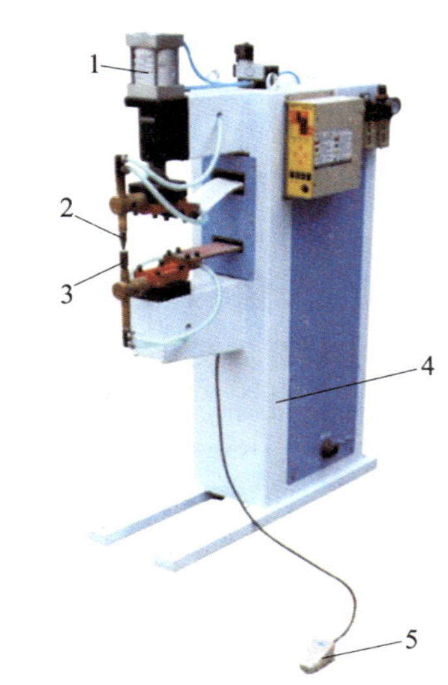

图 8-4　固定式点焊机的结构

1—加压机构　2—上电极　3—下电极　4—机架　5—踏板

2. 缝焊机

缝焊机的结构如图 8-5 所示。缝焊机与点焊机的根本区别在于用旋转的滚盘代替了固定的电极。

3. 对焊机

对焊机的结构如图 8-6 所示，它由机架、导轨、固定夹具、动夹具、送进机构、加压机构和变压器等组成。

4. 电极

（1）点焊电极

点焊电极的工作表面可以加工成平面、弧形或球形，如图 8-7 所示。

（2）缝焊电极

缝焊电极又称滚盘，它的工作表面形状有平面和球面两种，如图 8-8 所示。滚盘直径通常在 300 mm 以内。因滚盘直径越小，磨损越快，故应尽可能选用较大直径的滚盘。

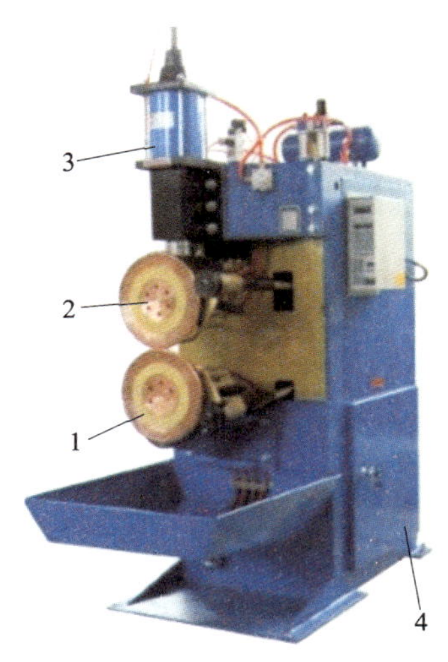

图 8-5　缝焊机的结构

1—下电极　2—上电极　3—加压机构　4—机架

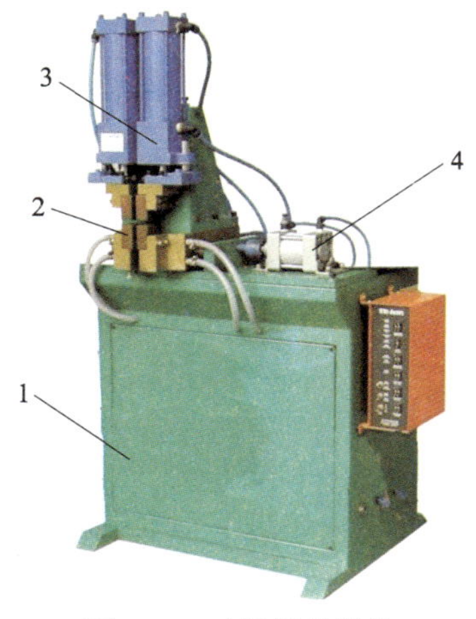

图 8-6　对焊机的结构

1—机架　2—电极　3—加压机构　4—送进机构

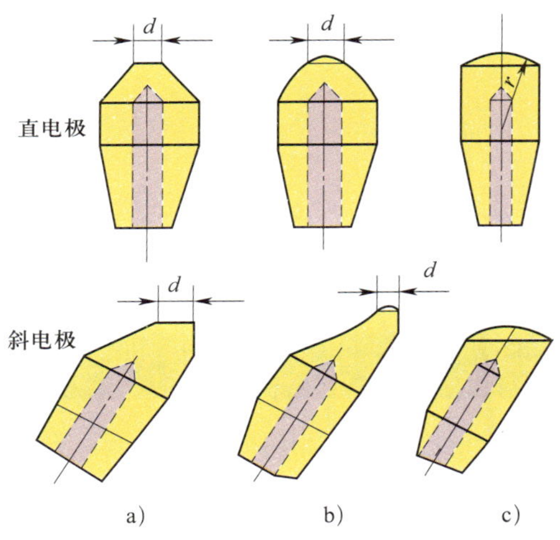

图 8-7　点焊电极工作表面的形状

a）平面　b）弧形　c）球形

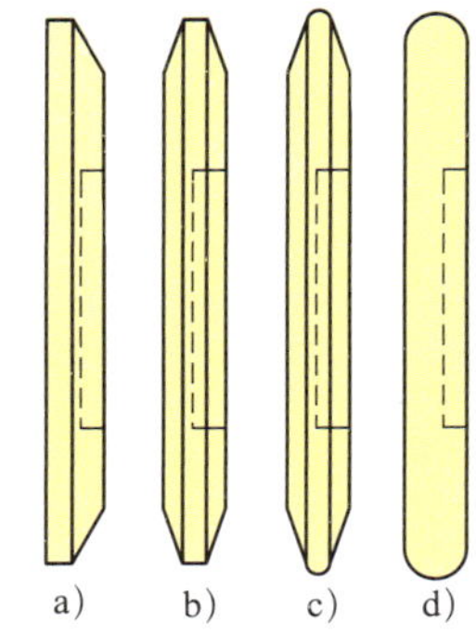

图 8-8　滚盘工作表面形状

a）单斜边平面滚盘　b）双斜边平面滚盘

c）双斜边球面滚盘　d）无斜边球面滚盘

（3）对焊电极

生产中常用的对焊电极形状如图 8-9 所示，要根据不同的焊件尺寸来选择电极头。

对于电极工作表面的氧化物、污物和不严重的磨损，可用带有橡皮垫的平板，外面包上金刚砂布来清理；电极磨损与变形较大时，可采用锉刀修整；当电极产生更大的磨损和变形时，应更换新电极。

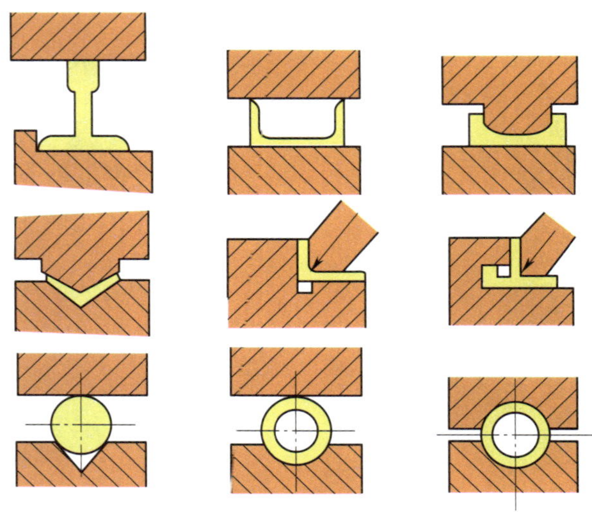

图 8-9　对焊电极形状

课题一　薄板电阻点焊

学习目标及技能要求

1. 熟悉电阻焊焊机的使用方法。
2. 掌握薄板电阻点焊的操作方法。

工艺分析

薄板电阻点焊容易出现的问题如下：如果焊件清理不彻底，焊接电流太小，通电时间太短，压力去除过早，会使熔核太小或未形成熔核，产生未焊透缺陷；如果电极端部不干净或形状不规则，焊接电流大，压力小，会使焊点表面损伤，出现飞溅或烧穿；如果焊接电流太大，通电时间太长，压力太大，会造成压痕太深，焊点严重下凹。因此，焊件清理、焊接电流的选择、通电时间、压力大小等因素都关系到电阻点焊的质量，在操作中应引起重视。

1. 焊前准备

（1）焊件材料：Q235 钢。

（2）焊件尺寸：250 mm × 80 mm × 1.5 mm，每组两块，装配时搭接量为 10 ~ 15 mm，如图 8-10 所示。

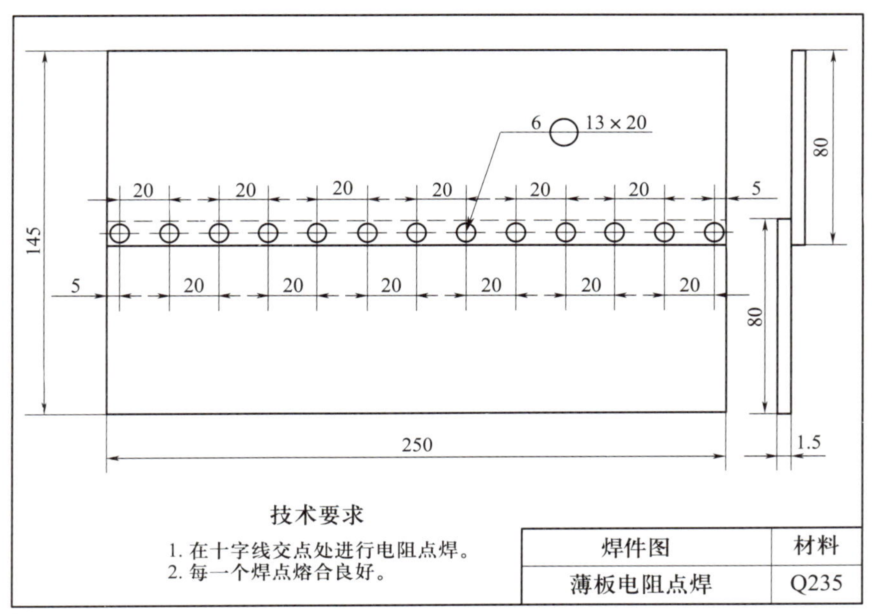

图 8-10　薄板电阻点焊焊件图

（3）焊接材料：选用 Cu-Cr 电极，电极直径为 6.4 mm。修磨好电极端部直径，尽量使表面光滑；调整好上电极和下电极的位置，保证电极端部平面平行，轴线对中。

（4）焊接设备：DN2-200 型电阻点焊机。使用前应检查焊机各处的接线是否正确、牢固，按要求调试好焊接参数。同时，应检查水冷却系统或气冷却系统有无堵塞、泄漏，如发现故障应及时排除。

2. 焊前清理与装配

（1）焊前清理

用钢丝刷清理焊件表面的锈蚀及污物，并在短时间内进行焊接。

（2）装配

为保证焊点位置准确，防止变形，需按图 8-10 所示的装配尺寸在焊件的两端进行两处定位焊。

3. 确定电阻点焊参数

焊接前确定电阻点焊焊接参数，见表 8-1。

表 8-1　　电阻点焊焊接参数

板厚（mm）	焊接通电时间（s）	焊接电流（kA）	电极压力（kN）
1.5	0.2 ~ 0.4	6 ~ 8	1.5

4. 启动焊机

（1）合上电源开关，慢慢打开冷却水阀，并检查排水管是否有水流出。然后打开气源开关，按焊件要求的参数调节气压。检查电极的相互位置，调节上电极和下电极，使接触表面对齐、同轴并贴合良好。

（2）根据焊接要求，通过焊接变压器和控制系统调整各开关及旋钮，调节焊接电流、预压时间、焊接时间、锻压时间、休止时间等参数。

（3）按启动按钮，接通控制系统，约 5 min 后指示灯亮，表示准备工作结束，可以开动焊机进行焊接。

5. 焊接操作

点焊过程由以下四个基本阶段组成：

（1）预压阶段

将待焊的两个焊件搭接起来，置于上、下铜电极之间，然后施加一定的电极压力，将两个焊件压紧。

（2）焊接阶段

焊接电流通过焊件，由电阻热将两焊件接触表面加热到熔化温度，并逐渐向四周扩大形成熔核。

（3）锻压阶段

当熔核尺寸达到所要求的大小时，切断焊接电流，电极压力继续保持，熔核在电极压力作用下冷却结晶形成焊点。

（4）休止阶段

焊点形成后，电极提起，去掉压力，到下一个待焊点压紧焊件。

薄板电阻点焊操作步骤见表 8–2。

表 8–2　　薄板电阻点焊操作步骤

操作步骤及要领	图示
操作姿势：操作者保持站立姿势，面向电极，右脚向前跨半步踩在脚踏开关上，左手持焊件，右手扳动开关或手动三通阀。 （1）预压 首先将焊件放置在下电极端部处，如图 8–11 所示，踩下脚踏开关，电磁气阀通电动作，上电极下降压紧焊件，经过一定的时间预压。	 图 8–11　预压
（2）焊接 触发电路启动工作，按已调好的焊接电流对焊件进行通电加热，如图 8–12 所示。经过一定的时间，触发电路断电，焊接阶段结束。	 图 8–12　焊接

续表

操作步骤及要领	图示
（3）锻压 在焊件焊点的冷凝过程中，经过一定时间的锻压（见图 8-13）后，电磁气阀随之断开，上电极开始上升，锻压结束。	 图 8-13　锻压
（4）休止 经过一定的休止时间，抬起脚踏开关，获得焊点（见图 8-14），则一个焊点的焊接过程结束，为下一个焊点的焊接做好准备。	 图 8-14　休止

6. 停止操作

焊接停止时，应先切断电源开关，然后经过 10 min 后再关闭冷却水。

教师指导

【问题】在电阻点焊操作过程中应掌握哪些操作要点？

回答：（1）修磨电极端部，尽量使其表面光滑，并调整好上电极和下电极的位置，保证电极端部平面平行，轴线对中。

（2）焊件较大时应有定位焊工艺装备，以保证焊点位置准确，防止变形。

（3）操作中要保证参数稳定，以确保点焊质量。当电极压力超出选定参数时，应停止焊接，将压力调到稳定后再继续焊接。

（4）随时观察焊点表面状态，及时修理电极端部，防止焊件表面粘住电极或烧伤。

（5）若焊机的电极臂温度高于 75 ℃，或操作时出现其他问题，应处理妥当后再继续焊接，以免影响焊接参数的稳定性，进而影响焊接质量。

7. 注意事项

（1）满足点焊的搭接宽度及焊点间距要求。点焊搭接宽度的选择应以满足焊点强度为前提，厚度不同的材料，所需焊点直径也不同，即薄板，焊点直径小；厚板，焊点直径大。焊点间距即相邻两焊点的中心距，焊点间距是为避免点焊时产生分流而影响焊点质量规定的数值，其值与被焊金属的厚度、电导率、表面清洁度以及熔核的直径有关。焊点间距过大或过小都会影响焊接质量和焊件接头强度。因此不同厚度的材料搭接宽度与焊点间距就不同，一般规定见表 8-3。

表 8–3　　点焊搭接宽度与焊点间距最小值　　mm

材料厚度	结构钢		不锈钢		铝合金	
	搭接宽度	焊点间距	搭接宽度	焊点间距	搭接宽度	焊点间距
0.3+0.3	6	10	6	7		
0.5+0.5	8	11	7	8	12	15
0.8+0.8	9	12	9	9	12	15
1.0+1.0	12	14	10	10	14	15
1.2+1.2	12	14	10	12	14	15
1.5+1.5	14	15	12	12	16	20
2.0+2.0	18	17	12	14	20	25
3.0+3.0	20	24	18	18	26	30
4.0+4.0	22	26	20	22	30	35

（2）防止熔核偏移。熔核偏移是指不等厚度、不同材料点焊时，熔核不对称于交界面而向厚板或导电性、导热性差的一边偏移。其结果造成导电性、导热性好的焊件焊透率低。防止熔核偏移的原则：增加薄板或导电性、导热性好的焊件的产热量，加强厚板或导电性、导热性差的焊件的散热。

（3）表面有镀层的焊件点焊时，由于镀层金属的物理性能、化学性能不同于零件金属本身的性能，必须根据镀层性能选择点焊设备、电极材料和焊接参数，尽量减少对镀层的破坏。

（4）点焊时焊件应放平，焊接顺序的安排要使焊点交叉分布，使焊接应力均匀分布，避免产生累积变形。

（5）随时观察焊点表面状态，及时修理电极端部，防止焊件表面粘住电极或烧伤。

（6）对于焊件表面要求无压痕或压痕很小时，应使表面要求高的一面放于下电极上，尽可能加大下电极表面直径，或选用平板定位焊机进行焊接。

（7）焊接前、焊接过程中及焊接结束时，应分阶段进行点焊焊接质量的检验。

（8）焊接工作结束后，关闭焊接电源开关，关闭气路系统和冷却水。

课题二　薄板电阻缝焊

学习目标及技能要求

掌握薄板电阻缝焊的操作方法。

工艺分析

低碳钢是焊接性最好的缝焊材料。低碳钢搭接缝焊根据使用目的和用途不同可采用高速、中速和低速三种方案。手动移动焊件时，为便于对准预定焊缝位置，多采用中速。自动焊接时，如焊机的容量足够，可以采用高速或更高的速度。如焊机容量不够，不降低速度就不能保证足够大的熔宽和熔深时，则只能采用低速。

1. 焊前准备

（1）焊件材料：Q235 钢。

（2）焊件尺寸：250 mm × 80 mm × 1.2 mm，每组两块，如图 8-15 所示。

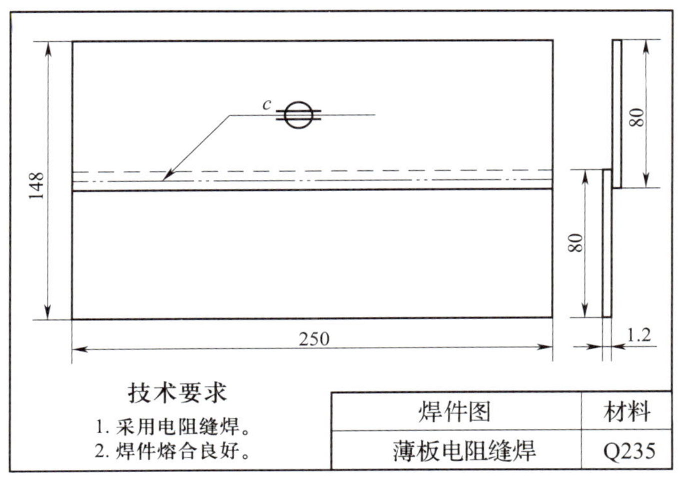

图 8-15　薄板电阻缝焊焊件图

（3）焊接材料：选用圆柱面 Cu-Cr 滚盘，直径为 180 mm；含 5%（质量分数）硼砂的冷却水溶液。

（4）焊接设备：FN-150 型电阻缝焊机。使用前应检查焊机各处的接线是否正确、牢固，按要求调试好焊接参数。

2. 焊件清理与装配

（1）焊前清理

用钢丝刷清理焊件表面的锈蚀及污物，并在短时间内进行焊接。

（2）装配

采用定位销或夹具进行装配，装配间隙要小于 0.5 mm。

（3）定位焊

点焊或在缝焊机上采用脉冲方式进行定位焊，焊点间距为 75 ~ 150 mm，定位焊点的数量应保证焊件能固定住。定位焊的焊点直径应不小于焊缝宽度，压痕深度小于焊件厚度的 10%。

3. 确定缝焊焊接参数

焊接前确定缝焊焊接参数，见表 8–4。

表 8–4　　缝焊焊接参数

板厚（mm）	搭接量（mm）	焊接速度（m/min）	焊接电流（kA）	电极压力（kN）
1.2	12	2.0	16	7

4. 启动焊机

（1）合上电源开关，慢慢打开冷却水阀，并检查排水管是否有水流出。然后打开气源开关，按焊件要求的参数调节气压。检查滚盘的相互位置，调节上滚盘和下滚盘，使接触表面对齐、同轴并贴合良好。

（2）根据焊接要求，通过焊接变压器和控制系统调整各开关及旋钮，调节焊接电流、焊接速度和电极压力等参数。

（3）按启动按钮，接通控制系统，约 5 min 后指示灯亮，表示准备工作结束，可以开动焊机进行焊接。

5. 焊接操作

缝焊时，每一焊点要经过预压、焊接、锻压三个阶段。但由于缝焊时滚盘电极与焊件间相对位置的迅速变化，使此三阶段不像点焊时区分得那样明显。

（1）预压阶段

即将进入滚盘电极下面的邻近金属受到一定的预热和滚盘电极部分压力作用。

（2）焊接阶段

焊件在滚盘电极直接压紧下被通电加热，由电阻热将两焊件接触表面加热到熔化温度，并逐渐向四周扩大形成熔核。

（3）锻压阶段

当熔核尺寸达到所要求的大小时，从滚盘电极下面出来的邻近金属开始冷却，同时仍受到滚盘电极部分压力作用。

因此，正处于滚盘电极下的焊接区和邻近的两边金属材料在同一时刻将分别处于不同阶段。而对于焊缝上的任一焊点来说，从滚盘下通过的过程也就是经历“预压—焊接—锻压”三个阶段的过程。由于该过程处在动态下进行，预压和锻压阶段的压力作用不够充分，使得缝焊接头质量一般比点焊时差，易出现裂纹、缩孔等缺陷。

焊接操作连续通电，在焊件间便出现相互重叠的焊点，从而形成连续的焊缝。

薄板电阻缝焊操作步骤见表 8–5。

表 8-5　　　　　　　　　　**薄板电阻缝焊操作步骤**

操作步骤及要领	图示
操作姿势：操作者保持站立姿势，面向滚盘，右脚向前跨半步踩在脚踏开关上，双手持焊件。 （1）预压 打开电源开关，将使用点焊定位好的焊件送到上、下两滚盘间，上电极下降压紧焊件，如图 8–16 所示。	 图 8–16　预压
（2）焊接 触发电路启动工作，按已调好的焊接电流对焊件进行通电加热，如图 8–17 所示。	 图 8–17　焊接
（3）锻压 滚盘旋转，焊件向前移动，焊接操作移向另一焊点，该焊点处于预压与焊接阶段，而从滚盘电极下面出来的邻近金属，受到滚盘电极部分压力作用处于锻压阶段，这样每一焊点均经过“预压—焊接—锻压”三个阶段，如图 8–18 所示。待焊件上的焊点全部经过滚盘后，缝焊结束。	 图 8–18　锻压

续表

操作步骤及要领	图示
缝焊焊缝如图 8–19 所示。	图 8–19　缝焊焊缝

6. 停止操作

当焊件全部移出滚盘后，焊接完成。焊接停止时，应先切断电源开关，经过 10 min 后再关闭冷却水。

安全生产

（1）为防止触电，焊机周围应保持干燥、清洁，并垫绝缘胶板，焊工要穿绝缘胶鞋。

（2）为防止压手，操作过程中精力要集中，不允许把手指放到电极间，以免压伤。

（3）为避免烫伤，要做好个人劳动防护，以免被金属飞溅物或焊件烫伤。

7. 注意事项

（1）焊接前焊件表面必须进行全部或局部（沿焊缝宽约 20 mm）清理。

（2）滚盘电极必须经常修整，在某些镀层板密封焊缝的焊接中，应使用专设的修整刀修整电极。

（3）不等厚度或不同材料缝焊时，可采用与点焊类似的工艺措施，改善熔核偏移情况。

（4）缝焊前必须采用点焊定位，定位间距为 75 ~ 150 mm，并注意定位焊的位置和表面质量；环形焊件定位焊后的间隙应沿圆周均布并不得过大。

（5）焊接长缝时要注意分段调节焊接参数和焊接顺序（如从中间向两端施焊）。

课题三　钢筋闪光对焊

学习目标及技能要求

掌握钢筋闪光对焊的操作方法。

工艺分析

钢筋闪光对焊适用于水平钢筋的非施工现场连接。焊接工艺对钢筋的端面要求不高，可以免去钢筋端面磨平工序，因而简化了操作工序，提高了工作效率。由于闪光对焊时接触面积小，接触点处电流密度大，热量集中，加热迅速，因此，焊接热影响区较小，焊接接头质量好；另外，采用了预热方法，使其能在较小功率的对焊机上焊接较大截面的钢筋，所以闪光对焊得到普遍应用。

1. 焊前准备

（1）焊件材料：Q235 钢。

（2）焊件尺寸：ϕ12 mm×50 mm，每组两根，焊件图如图 8–20 所示，实物图如图 8–21 所示。

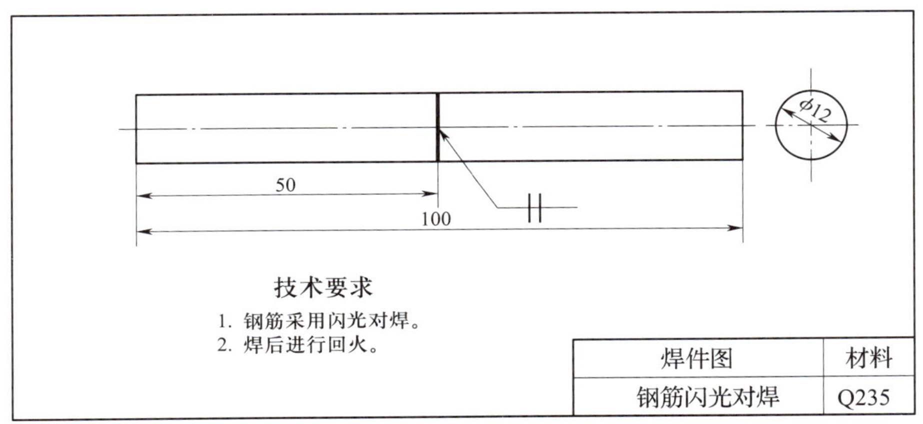

图 8–20 钢筋闪光对焊焊件图

（3）焊接设备：UN2–150 型闪光对焊焊机。使用前应检查焊机各处的接线是否正确、牢固，按要求调试好焊接参数。

图 8–21 螺纹钢

2. 焊件清理与装配

（1）焊前清理

对焊前清除螺纹钢端头约 30 mm 范围内的油污、锈蚀。弯曲的端头不能装夹，必须调直或切除。

（2）调整与装夹

1）按焊件的形状调整钳口，使两钳口中心线对准。

2）调整好钳口距离。

3）调整行程螺钉。

4）将钢筋放在两钳口上，并将两个夹头夹紧、压实。夹紧钢筋时，应使两钢筋端面的凸出部分相接触，以利于均匀加热和保证焊缝与钢筋轴线垂直。

3. 确定闪光对焊焊接参数

焊接前确定闪光对焊焊接参数，见表 8–6。

表 8-6 闪光对焊焊接参数

钢筋直径（mm）	顶锻压力（MPa）	伸出长度（mm）	烧化留量（mm）	顶锻留量（mm）		烧化时间（s）
				有电	无电	
12	60	22	8	1.5	3	4.25

4. 启动焊机

焊接前应检查焊机各部件和接地情况，然后根据焊接要求，调整变压器级次，打开冷却水，合上电源开关。

5. 焊接操作

连续闪光对焊焊接循环由闪光、顶锻、保持、休止程序组成，其中闪光、顶锻两个连续阶段组成连续闪光对焊接头形成过程，而保持、休止等程序则是对焊操作中所必需的。预热闪光对焊在上述焊接循环中增设预热程序（或预热阶段）。预热方法有电阻预热和闪光预热两种。

（1）预热阶段

预热的作用有以下几点：

1）减少需用功率，可在较小容量的焊机上对焊大截面焊件。

2）加热区域较宽，使顶锻时易于产生塑性变形，并能降低焊后冷却速度，有利于可淬硬金属的焊接。

3）缩短闪光加热时间，减小闪光量，既可节约金属，对管材还能减少毛刺。

为获得优质接头，预热阶段结束时，沿整个焊件端面（尤其是展开形焊件，如板材等）应得到均匀的预热，并达到所需的温度值（如钢的预热温度为 800 ~ 900 ℃）。

（2）闪光阶段

闪光是指从焊件对口间飞散出闪亮的金属微滴现象，其实质是液体过梁不断形成和爆破过程，并在此过程中析出大量的热。

1）闪光作用

①加热焊件，热源主要来源于液体过梁的电阻热以及过梁爆破时部分金属液滴喷射在对口端面上所带来的热量。

②烧掉焊件端面的污物和不平，降低对焊前端面的准备要求。

③液体过梁爆破时产生金属蒸气及气体（如 CO、CO_2 等），可减少空气向对口间隙的侵入，形成自保护；同时，金属蒸气及液滴被强烈氧化，从而减小了气体介质中氧的分压。

④闪光后期在端面形成的液态金属层为顶锻时排出氧化物和过热金属提供有利条件。

2）为获得优质接头，闪光阶段结束时应做到以下几点：

①对口处金属尽量不被氧化。要求闪光应进行得稳定而又激烈，尤其应控制好从闪光后期至顶锻开始瞬间闪光不能中断以及应有更高频率的过梁爆破。同时，也应控制好闪光过程中焊件不产生短路，否则将使端面局部过热。

②在对口及其附近区域获得一合适的温度分布，即对口端面加热均匀；沿焊件长度获得合适的温度分布；端面有一层较厚的液态金属层。

（3）顶锻阶段

顶锻阶段由有电顶锻和无电顶锻两部分组成。有电顶锻使端面液态金属不至于过早冷却，使对口加热区保持一定深度，对大截面焊件尤其重要。顶锻的作用如下：

1）封闭对口间隙，挤平因过梁爆破而留下的火口。

2）彻底排出端面的液态金属层，使焊缝中不留铸造组织。

3）排出过热金属及氧化夹杂，实现洁净金属的紧密贴合。

4）使对口和邻近区域获得适当的塑性变形，促进焊缝再结晶过程。

钢筋闪光对焊操作步骤见表 8–7。

表 8–7　　钢筋闪光对焊操作步骤

操作步骤及要领	图示
（1）闪光预热 手握手柄将两钢筋接头端面顶紧并通电，先进行一次闪光，将钢筋端面闪平。然后预热，方法是使两钢筋端面交替地轻微接触和分开，使其间隙发生断续闪光来实现预热；或使两钢筋端面一直紧密接触，用脉冲电流或交替紧密接触与分开产生电阻热（不闪光）来实现预热，如图 8–22 所示。	a)　b) 图 8–22　闪光预热 a）示意图　b）实物图
（2）连续闪光加热 当钢筋达到预热温度后进入闪光阶段，火花飞溅喷出，排出接头间的杂质，露出新的金属表面，如图 8–23 所示。	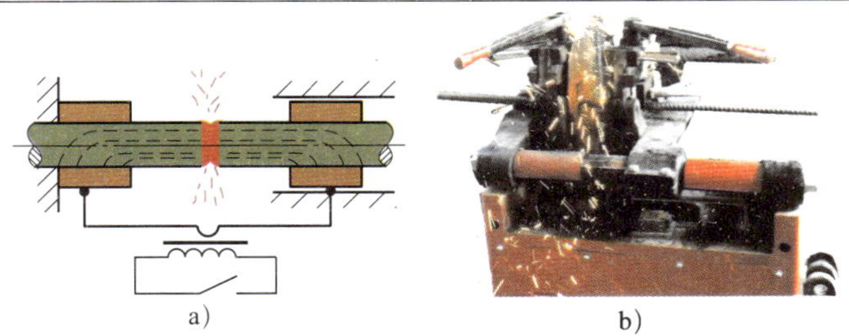 a)　b) 图 8–23　连续闪光加热 a）示意图　b）实物图
（3）顶锻断电并继续顶锻 当闪光到预定的长度时，以一定的压力迅速进行顶锻。先带电顶锻，再无电顶锻到一定长度，焊接接头即告完成，如图 8–24 所示。但顶锻过程中不能造成接头错位、弯曲，加压使接头处形成焊包的最大凸出量以高于母材 2 mm 左右为宜。	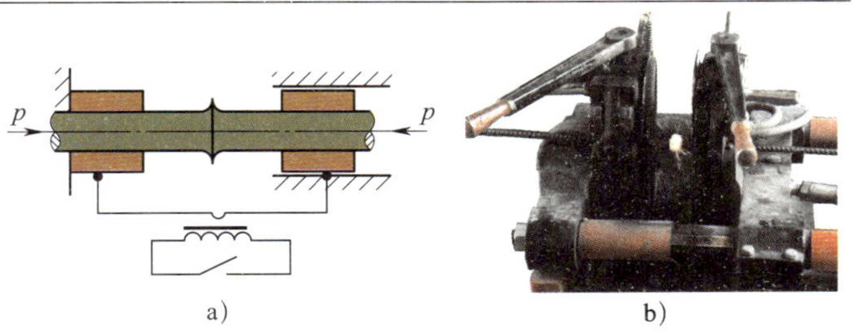 a)　b) 图 8–24　顶锻断电并继续顶锻 a）示意图　b）实物图

续表

操作步骤及要领	图示
（4）卸压 卸下钢筋，焊接完成。 焊接完成的钢筋及焊缝如图 8–25 所示。	图 8–25　焊接后钢筋及焊缝

6. 停止操作

焊接停止时，应先切断电源开关，经过 10 min 后再关闭冷却水。

7. 注意事项

（1）对焊前清除钢筋端头约 30 mm 范围内的锈蚀、污物，并调直或切除弯头。

（2）夹紧钢筋时，应使两钢筋端面的凸出部分相接触，以利于均匀加热和保证焊缝与钢筋轴线垂直。

（3）焊接完毕，应待接头处由白红色变为黑红色才能松开夹具，平稳地取出钢筋，以免引起接头弯曲，同时趁热将焊缝的毛刺打掉。

（4）不同直径的钢筋焊接时，其直径差一般不宜大于 3 mm。焊接时应按大直径钢筋选择焊接参数，并应减小大直径钢筋从夹具中伸出的长度，或利用短料先将大直径钢筋预热，以使两者在焊接过程中加热均匀，保证焊接质量。

第九单元

焊接机器人操作与编程

基础知识

学习目标及技能要求

1. 了解焊接机器人的组成和 KUKA 示教器（smartPAD）界面。
2. 理解 KUKA 机器人坐标系、运动方式及编程指令。
3. 能够对焊件的焊接流程进行编程分析。

一、焊接机器人的组成

焊接机器人是一种高度自动化的焊接设备，采用机器人代替手工焊接作业是焊接制造业的发展趋势，是提高焊接质量、降低生产成本、改善工作环境的重要手段。

焊接机器人主要包括机器人系统和焊接设备两部分。机器人系统由机器人本体、机器人控制柜及示教器组成；而焊接设备（以弧焊为例）则由焊接电源（包括控制系统）、送丝机、焊枪等部分组成，如图 9-1 所示。

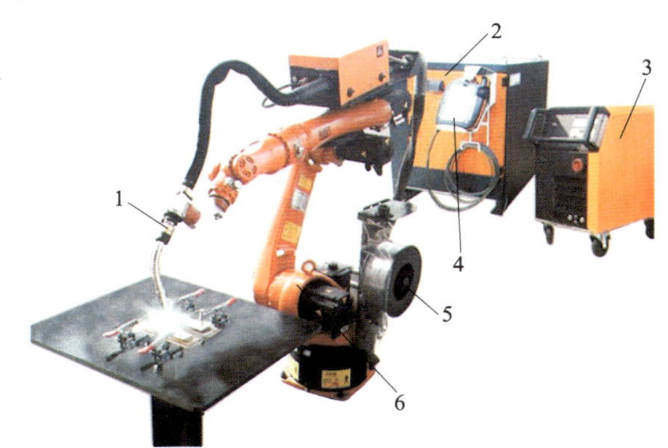

图 9-1　焊接机器人的组成

1—焊枪　2—机器人控制柜　3—焊接电源　4—示教器（手持编程器）　5—送丝机　6—机器人本体

二、KUKA 示教器（smartPAD）界面介绍

1. 示教器的结构及功能

示教器（smartPAD）是用于机器人的手持编程器。操作者可使用示教器通过手动操作、程序编写或参数配置等控制或调整机器人的行走路线、速度变量、旋转度数和焊接姿态等。

示教器配备一个触摸屏（smartHMI），可用手指或指示笔进行操作，不需要外部鼠标和键盘，如图 9–2 所示。

2. 示教器的面板

（1）正面面板

KUKA 机器人示教器正面面板由触摸屏、3D 鼠标、移动键、倍率按键、主菜单键、工艺键、程序启动键、键盘显示键、钥匙开关和急停按钮等组成，如图 9–3 所示。各按键的具体功能及操作见表 9–1。

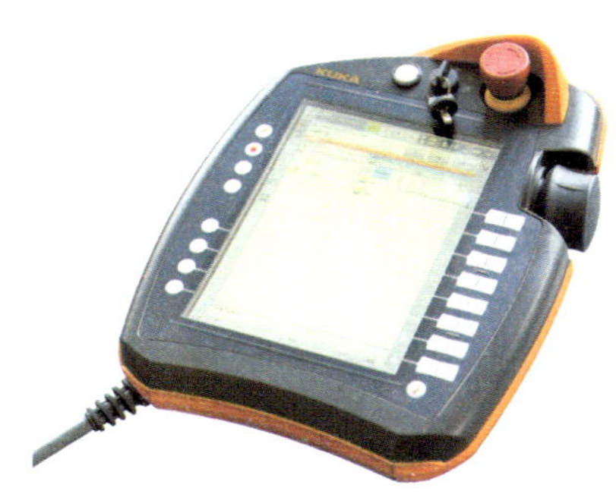

图 9–2 示教器（smartPAD）

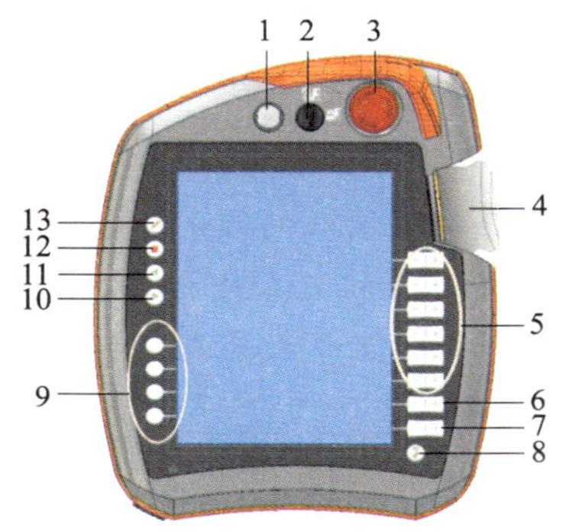

图 9–3 KUKA 机器人示教器（smartPAD）正面

表 9–1 KUKA 机器人示教器（smartPAD）正面面板按键功能及操作

序号	名称	功能及操作
1	smartPAD 按钮	用于拔下 smartPAD 的按钮。按下此按钮后 30 s 内可从机器人控制器上拔下 smartPAD。如果在计时器计时期间没有拔下 smartPAD，则此次计时失效
2	钥匙开关	用于调出连接管理器的钥匙开关。只有当钥匙插入时，方可转动开关。通过连接管理器可以转换 4 种运行方式，见表 9–2
3	紧急停止键	紧急停止装置，用于在危险情况下关停机器人。紧急停止装置在被按下时将自行闭锁
4	3D 鼠标	用于手动移动机器人

续表

序号	名称	功能及操作
5	移动键	用于手动移动机器人
6	倍率按键（自动运行）	用于设定程序倍率的按键
7	倍率按键（手动运行）	用于设定手动倍率的按键
8	主菜单按键	用来在触摸屏（smartHMI）上将菜单项显示出来
9	工艺键	主要用于设定应用程序包中的参数，其功能及操作见表 9–3
10	启动键	通过启动键可启动程序
11	逆向启动键	用逆向启动键可逆向启动程序。程序将逐步运行
12	停止键	用停止键可暂停运行中的程序
13	键盘显示键	用于在 smartHMI 上显示键盘，通常不必特地将键盘显示出来，smartHMI 可识别需要通过键盘输入的情况并自动显示键盘

表 9–2　　钥匙开关转换的运行方式

运行方式	名称	功能及操作
T1（机械手处于手动低速运行方式下）	用于测试运行状态、编程和示教	程序验证：程序编定的速度，最高为 250 mm/s 手动运行：手动运行速度，最高为 250 mm/s
T2（机械手处于编程速度运行方式下）	用于测试运行状态	程序验证：编程的速度 手动运行：不可行
AUT（机械手处于外部自动运行方式下）	用于不带上级控制系统的工业机器人	编程运行：编程的速度 手动运行：不可行
AUT EXT（机械手处于外部自动运行方式下）	用于带有上级控制系统（如 PLC）的工业机器人	编程运行：编程的速度 手动运行：不可行

表 9–3　　工艺键的功能及操作

按键名称	功能及操作
送丝键	手动模式下，按下“送丝键”控制焊丝连续伸长
退丝键	手动模式下，按下“退丝键”控制焊丝连续缩短
通电键	自动模式下，按下“通电键”即引弧通电焊接；反之，不通电
摆动键	自动模式下，按下“摆动键”开启程序中所编制的摆动形式；反之，则直线运行

（2）背面面板

KUKA 机器人示教器背面面板由确认开关、启动键、USB 接口和型号铭牌等组成，如图 9–4 所示。各按键的具体功能及操作见表 9–4。

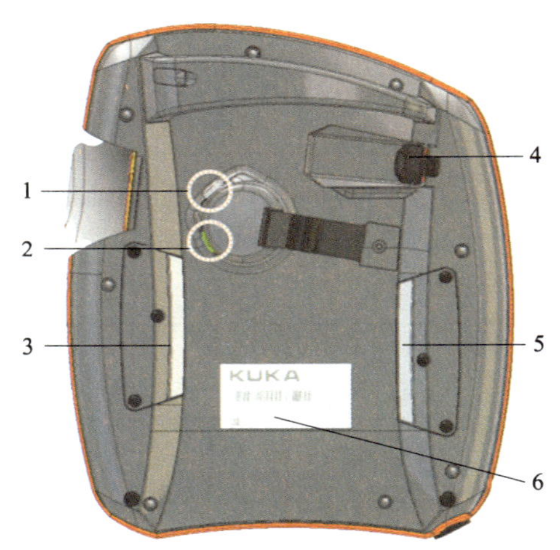

图 9–4　KUKA 机器人示教器（smartPAD）背面

表 9–4　　KUKA 机器人示教器（smartPAD）背面面板按键功能及操作

序号	名称	功能及操作
1	确认开关（1）	配合移动键和 3D 鼠标手动控制机器人，按下 3 个键（图 9–4 中的序号 1、3、5）中任一个（即 3D 和移动指示灯显示绿色），机器人就能运行。确认开关有未按下、中间位置和按下 3 个位置。在运行方式 T1 和 T2 下，确认开关必须保持中间位置，这样才能开动机械手。在采用自动运行模式和外部自动运行模式时，确认开关不起作用
2	启动键（绿色）	程序启动键（绿色按钮），通过启动键可启动一个程序

续表

序号	名称	功能及操作
3	确认开关（2）	同确认开关（1）
4	USB 接口	USB 接口被用于存档 / 还原等方面。仅适用于 FAT32 格式的 USB
5	确认开关（3）	同确认开关（1）
6	型号铭牌	用于标示 smartPAD 的具体型号和参数

3. 示教器的操作界面（KUKA smartHMI）

KUKA 机器人示教器的操作界面由状态栏、信息提示栏、信息窗口、3D 鼠标状态显示、3D 鼠标定位、移动键状态、移动键标记、程序倍率、手动倍率、按键栏、WorkVisual 图标、时钟、信号显示等组成，如图 9-5 所示。具体功能及操作见表 9-5。

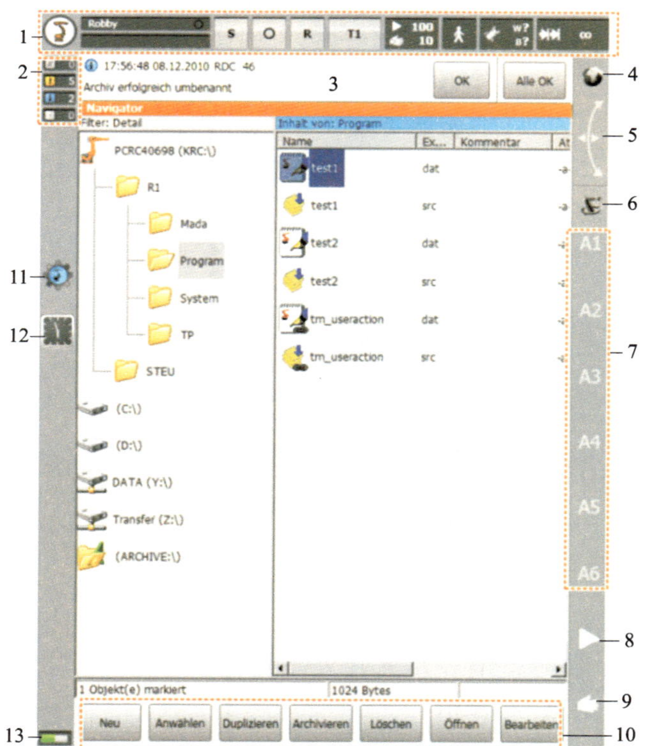

图 9-5 KUKA 机器人示教器（smartPAD）操作界面

表 9–5　　KUKA 机器人示教器操作界面的功能及操作

序号	名称	功能及操作
1	状态栏	状态栏显示机器人设置的状态。多数情况下通过触摸就会打开一个窗口，可在其中更改设置
2	信息提示栏	显示每种提示信息类型各有多少条提示信息。触摸提示信息计数器可放大显示
3	信息窗口	信息窗口根据默认设置将只显示最后一条提示信息。触摸提示信息窗口可放大该窗口并显示所有待处理的提示信息。可以被确认的提示信息可用“OK”键确认，所有可以被确认的提示信息可用全部“OK”键一次性全部确认
4	3D 鼠标状态显示	显示用 3D 鼠标手动移动的当前坐标系。触摸该显示即可显示所有坐标系并可以选择另一个坐标系
5	3D 鼠标定位	显示 3D 鼠标定位，触摸该显示会打开一个显示 3D 鼠标当前定位的窗口，在窗口中可以修改定位
6	移动键状态	显示用移动键手动移动的当前坐标系。触摸该显示即可显示所有坐标系并可以选择另一个坐标系
7	移动键标记	如果选择了与轴相关的移动，这里将显示轴号（如 A1、A2 等）
8	程序倍率	触摸可设定程序倍率
9	手动倍率	触摸可设定手动倍率
10	按键栏	这些按键自动进行动态变化，并总是针对 smartHMI 上当前激活的窗口。最右侧是按键编辑。用这个按键可以调用导航器的多个指令
11	WorkVisual 图标	通过触摸 WorkVisual 图标可至窗口项目管理
12	时钟	显示系统时间。触摸时钟就会以数码形式显示系统时间以及当前日期
13	信号显示	显示存在信号。如果显示以下闪烁：左侧和右侧小灯交替发绿光，交替缓慢（约 3 s）而均匀，则表示 smartHMI 激活

三、机器人坐标系、运动方式及编程指令

1. 机器人坐标系

为了说明点的位置、运动的快慢和运动方向等，必须选取坐标系。在机器人的操作、编

程与投入运行时坐标系具有重要的意义。在机器人控制系统中定义了下列坐标系：WORLD（世界坐标系）、ROBROOT（机器人足部坐标系）、BASE（基坐标系）和 TOOL（工具坐标系），如图 9–6 所示，其位置、应用及特点见表 9–6。

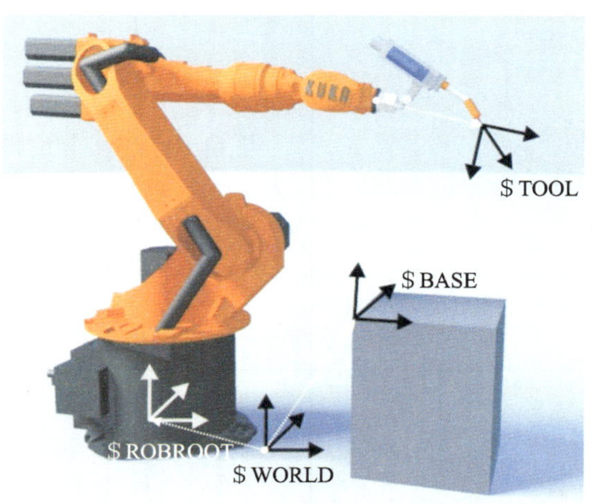

图 9–6　机器人坐标系

表 9–6　　坐标系的位置、应用及特点

名称	图示	位置	应用	特点
WORLD		可自由定义	ROBROOT 和 BASE 的原点	大多数情况下位于机器人足部
ROBROOT		固定于机器人足内	机器人的原点	说明机器人在世界坐标系中的位置

名称	图示	位置	应用	特点
BASE		可自由定义	工件、工艺装备	用来说明工件的位置
TOOL		可自由定义	工具	TOOL坐标系的原点被称为“TCP”

在坐标系中可以用两种不同的方式移动机器人，如图 9–7 所示。

（1）沿坐标系的坐标轴方向平移（直线）：*Z*、*Y*、*X*。

（2）环绕着坐标系的坐标轴方向转动（旋转 / 回转）：角度 *A*、*B* 和 *C*。

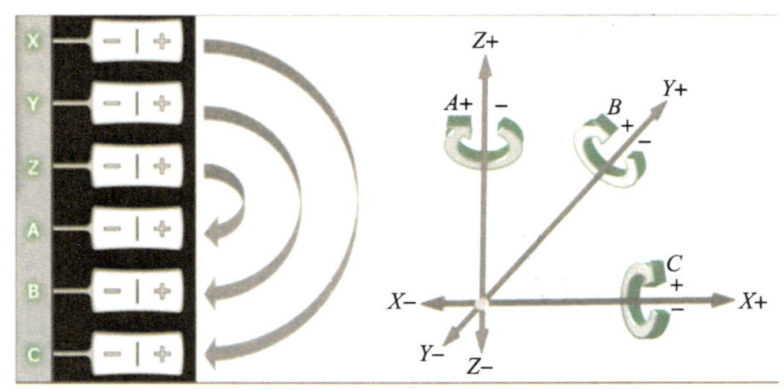

图 9–7　坐标系中移动机器人的方式

2. 机器人运动方式

KUKA 机器人有 PTP(点到点)、LIN(直线)、CIRC（圆弧）三种基本的运动方式，具体见表 9–7。

表 9–7 机器人运动方式

运动方式	图示	说明
PTP	TCP P2 P1	机器人沿最快的轨道将 TCP 引至目标点。一般情况下最快的轨道并不是最短的轨道，也就是说并非直线。因为机器人轴进行回转运动，所以沿曲线轨道比直线轨道运行更快。无法事先知道精确的运动过程
LIN	P2 TCP P1	机器人沿一条直线以定义的速度将 TCP 引至目标点
CIRC	P_{END} TCP P_{START} P_{AUX}	机器人沿圆形轨道以定义的速度将 TCP 移至目标点。圆形轨道是通过起点（P_{START}）、辅助点（P_{AUX}）和目标点（P_{END}）定义的

3. 编程指令

（1）ARC ON

指令 ARC ON 包含至引燃位置（= 目标点）的运动以及引燃、焊接、摆动参数、焊接速度。电弧引燃并且启用焊接参数后，指令 ARC ON 结束。

（2）ARC OFF

ARC OFF 在终端焊口位置（= 目标点）结束焊接过程。在终端位置填满终端弧坑。

（3）ARC SWITCH

指令 ARC SWITCH 用于将一条焊缝分为多个焊缝段。一条 ARC SWITCH 指令中包含其中一个焊缝段中的运动、焊接以及摆动参数。对最后一个焊缝段必须使用指令 ARC OFF。

从上述三个编程指令的使用要求可以看出，一段式焊缝至少需要 ARC ON 和 ARC OFF 两个焊接指令，而分段式焊缝则需要 ARC ON、ARC OFF 和 ARC SWITCH 三个焊接指令，如图 9–8 所示。

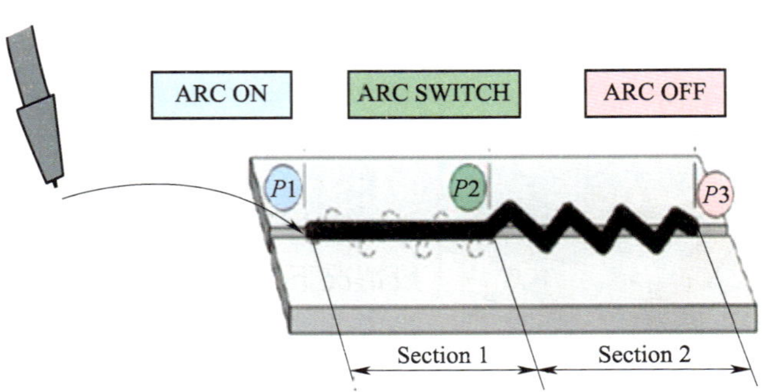

图 9-8　编程指令的应用

4. 焊接流程

下面以焊接一个焊件的两条焊缝为例分析焊接流程，如图 9-9 所示（绿色圆点为示教点，虚线为空运行轨迹，实线为焊接轨迹）。其中焊缝 1 由一段组成，焊缝 2 由三段组成，焊接流程见表 9-8。

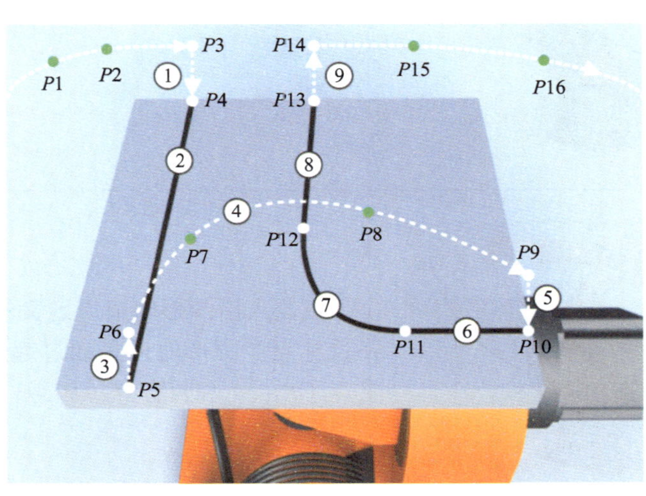

图 9-9　焊接流程分析

表 9-8　焊接流程

序号	运动方式说明	编程指令
1	移向焊缝 1 引燃位置的运动	ARC ON (LIN)
2	焊缝 1（1 个运动）	ARC OFF (LIN)
3	从焊缝 1 移开的运动	LIN
4	移向下一条焊缝的运动	PTP、LIN 或 CIRC

续表

序号	运动方式说明	编程指令
5	移向焊缝 2 引燃位置的运动	ARC ON (LIN)
6	焊缝 2 的第一段	ARC SWITCH (LIN)
7	焊缝 2 的第二段	ARC SWITCH (CIRC)
8	焊缝 2 的最后一段	ARC OFF (LIN)
9	从焊缝 2 移开的运动	LIN

课题一 板材 V 形坡口对接平焊

学习目标及技能要求

掌握焊接机器人板材 V 形坡口对接平焊打底层和盖面层的示教编程及操作方法。

工艺分析

焊接机器人板材 V 形坡口对接平焊时，焊件处于平位，示教编程过程中不容易产生位置干涉现象，编程较容易，考虑为本单元的第一个训练课题，为降低编程难度，故将打底层和盖面层分别进行示教编程。但熔敷金属在电弧吹力、电磁力、重力的作用下，打底层焊缝很容易超高或产生焊瘤、烧穿的现象。因此，在装配定位时要保证根部间隙和钝边的相互配合以及焊接参数的合理选用。盖面焊时要注意合理选择摆动偏转值，保证盖面焊缝能与母材坡口棱边良好熔合。

1. 焊前准备

（1）焊件材料：Q235 钢。

（2）焊件尺寸：300 mm × 100 mm × 10 mm，每组两块，如图 9-10 所示。

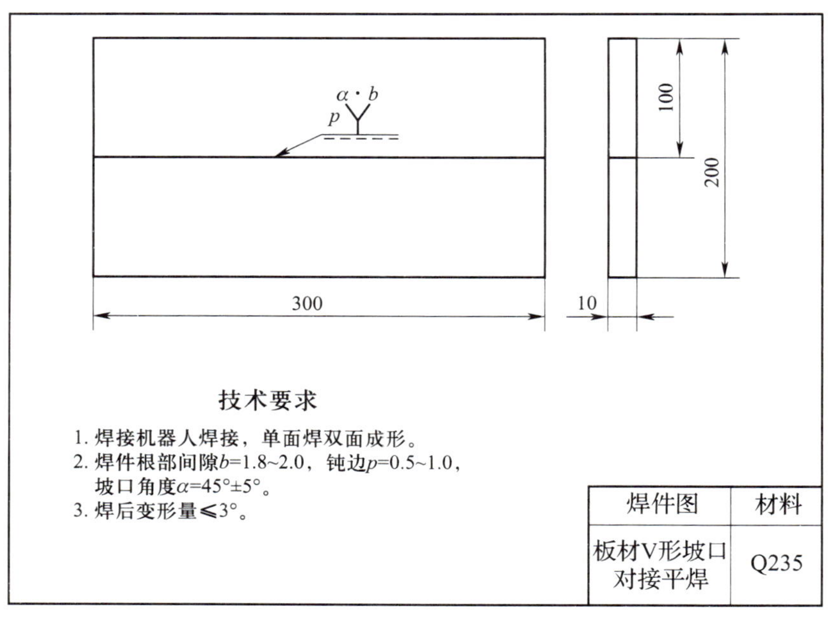

图 9–10　板材 V 形坡口对接平焊焊件图

（3）焊接要求：单面焊双面成形。

（4）焊接材料：焊丝选用 ER49–1，直径为 1.2 mm。

（5）焊接设备：KR5 R1400 型 KUKA 焊接机器人及 Artsen PM400A 型麦格米特电源。

2. 焊件清理与装配

（1）钝边

修磨钝边为 0.5 ~ 1 mm，去除毛刺。

（2）焊前清理

清理焊件坡口面及坡口正、反面两侧各 20mm 范围内的油污、锈蚀、水分及其他污物，直至露出金属光泽。为便于清除飞溅物和防止堵塞喷嘴，可在焊件表面涂上一层飞物溅防黏剂，在喷嘴上涂一层喷嘴防堵剂。

（3）装配

始焊端装配间隙为 1.8 mm，终焊端装配间隙为 2.0 mm。错边量≤ 0.5 mm。

（4）定位焊

将修磨完毕的焊件按装配间隙进行固定，采用与正式焊接相同型号的焊丝，在距离焊件两端 20 mm 以内的坡口面内进行定位焊，焊缝长度为 10 ~ 15 mm，通过修磨将接头处打薄。

（5）预置反变形

预置反变形量为 0° ~ 1° 。

3. 确定焊接参数

焊接机器人板材 V 形坡口对接平焊焊接参数的选择见表 9–9。

表 9–9　　　　焊接机器人板材 V 形坡口对接平焊焊接参数

焊接层次	焊丝直径（mm）	焊接电流（A）	电弧电压（V）	焊接速度（m/min）	摆动方式
打底层（1）	1.2	110	18	0.1	梯形摆动
盖面层（2）		110	18	0.1	梯形摆动

4. 焊接过程

初学焊接机器人编程时，可将打底层、盖面层的焊接程序分别编写，以便在打底层焊接出现焊缝偏移时，可用盖面层的程序点位置及摆动幅度对其进行修正。操作熟练后，则可将打底层、盖面层的焊接程序一次编写完。

焊接机器人板材 V 形坡口对接平焊操作步骤见表 9–10。

表 9–10　　　　板材 V 形坡口对接平焊操作步骤

<table>
<tr><th>操作步骤及要领</th><th>图示</th></tr>
<tr><td>（1）编程前准备
首先，检查焊接机器人操作场地用电、用气安全状况，并注意悬挂作业标志，如图 9–11 所示。
然后，按顺序依次启动总电源、工位电源、焊接机器人配套焊接设备电源。同时，在确认焊接机器人处于锁止状态后，将机器人控制柜电源钥匙切换至 ON 挡，等待示教器自检程序开启。待示教器程序自检完成后，拧动钥匙，选择手动模式，以解除机器人锁止状态，如图 9–12 所示。</td><td>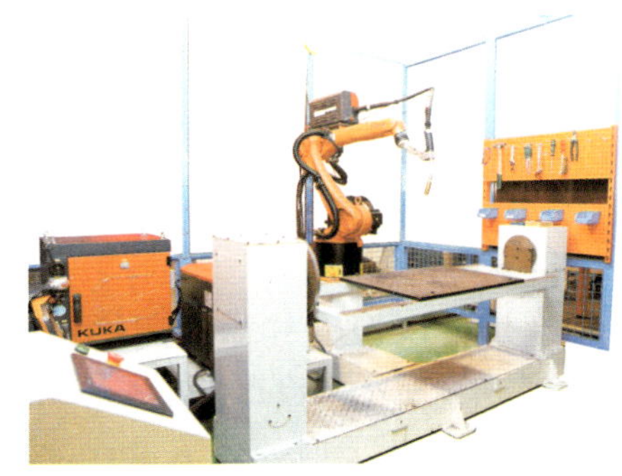

图 9–11　检查场地
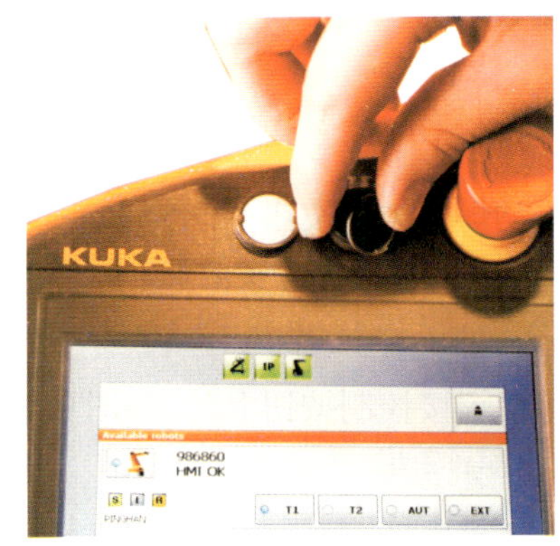

图 9–12　选择手动（T1）模式</td></tr>
</table>

续表

操作步骤及要领	图示
最后，调整手动速度（低倍率），选择工具坐标 T1 和基坐标 B0，如图 9-13 所示。手握上电键（确认开关），结合 3D 鼠标手动运行设备，检验各轴机械运行状态。	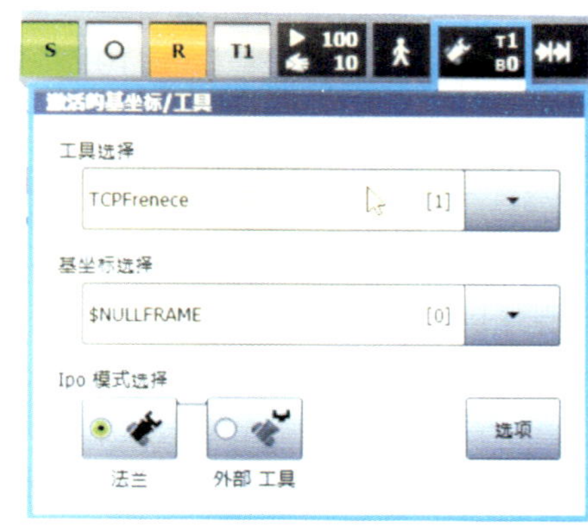 图 9-13　选择工具坐标和基坐标
（2）初步设置焊接参数 1）打开气瓶瓶阀，调节气体流量为 15 ~ 20 L/min。 2）用钢丝钳剪去焊丝前端污损部位，测量焊丝伸出长度为 10 ~ 12 mm，如图 9-14 所示。 3）按动焊接电源上气体检测按钮气体检测，如图 9-15“A”所示，检查机器人焊枪端部有无气体送出，必要时使用流量计检测气体流量。 4）按动焊接电源上焊丝直径按钮焊丝直径，如图 9-15“B”所示，选择所使用的焊丝直径为 1.2 mm。 5）按动焊材类型按钮焊材类型，如图 9-15“C”所示，选择所焊材料：实心碳钢，100%（体积分数）CO_2。 6）按动焊接控制按钮焊接控制，如图 9-15“D”所示，选择：2 步。 7）按动焊接方法按钮焊接方法，如图 9-15“E”所示，选择：直流。	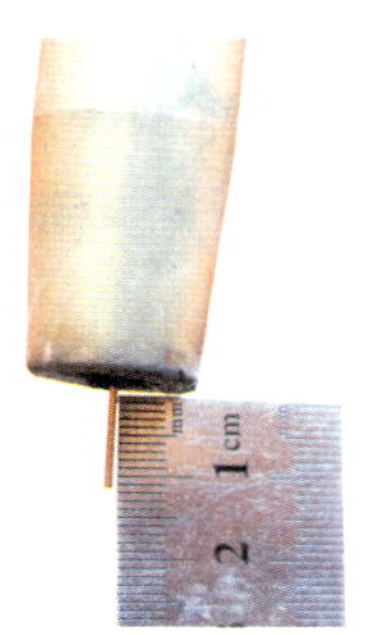 图 9-14　测量焊丝伸出长度 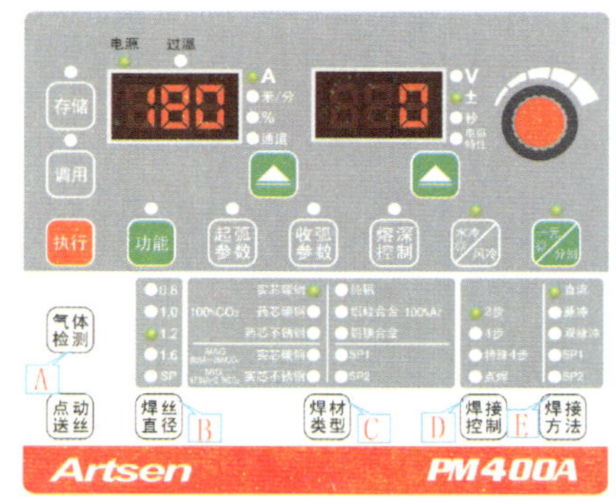 图 9-15　焊接电源控制面板

续表

操作步骤及要领	图示

（3）打底层编程

1）选择坐标和 TCP 工具。用触屏笔点击示教器屏幕右上方的坐标系选项，在界面中选择 KUKA 机器人默认基坐标系，选择 TCP 为 1 号工具，如图 9-13 所示。

2）新建程序。在示教器屏幕依次点击新建程序文件夹→新建程序（输入程序名为 pinghan），然后打开新建的程序（pinghan）进行编辑，出现以下默认程序语句：

DEF pinghan( )	程序名称
INI	系统初始化程序
PTP HOME Vel=100%	HOME 原点，开始安全位置
PTP HOME Vel=100%	HOME 原点，结束安全位置
END	程序结束

新建程序如图 9-16 所示。

HOME 为机器人的初始位置（设计原点），如图 9-17 所示，它位于机器人不易被干涉的位置。如果在编程过程中发现 HOME 点与工件位置产生干涉，可以将焊枪移至安全点位置，选中“PTP HOME Vel=100%”程序段，点击界面下方“更改”键，点击“确定参数”，再点击指令“OK”进行更改（程序中速度“Vel=100%”可以根据需要自行调整，点击该程序段即可更改）。

3）设置安全过渡点位置。将焊枪移至开始处安全过渡点位置，如图 9-18 所示，点击“指令”键，从该栏中点击“运动”，选择“PTP”或“LIN”，点击“确定参数”，再点击指令“OK”，如图 9-19 所示（程序中速度“Vel=100%”或“Vel=2”可以根据需要自行调整，点击该程序段即可更改）。

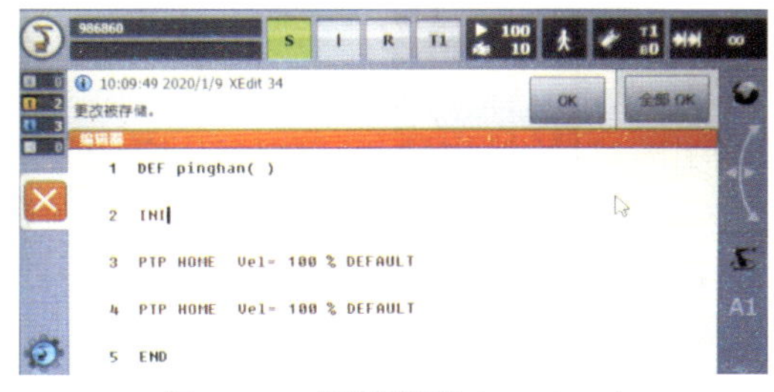

图 9-16　新建程序（pinghan）

图 9-17　机器人原点位置

图 9-18　打底层开始处安全过渡点位置

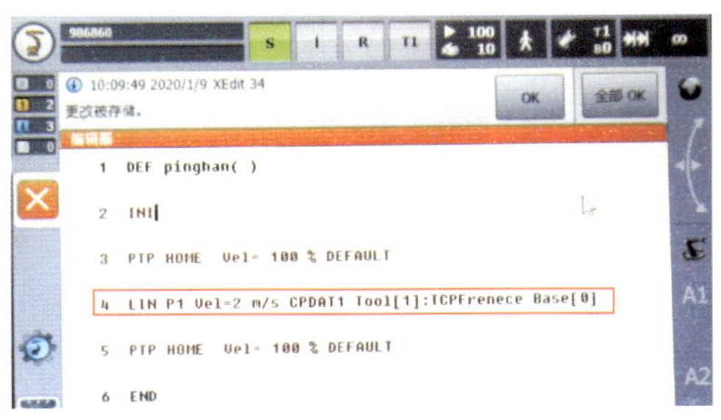

图 9-19　设置始焊处安全过渡点位置

操作步骤及要领	图示
4）设置焊接电流。点击“指令”键，从该栏中点击“模拟输出”，选择“静态”，在弹出的对话框中选择“CHANNEL_1”并更改参数（设置焊接电流，选0.2，电流值为110 A），点击指令“OK”，如图9–20所示。 设置焊接电流时，数据加0.01，焊接电流加5 A，例如，0.2是110 A，则0.21是115 A，0.22是120 A。 5）设置电弧电压。点击“指令”键，从该栏中点击“模拟输出”，选择“静态”，在弹出的对话框中选择“CHANNEL_2”并更改参数（设置电弧电压，选0.2，电压值为18 V），点击指令“OK”，如图9–21所示。 设置电弧电压时，数据加0.02，电弧电压加0.5 V，例如，0.2是18 V，0.22是18.5 V，0.24是19 V。 6）设置始焊点位置。将焊枪移至始焊点位置（在接近参考点时要降低运行速度，以防止发生碰撞），如图9–22所示，点击“指令”键，从该栏中点击“ArcTech”，选择“ARC开”，如图9–23所示。	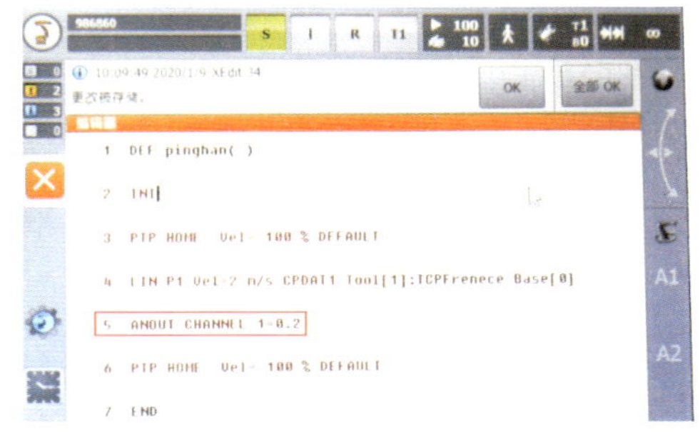 图9–20　设置打底层焊接电流 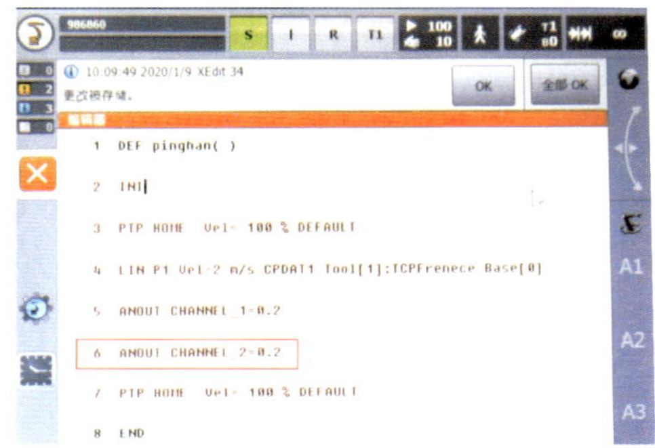 图9–21　设置打底层电弧电压  图9–22　打底焊始焊点位置 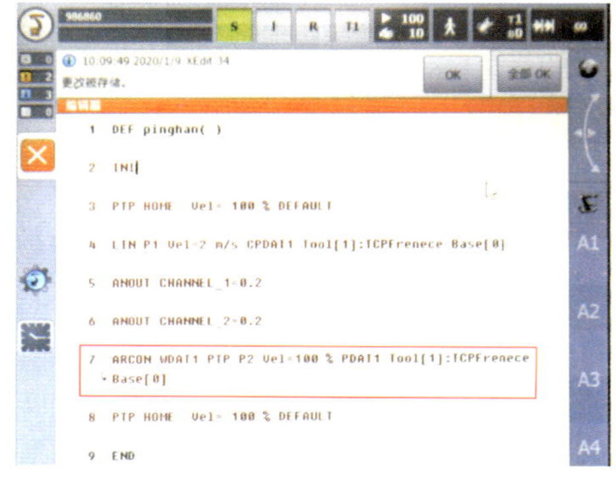 图9–23　移至始焊点并引弧

操作步骤及要领	图示
选中“ARCON WDAT1 PTP P2 Vel=100% PDAT1 Tool[1]:TCPFrenece Base[0]”程序段，点击“WDAT1”，展开对话框后，从“焊接参数”项中调整机器人焊接速度为0.1m/min，如图9-24所示。从“摆动”项中选择“Trapezoid(梯形)”，并调整长度（层间距）为2.5 mm，偏转(单边宽度)2 mm，角度为90°，如图9-25所示。	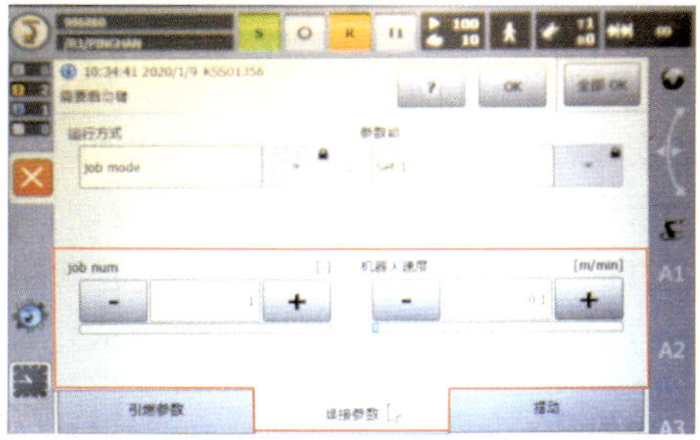 图9-24　设置焊接速度 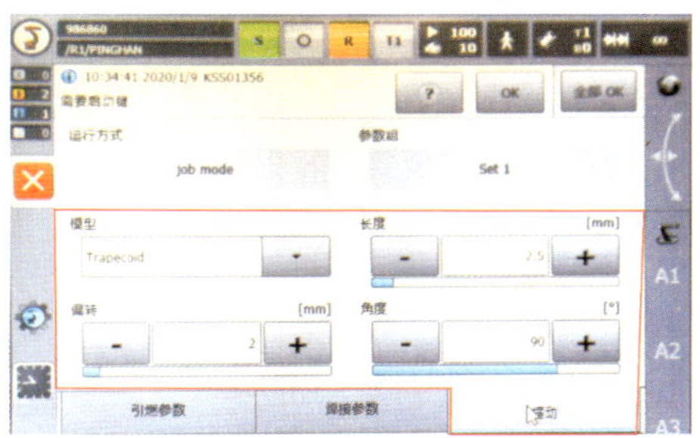 图9-25　设置摆动参数
7）设置终焊点位置。将焊枪移至终焊点位置，如图9-26所示，点击“指令”键，从该栏中点击“ArcTech”，选择“ARC关”，点击“确定参数”，再点击指令“OK”，如图9-27所示。	 图9-26　打底焊终焊点位置 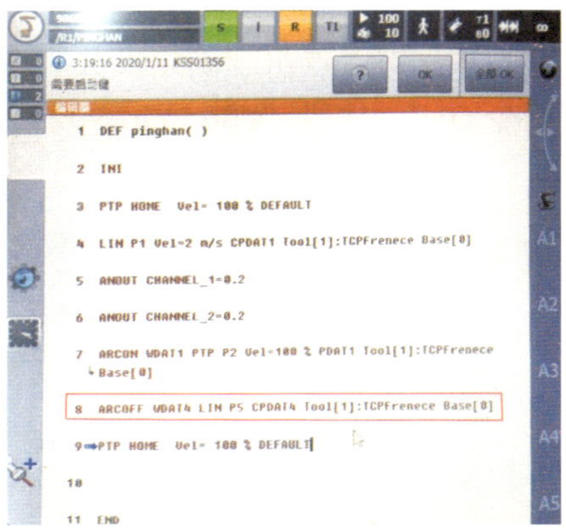 图9-27　移至终焊点并熄弧

续表

操作步骤及要领	图示
8）设置安全过渡点位置。将焊枪移至结束处安全过渡点位置，如图 9–28 所示，点击“指令”键，从该栏中点击“运动”，选择“PTP”或“LIN”，点击“确定参数”，再点击指令“OK”，如图 9–29 所示。	 图 9–28　打底层结束处安全过渡点位置 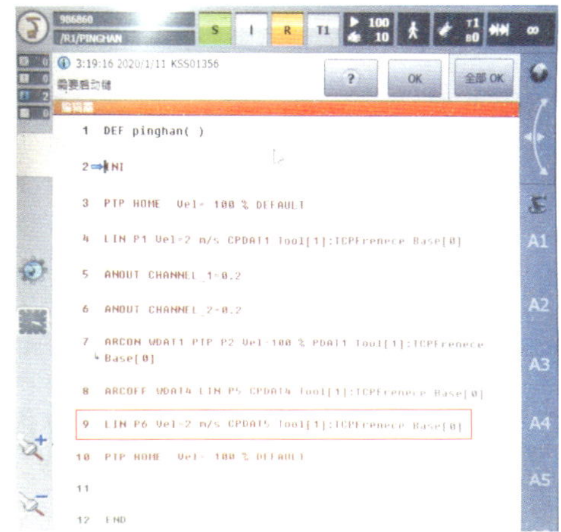 图 9–29　设置打底层终焊处安全过渡点位置
9）返回安全位置。将焊枪返回安全位置（机器人原点位置），如图 9–17 所示，选中“PTP HOME Vel=100%”程序段，点击界面下方“更改”键，点击“确定参数”，再点击“指令 OK”，如图 9–30 所示。	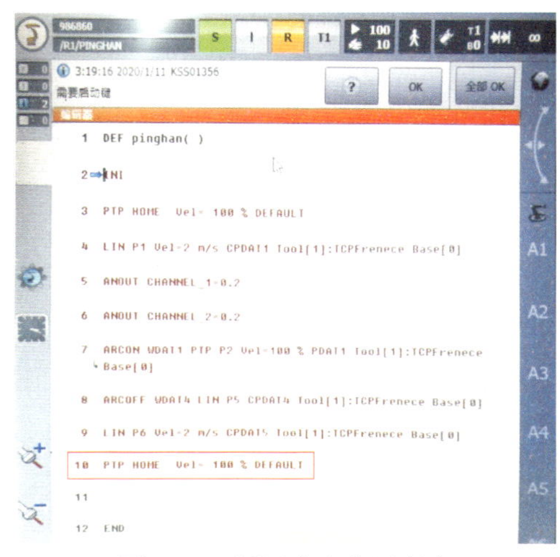 图 9–30　返回安全位置程序

<table>
<tr><th>操作步骤及要领</th><th>图示</th></tr>
<tr><td>10）程序复位。点击“界面”上方“R”键，选择程序复位，如图 9-31 所示。</td><td>
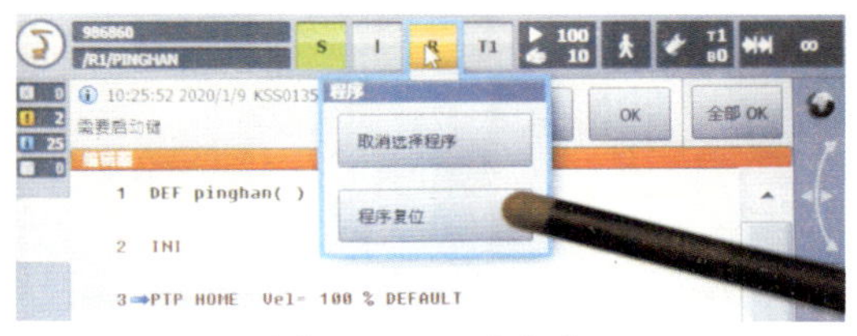

图 9-31　程序复位
</td></tr>
<tr><td>11）模拟运行。首先，模拟运行前检查通电状态，确认其关闭，如图 9-32 所示。设置运行方式，若设置运行方式为“动作”（见图 9-33），程序运行过程中在每个点上暂停，包括在辅助点和样条段点上暂停；若设置运行方式为“Go”（见图 9-34），则程序不停顿地运行，直至程序结尾。设置运行速度，如图 9-35 所示，然后在手动（T1）模式下（见图 9-12）按下启动键（见图 9-36），模拟运行程序。</td><td>
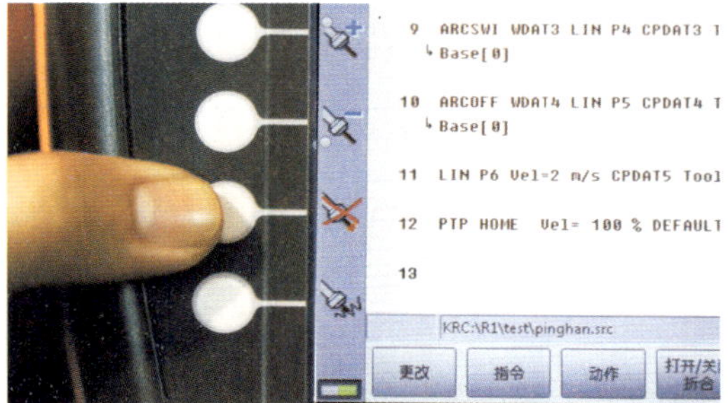

图 9-32　检查通电状态

图 9-33　设置运行方式—动作

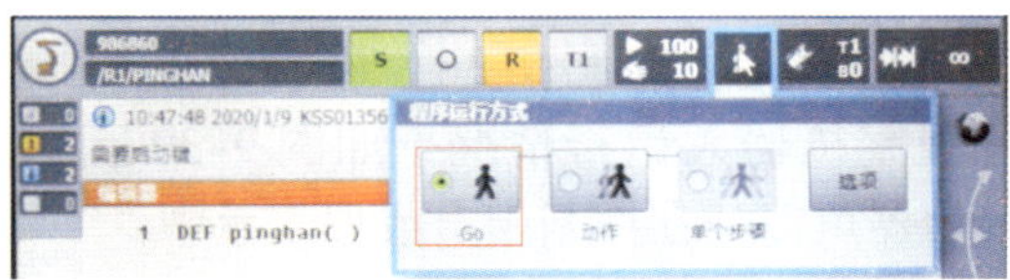

图 9-34　设置运行方式—Go

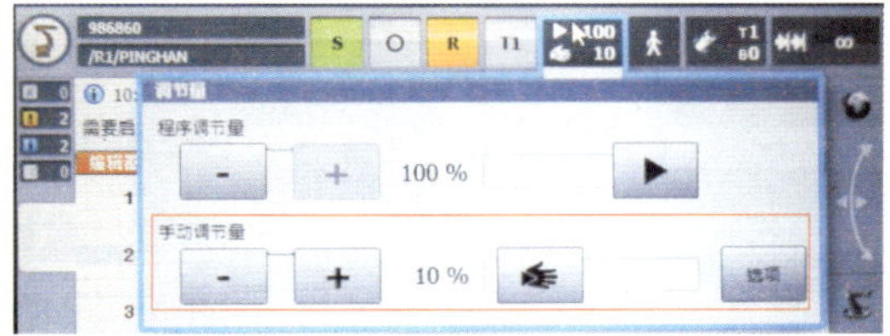

图 9-35　设置运行速度
</td></tr>
</table>

续表

操作步骤及要领	图示
	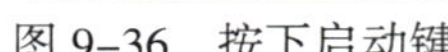 图 9-36　按下启动键
（4）打底层焊接 如果程序经模拟运行无误，将示教器调至自动模式（见图 9-37），穿戴必要的劳动保护用品，开启通电键（见图 9-38），按下启动键（见图 9-36）进行通电焊接，并观察机器人运行情况，如图 9-39 所示，示教器可以挂在控制柜上或握于手中。	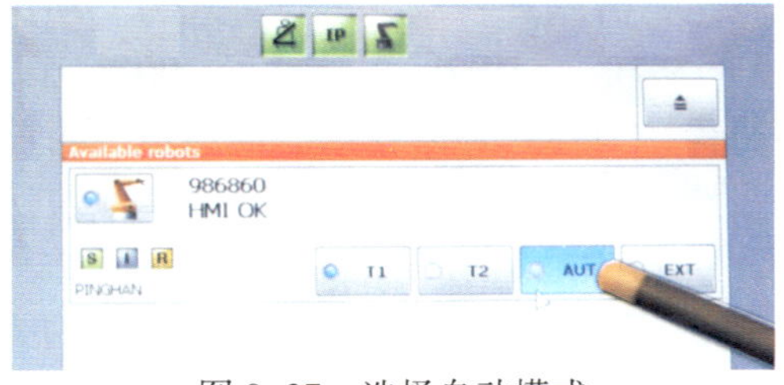 图 9-37　选择自动模式 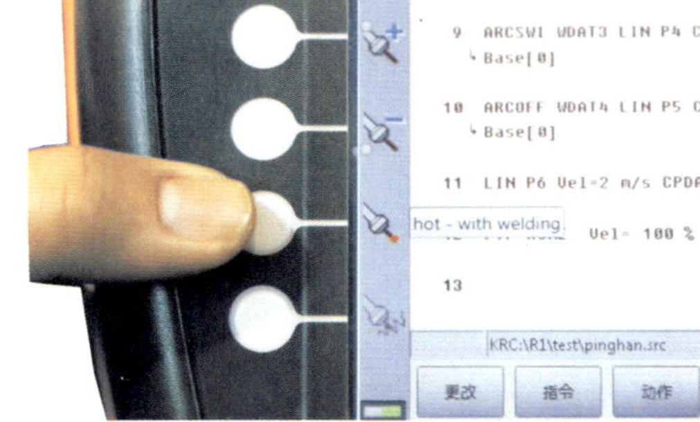 图 9-38　开启通电键  图 9-39　观察机器人运行情况

续表

操作步骤及要领	图示
打底层背面焊缝如图 9–40 所示。	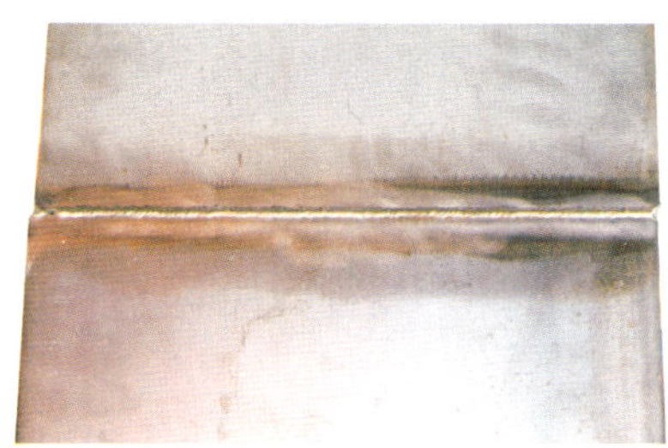 图 9–40　打底层背面焊缝
（5）盖面层编程 盖面层的示教编程同打底层编程一样，只是在设置焊接电流、电弧电压、焊接速度和摆动项里面的具体参数时可略作调整，具体程序如图 9–41 所示。 这里选用与打底层一样的焊接电流为 110 A，电弧电压为 18 V，焊接速度为 0.1 m/min。需要略作调整的是，从“摆动”项中选择“Trapezoid（梯形）”，并调整长度（层间距）为 2.5 mm，偏转（单边宽度）4.1 mm，角度为 90°，如图 9–42 所示。	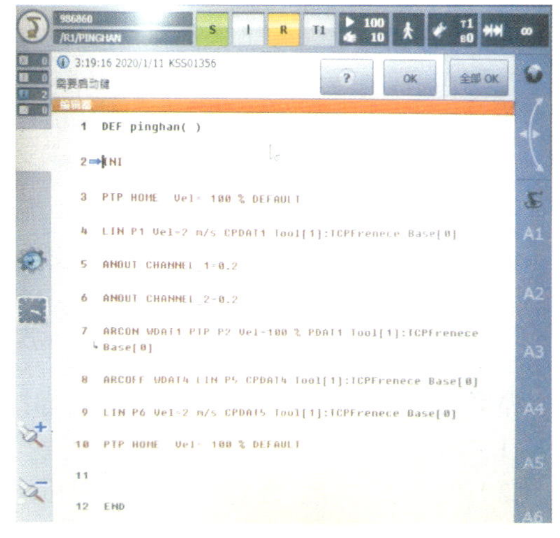 图 9–41　盖面层示教编程程序 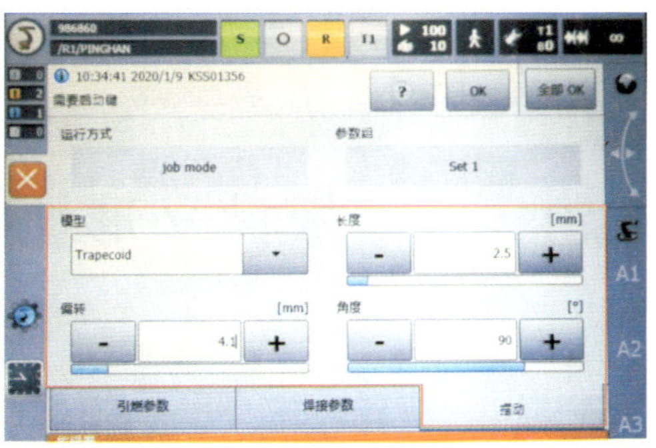 图 9–42　摆动参数设置

续表

操作步骤及要领	图示
（6）盖面层焊接 盖面层焊接具体操作同打底层焊接一样，焊接完成后的盖面层焊缝如图 9–43 所示。	 图 9–43　盖面层焊缝

注意事项

（1）示教编程过程中要不断地观察机器人，防止误操作情况下可能发生的碰撞现象。

（2）编程后，必须用示教器对整个程序手动检查一遍，未经检查禁止自动运行程序。

（3）机器人自动运行前，应确保机器人当前位置处于参考点位置或者机器人能够无碰撞地到达程序的起始点位置；同时，应确保没有人员在机器人的活动范围内。

（4）机器人自动运行期间不要在机器人下走动。

（5）操作完成后，应使机器人回到 HOME 位置。

5. 焊接质量要求

焊接机器人板材 V 形坡口对接平焊焊接质量要求如下：

（1）示教编程程序正确，焊接参数选择合理。

（2）打底层焊缝背面均焊透，无明显超高、焊瘤或烧穿等缺陷。

（3）盖面层焊缝两侧与母材熔合良好，焊缝波纹均匀、美观。

课题二　板材 V 形坡口对接横焊

学习目标及技能要求

掌握焊接机器人板材 V 形坡口对接横焊打底层和盖面层的示教编程及操作方法。

工艺分析

焊接机器人板材V形坡口对接横焊时，比平位焊接难度略大，要考虑焊接机器人焊枪与焊件位置的干涉，因此，在编程过程中要充分考虑到HOME点→安全过渡点→燃弧点或熄弧点→安全过渡点→HOME点运行过程中无位置干涉或碰撞事件发生。横焊时焊缝容易在上板产生咬边，下板产生熔合不良。因此，横焊时所要求的焊接参数比平焊时严格，要充分考虑合理的焊枪角度、焊接速度、焊接电流和电弧电压等。

1. 焊前准备

（1）焊件材料：Q235钢。

（2）焊件尺寸：300 mm × 100 mm × 10 mm，每组两块，如图9–44所示。

（3）焊接要求：单面焊双面成形。

（4）焊接材料：焊丝选用ER49–1，直径为1.2 mm。

（5）焊接设备：KR5 R1400型KUKA焊接机器人及Artsen PM400A型麦格米特电源。

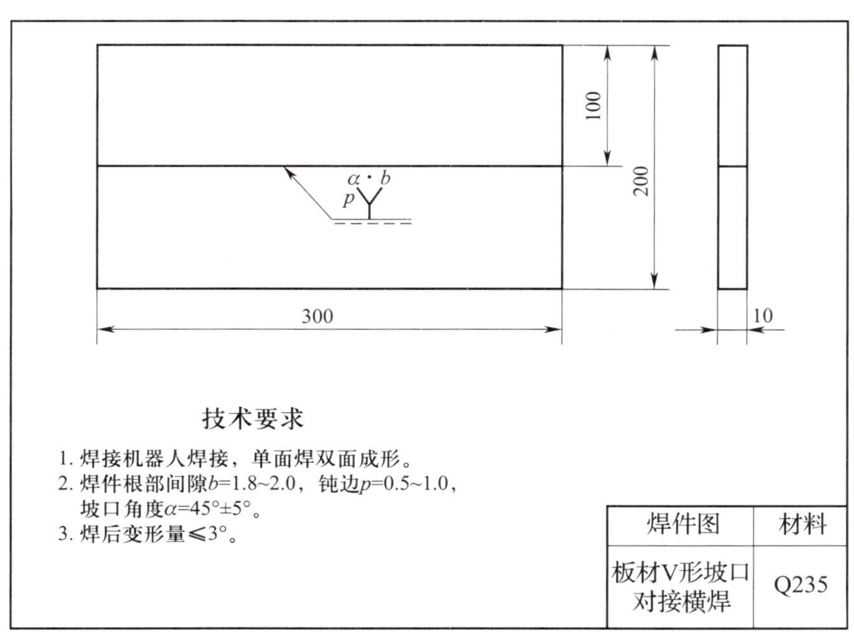

图9–44　板材V形坡口对接横焊焊件图

2. 焊件清理与装配

（1）钝边

修磨钝边为0.5 ~ 1 mm，去除毛刺。

（2）焊前清理

清理焊件坡口面及坡口正、反面两侧各20 mm范围内的油污、锈蚀、水分及其他污物，直至露出金属光泽。

（3）装配

始焊端装配间隙为 1.8 mm，终焊端装配间隙为 2.0 mm。错边量≤ 0.5 mm。

（4）定位焊

将修磨完毕的焊件按装配间隙进行固定，采用与正式焊接相同型号的焊丝，在距离焊件两端 20 mm 以内的坡口面内进行定位焊，焊缝长度为 10 ~ 15 mm，通过修磨将接头处打薄。

（5）预置反变形

预置反变形量为 0° ~ 1°。

3. 确定焊接参数

焊接机器人板材 V 形坡口对接横焊焊接参数的选择见表 9–11。

表 9–11　　焊接机器人板材 V 形坡口对接横焊焊接参数

<table>
<tr><th colspan="2">焊接层次</th><th>焊丝直径（mm）</th><th>焊接电流（A）</th><th>电弧电压（V）</th><th>焊接速度（m/min）</th><th>摆动方式</th></tr>
<tr><td colspan="2">打底层（1）</td><td rowspan="3">1.2</td><td>110</td><td>18</td><td>0.1</td><td>梯形摆动</td></tr>
<tr><td rowspan="2">盖面层</td><td>第一道（2）</td><td>110</td><td>18</td><td>0.1</td><td>None（不摆动）</td></tr>
<tr><td>第二道（3）</td><td>110</td><td>18</td><td>0.1</td><td>None（不摆动）</td></tr>
</table>

4. 焊接过程

在掌握了焊接机器人平焊打底层和盖面层的示教编程操作后，可将打底层和盖面层的焊接程序放在一个程序文件里进行编写，对操作者的操作水平提出了更高的要求。

焊接机器人板材 V 形坡口对接横焊操作步骤见表 9–12。

表 9–12　　板材 V 形坡口对接横焊操作步骤

<table>
<tr><th>操作步骤及要领</th><th>图示</th></tr>
<tr><td>（1）打底层编程
编程前准备和初步设置焊接参数同本单元课题一。
1）选择坐标和 TCP 工具。用触屏笔点击示教器屏幕右上方的坐标系选项，在界面中选择 KUKA 机器人默认基坐标系，选择 TCP 为 1 号工具，如图 9–45 所示。</td><td>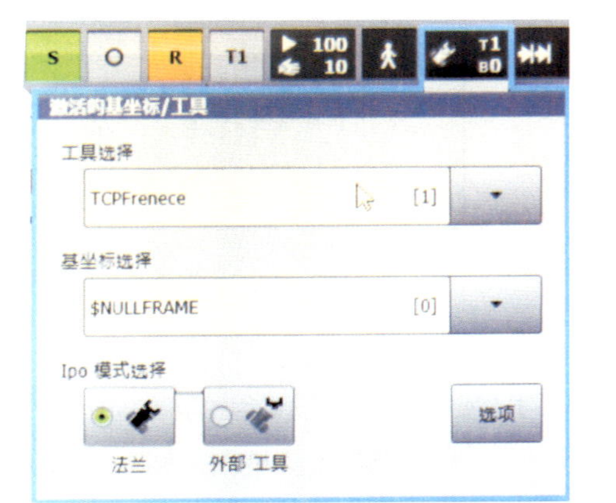

图 9–45　选择工具坐标和基坐标</td></tr>
</table>

续表

操作步骤及要领	图示
2）新建程序。在示教器屏幕依次点击新建程序文件夹→新建程序（输入程序名为henghan），然后打开新建的程序（henghan）进行编辑，出现以下默认程序语句： DEF henghan(　)　　程序名称 INI　　系统初始化程序 PTP HOME Vel=100%　　HOME 原点，开始安全位置 PTP HOME Vel=100%　　HOME 原点，结束安全位置 END　　程序结束 新建程序如图 9–46 所示。 3）设置安全过渡点位置。将焊枪移至开始处安全过渡点位置，如图 9–47 所示，点击“指令”键，从该栏中点击“运动”，选择“PTP”或“LIN”，点击“确定参数”，再点击指令“OK”，如图 9–48 所示。	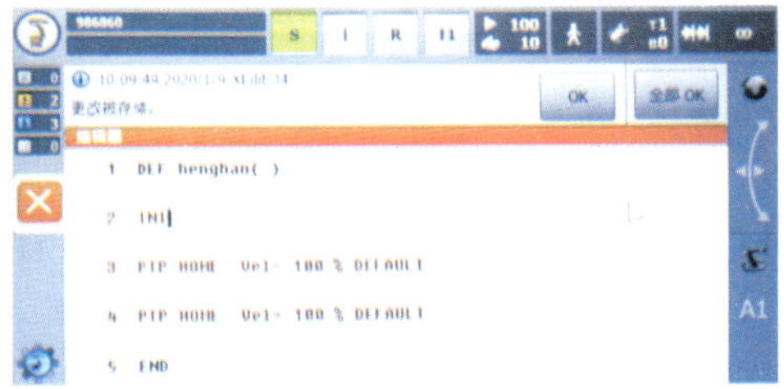 图 9–46　新建程序（henghan） 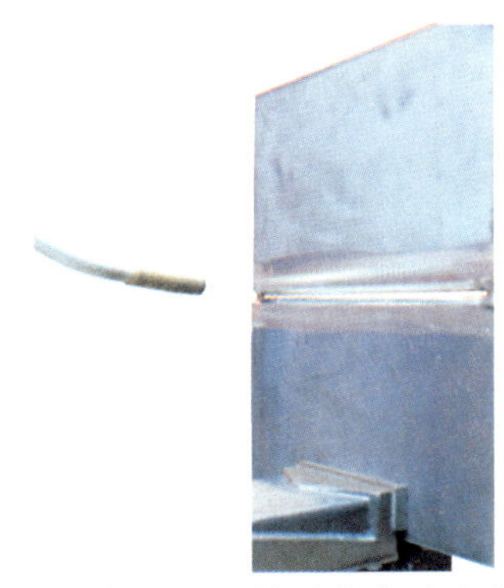 图 9–47　打底层开始处安全过渡点位置 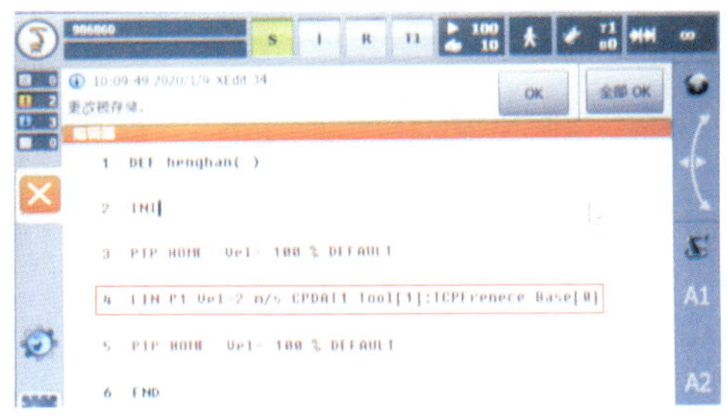 图 9–48　设置始焊处安全过渡点位置
4）设置焊接电流。点击“指令”键，从该栏中点击“模拟输出”，选择“静态”，在弹出的对话框中选择“CHANNEL_1”并更改参数（设置焊接电流，选 0.2，电流值为 110 A），点击指令“OK”，如图 9–49 所示。	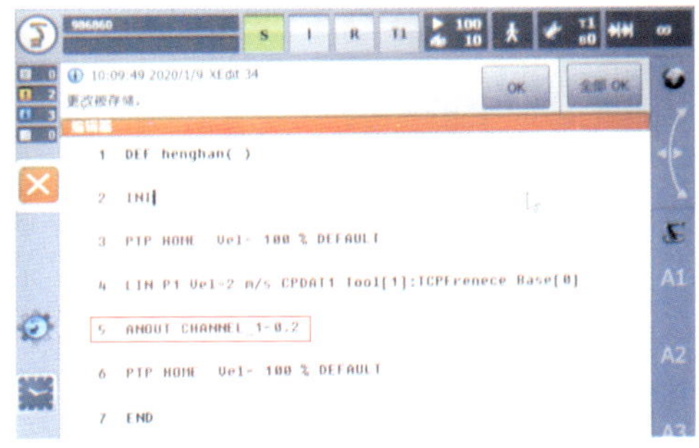 图 9–49　设置打底层焊接电流

续表

操作步骤及要领	图示
5）设置电弧电压。点击“指令”键，从该栏中点击“模拟输出”，选择“静态”，在弹出的对话框中选择“CHANNEL_2”并更改参数（设置电弧电压，选 0.2，电压值为 18 V），点击指令“OK”，如图 9-50 所示。	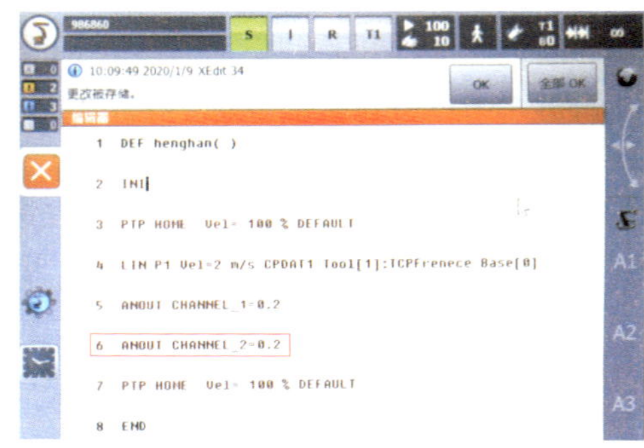 图 9-50　设置打底层电弧电压
6）设置始焊点位置。将焊枪移至始焊点位置（在接近参考点时要降低运行速度，以防止发生碰撞），如图 9-51 所示，点击“指令”键，从该栏中点击“ArcTech”，选择“ARC 开”，如图 9-52 所示。	 图 9-51　打底焊始焊点位置 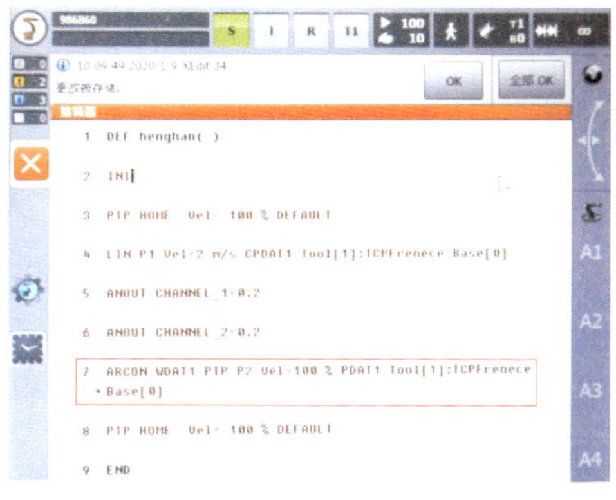 图 9-52　移至始焊点并引弧

操作步骤及要领	图示
选中“ARCON WDAT1 PTP P2 Vel=100% PDAT1 Tool［1］: TCPFrenece Base［0］”程序段，点击“WDAT1”，展开对话框后，从“焊接参数”项中调整机器人焊接速度为0.1 m/min，如图 9–53 所示。从“摆动”项中选择“Trapezoid（梯形）”，并调整长度（层间距）为 2.5 mm，偏转（单边宽度）2 mm，角度为 90°，如图 9–54 所示。	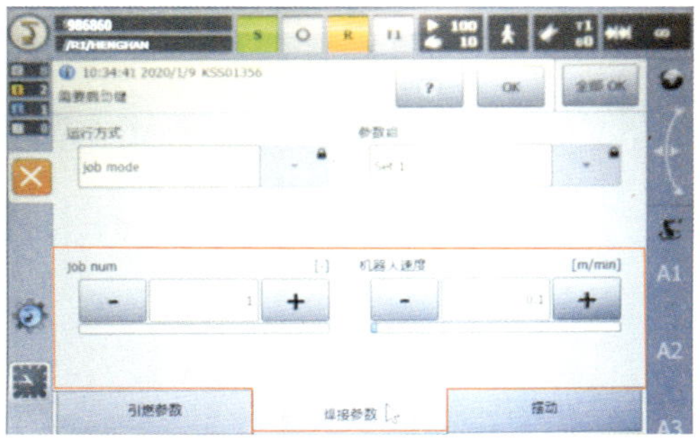 图 9–53　设置焊接速度  图 9–54　设置摆动参数
7）设置终焊点位置。将焊枪移至终焊点位置，如图 9–55 所示，点击“指令”键，从该栏中点击“ArcTech”，选择“ARC 关”，点击“确定参数”，再点击指令“OK”，如图 9–56 所示。	 图 9–55　打底焊终焊点位置

续表

<table>
<tr><th>操作步骤及要领</th><th>图示</th></tr>
<tr><td>
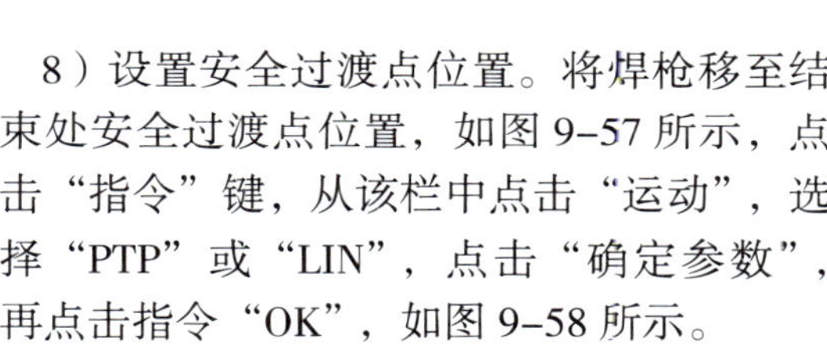

8）设置安全过渡点位置。将焊枪移至结束处安全过渡点位置，如图 9–57 所示，点击“指令”键，从该栏中点击“运动”，选择“PTP”或“LIN”，点击“确定参数”，再点击指令“OK”，如图 9–58 所示。
</td><td>
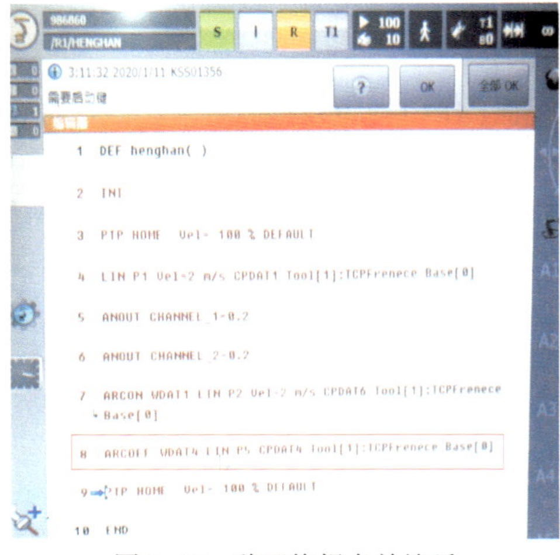

图 9–56　移至终焊点并熄弧

图 9–57　打底层结束处安全过渡点位置

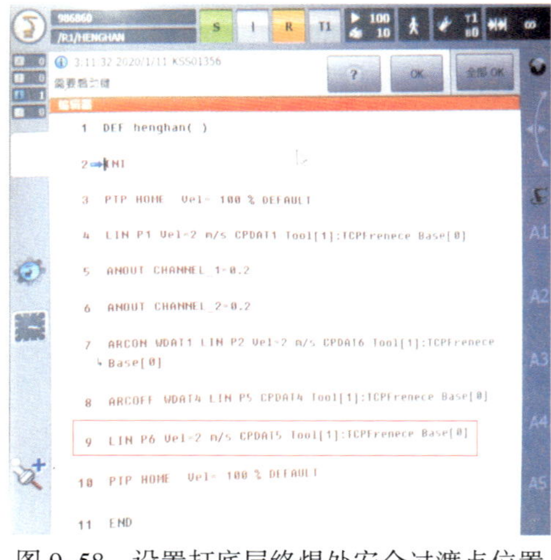

图 9–58　设置打底层终焊处安全过渡点位置
</td></tr>
</table>

续表

操作步骤及要领	图示
（2）盖面层第一道编程 1）设置安全过渡点位置。将焊枪移至盖面层开始处安全过渡点位置，如图 9–59 所示，点击“指令”键，从该栏中点击“运动”，选择“PTP”或“LIN”，点击“确定参数”，再点击指令“OK”，如图 9–60 所示。	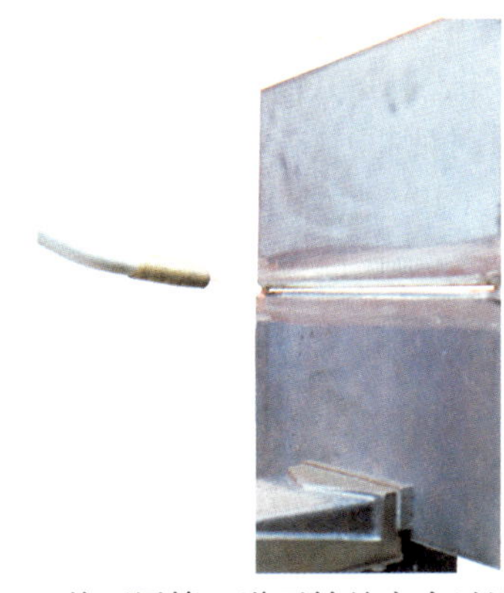 图 9–59　盖面层第一道开始处安全过渡点位置 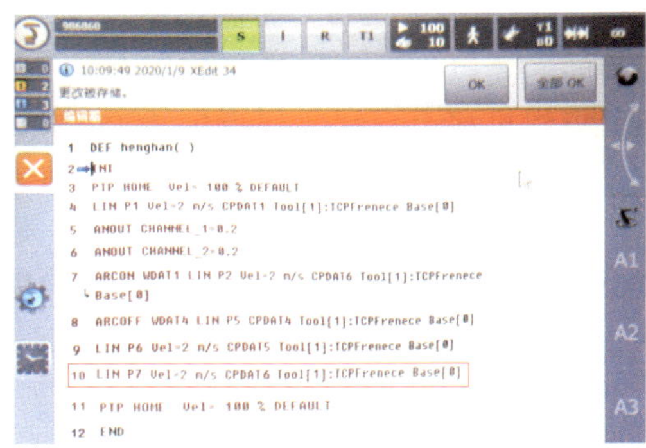 图 9–60　设置盖面层第一道开始处安全过渡点位置
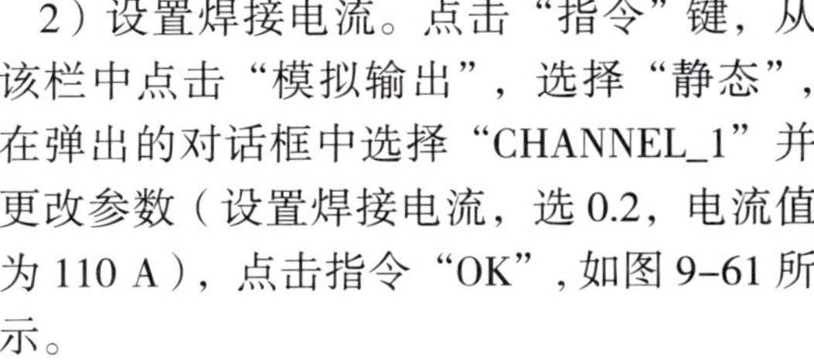 2）设置焊接电流。点击“指令”键，从该栏中点击“模拟输出”，选择“静态”，在弹出的对话框中选择“CHANNEL_1”并更改参数（设置焊接电流，选 0.2，电流值为 110 A），点击指令“OK”，如图 9–61 所示。	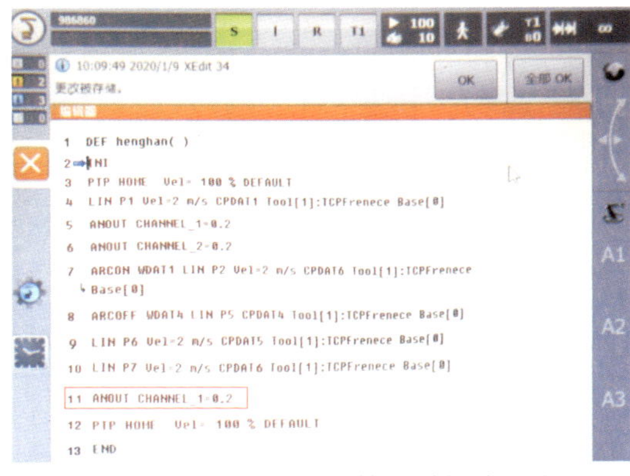 图 9–61　设置盖面层第一道焊接电流

操作步骤及要领	图示
3）设置电弧电压。点击“指令”键，从该栏中点击“模拟输出”，选择“静态”，在弹出的对话框中选择“CHANNEL_2”并更改参数（设置电弧电压，选 0.2，电压值为 18 V），点击指令“OK”，如图 9-62 所示。	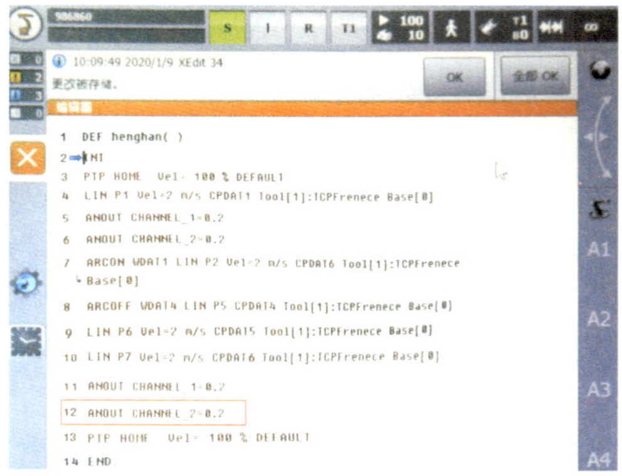 图 9-62　设置盖面层第一道电弧电压
4）设置始焊点位置。盖面层第一道示教编程时，要以打底层焊道下侧熔合线为基准。将焊枪移至直线始焊点位置（在接近参考点时要降低运行速度，以防止发生碰撞），如图 9-63 所示，点击“指令”键，从该栏中点击“ArcTech”，选择“ARC 开”，如图 9-64 所示。	 图 9-63　盖面层第一道始焊点位置 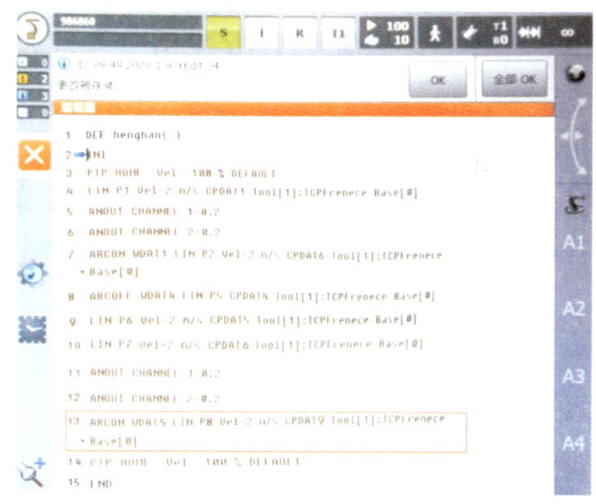 图 9-64　移至盖面层第一道始焊点并引弧

续表

操作步骤及要领	图示
选中“ARCON WDAT5 LIN P8 Vel=2 m/s CPDAT9 Tool[1]: TCPFrenece Base[0]”程序段，点击“WDAT1”，展开对话框后，从“焊接参数”项中调整机器人焊接速度为0.1 m/min，如图9-65所示。从“摆动”项中选择摆动模型（类型）为“None”，如图9-66所示。	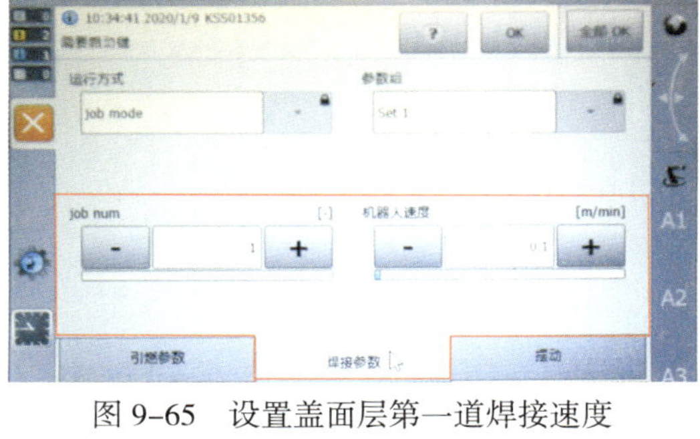 图 9-65　设置盖面层第一道焊接速度  图 9-66　设置盖面层第一道摆动参数
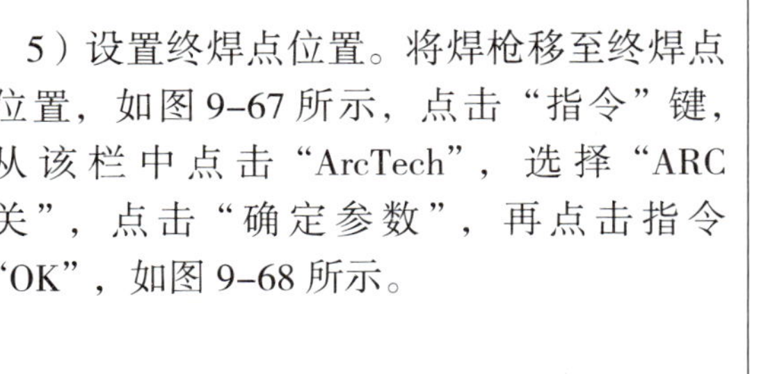 5）设置终焊点位置。将焊枪移至终焊点位置，如图9-67所示，点击“指令”键，从该栏中点击“ArcTech”，选择“ARC关”，点击“确定参数”，再点击指令“OK”，如图9-68所示。	 图 9-67　盖面层第一道终焊点位置

续表

<table>
<tr><th>操作步骤及要领</th><th>图示</th></tr>
<tr><td></td><td>
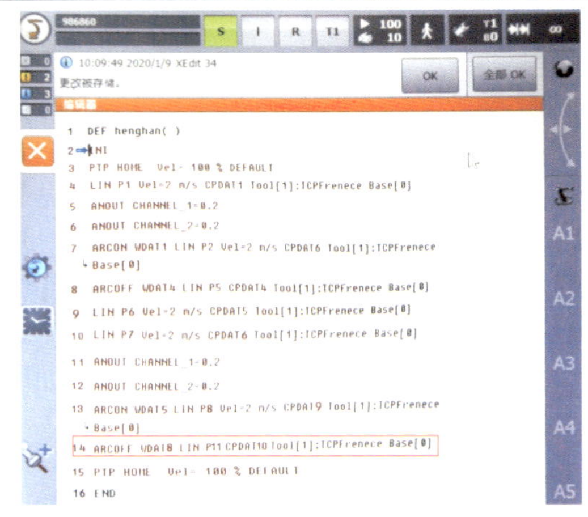

图 9-68　移至盖面层第一道终焊点并熄弧
</td></tr>
<tr><td>6）设置安全过渡点位置。将焊枪移至结束处安全过渡点位置，如图 9-69 所示，点击“指令”键，从该栏中点击“运动”，选择“PTP”或“LIN”，点击“确定参数”，再点击指令“OK”，如图 9-70 所示。</td><td>

图 9-69　盖面层第一道结束处安全过渡点位置
</td></tr>
<tr><td></td><td>
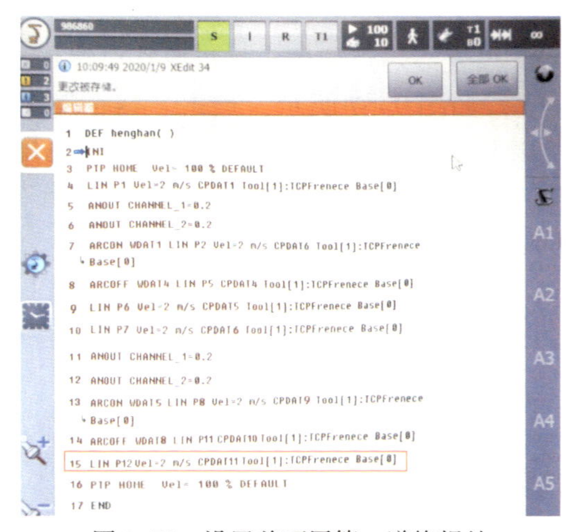

图 9-70　设置盖面层第一道终焊处安全过渡点位置
</td></tr>
</table>

<table>
<tr><th>操作步骤及要领</th><th>图示</th></tr>
<tr><td>（3）盖面层第二道编程
盖面层第二道示教编程同盖面层第一道一样，只是要以打底层焊道上侧熔合线为基准，同时调整机器人姿态，以确保熔合良好。可以在设置焊接电流、电弧电压、焊接速度和摆动项里面的具体参数时略作调整，具体程序如图 9–71 所示。
这里选用与打底层一样的焊接电流为 110 A，电弧电压为 18 V，焊接速度为 0.1 m/min，“摆动”项的摆动模型（类型）依然选择“None”。</td><td>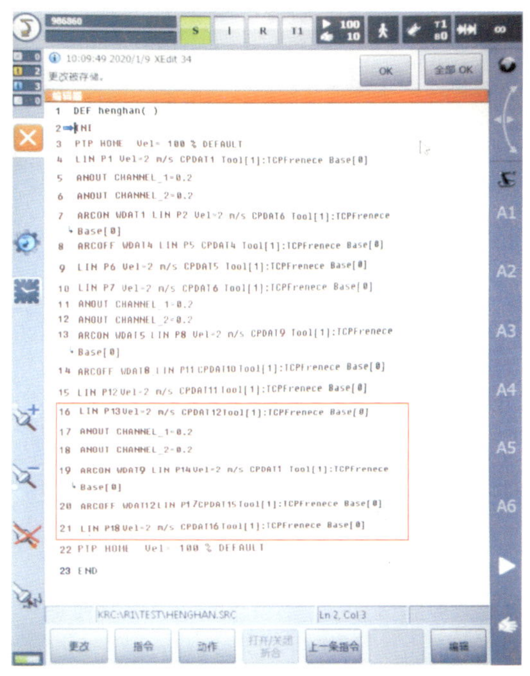

图 9–71　盖面层第二道示教编程程序</td></tr>
<tr><td>（4）调试与焊接
1）返回安全位置。将焊枪返回安全位置（机器人原点位置），如图 9–72 所示，选中“PTP HOME Vel=100%”程序段，点击界面下方“更改”键，点击“确定参数”，再点击指令“OK”，如图 9–73 所示。</td><td>
图 9–72　机器人原点位置</td></tr>
</table>

操作步骤及要领	图示
	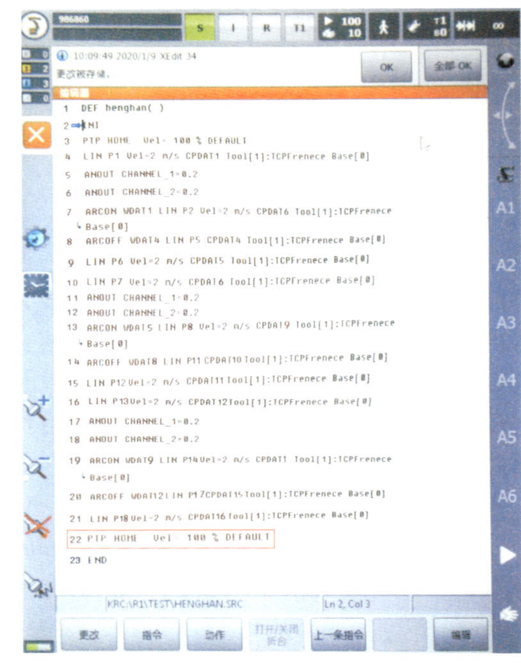 图 9–73　返回安全位置程序
2）程序复位。点击“界面”上方“R”键，选择程序复位，如图 9–74 所示。 3）模拟运行。首先，模拟运行前检查通电状态，确认其关闭，如图 9–75 所示。设置运行方式，若设置运行方式为“动作”（见图 9–76），程序运行过程中在每个点上暂停，包括在辅助点和样条段点上暂停；若设置运行方式为“Go”（见图 9–77），则程序不停顿地运行，直至程序结尾。设置运行速度，如图 9–78 所示，然后在手动（T1）模式下（见图 9–12）按下启动键（见图 9–79），模拟运行程序。	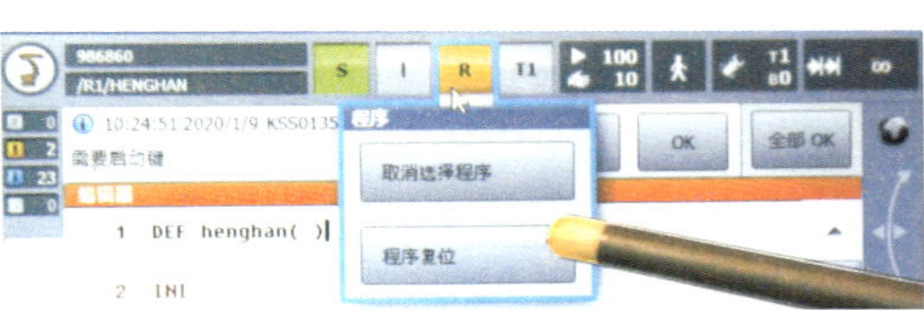 图 9–74　程序复位 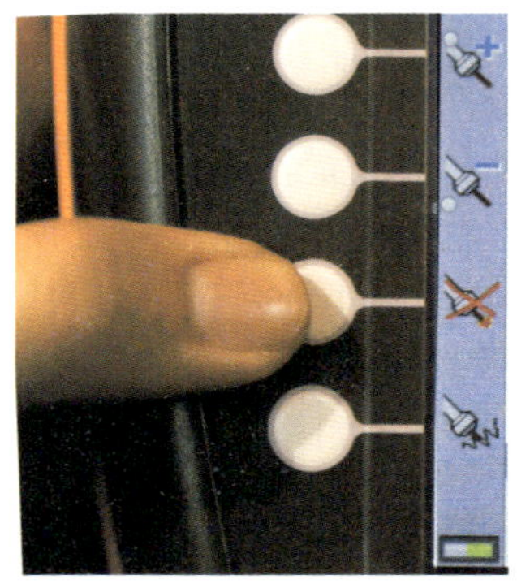 图 9–75　检查通电状态

续表

操作步骤及要领	图示
	 图 9–76　设置运行方式—动作 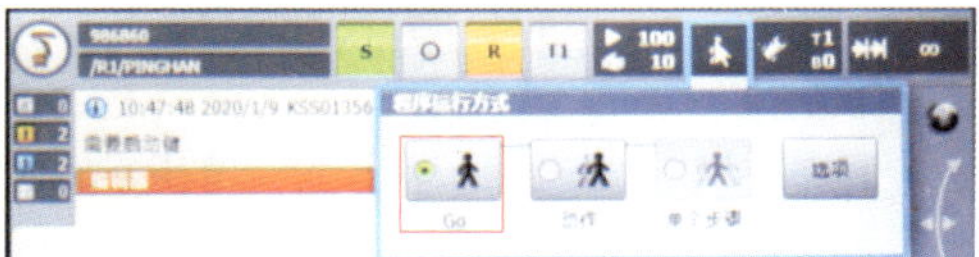 图 9–77　设置运行方式—Go 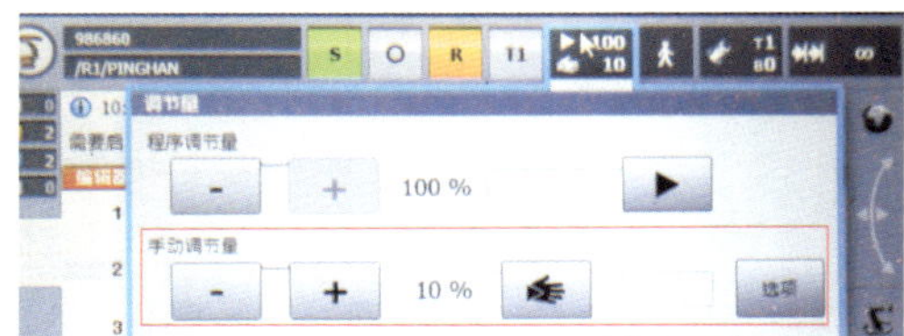 图 9–78　设置运行速度 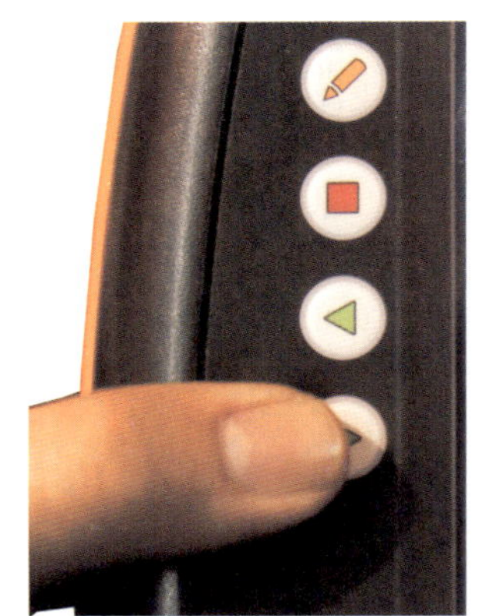 图 9–79　按下启动键
4）焊接。如果程序经模拟运行无误，将示教器调至自动模式（见图 9–80），穿戴必要的劳动保护用品，开启通电键（见图 9–81），按下启动键（见图 9–79）进行通电焊接，并观察机器人运行情况，如图 9–82 所示，示教器可以挂在控制柜上或握于手中。	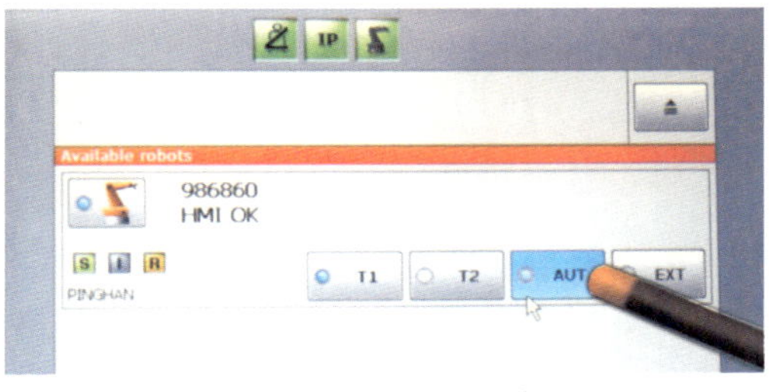 图 9–80　选择自动模式

续表

操作步骤及要领	图示
	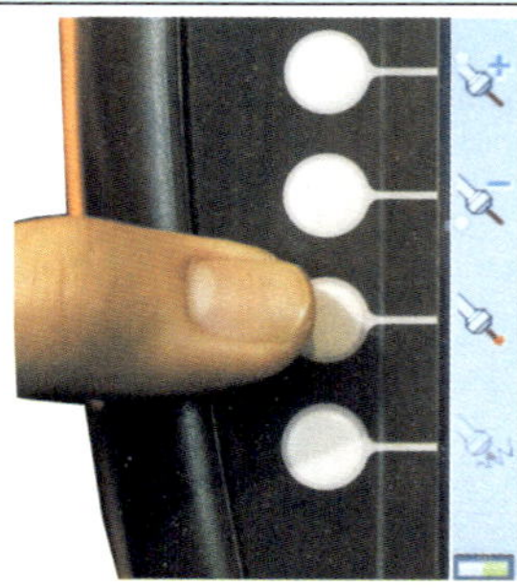 图 9-81　开启通电键
	 图 9-82　观察机器人运行情况
打底层背面焊缝和盖面层焊缝分别如图 9-83 和图 9-84 所示。	 图 9-83　打底层背面焊缝 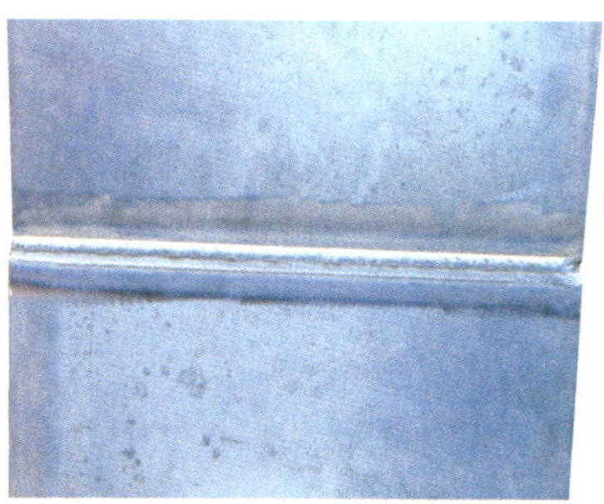 图 9-84　盖面层焊缝

编程技巧

（1）焊枪空间过渡要求移动轨迹较短、平滑、安全。

（2）为了获得最佳的焊接参数，要制作焊件进行多次焊接试验。

（3）采用合理的焊枪姿态、焊枪相对于接头的位置。编程过程中要不断调整机器人各轴位置，合理地确定焊枪相对于接头的位置、角度与焊丝伸出长度。工件的位置确定后，焊枪相对于接头的位置必须通过编程者的双眼观察，难度较大。这就要求编程者善于总结并积累经验。

（4）编制程序一般不能一步到位，要在机器人焊接过程中不断检验和修改程序，调整焊接参数及焊枪姿态等，才会形成一个好程序。

5. 焊接质量要求

焊接机器人板材 V 形坡口对接横焊焊接质量要求如下：

（1）示教编程程序正确，焊接参数选择合理。

（2）打底层焊缝背面均焊透，无明显咬边、未熔合或烧穿等缺陷。

（3）盖面层焊缝两侧与母材熔合良好，下侧焊缝无明显下坠，上侧焊缝无明显咬边。焊缝与母材的熔合线直且清晰，两盖面层焊缝重合 1/2 ~ 2/3 且过渡平滑，焊缝波纹均匀、美观。

课题三　管材对接垂直固定焊

学习目标及技能要求

掌握焊接机器人管材对接垂直固定焊打底层和盖面层的示教编程及操作方法。

工艺分析

管材对接垂直固定焊的焊接位置为横焊，但其编程方法却与板材对接横焊不同：板材对接横焊焊接过程中焊枪走直线，编程时只需找到始焊点和终焊点两个点，即可调用“LIN”指令进行焊接，而管材对接垂直固定焊焊枪在焊接过程中要不断地按照管子的弯曲移动，因此，编程时不仅要找到始焊点和终焊点两个点，还需要找到两个点之间的至少一个辅助点，才可调用“CIRC”指令进行焊接，而且这些点若选取不合理，在焊接过程中很容易使焊枪产生偏移，从而影响焊接质量。

因此该课题将一个圆弧分成两段，每段分别选取始焊点、终焊点和中间辅助点三个点进行编程操作。其中第一段圆弧的终焊点同时也是第二段圆弧的始焊点，为简化操作，在该位置不采用断弧命令。待熟练操作后，可以不拆分圆弧，而是选取始焊点、终焊点和圆弧中间的多个辅助点的方式进行编程操作。

1. 焊前准备

（1）焊件材料：20 钢管。

（2）焊件尺寸：ϕ133 mm × 5 mm，L=100 mm，每组两根，坡口形式及尺寸如图 9–85 所示。

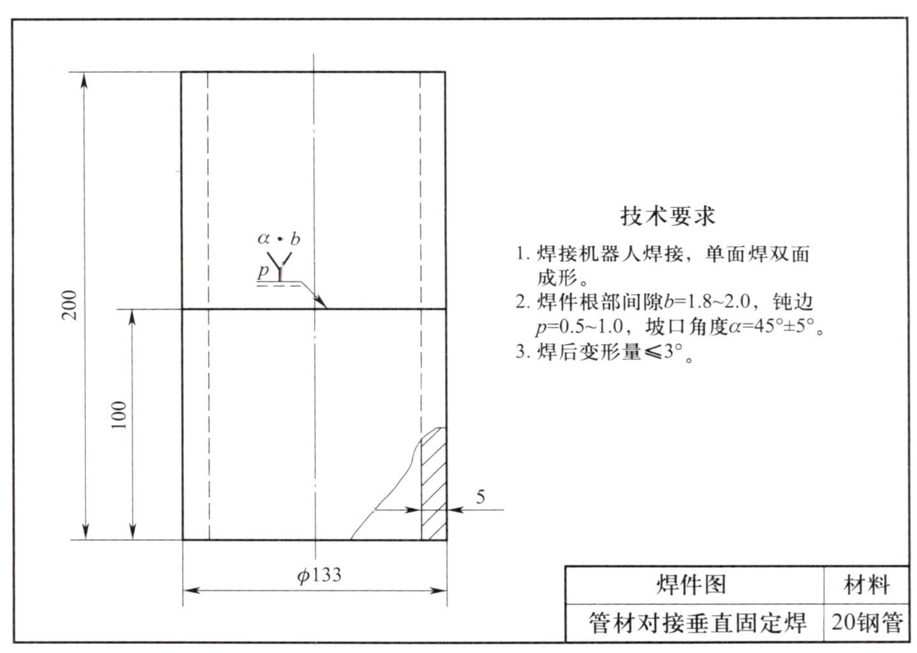

焊件图	材料
管材对接垂直固定焊	20钢管

图 9–85　管材对接垂直固定焊焊件图

（3）焊接要求：单面焊双面成形。

（4）焊接材料：焊丝选用 ER49–1，直径为 1.2 mm。

（5）焊接设备：KR5 R1400 型 KUKA 焊接机器人及 Artsen PM400A 型麦格米特电源。

2. 焊件清理与装配

（1）钝边

修磨钝边为 0.5 ~ 1 mm，去除毛刺。

（2）焊前清理

清理焊件坡口面及坡口正、反面两侧各 20 mm 范围内的油污、锈蚀、水分及其他污物，直至露出金属光泽。

（3）装配

始焊端装配间隙为 1.8 mm，终焊端装配间隙为 2.0 mm。错边量≤ 0.5 mm。

（4）定位焊

将修磨完毕的焊件在焊件坡口面内进行定位焊，定位焊采用与正式焊接相同型号的焊丝，按圆周方向在焊件坡口内均布 2 ～ 3 处，焊缝长度为 10 ～ 15 mm，通过修磨将接头处打薄。

3. 确定焊接参数

焊接机器人管材对接垂直固定焊焊接参数的选择见表 9–13。

表 9–13　焊接机器人管材对接垂直固定焊焊接参数

焊接层次	焊丝直径（mm）	焊接电流（A）	电弧电压（V）	焊接速度（m/min）	摆动方式
打底层（1）	1.2	110	18	0.1	梯形摆动
盖面层（2）		130	19	0.1	梯形摆动

4. 焊接过程

焊接机器人示教编程的圆弧命令由 3 个点构成，即始焊点、辅助点和终焊点，其中辅助点可以是一个也可以是多个，辅助点越多，圆弧精度越高，但相应的操作难度也越大，操作者可以根据圆弧直径的大小和自身操作水平合理地选择辅助点的数量。

焊接机器人管材对接垂直固定焊操作步骤见表 9–14。

表 9–14　管材对接垂直固定焊操作步骤

操作步骤及要领	图示
（1）打底层编程 编程前准备和初步设置焊接参数同本单元课题一。 1）选择坐标和 TCP 工具。用触屏笔点击示教器屏幕右上方的坐标系选项，在界面中选择 KUKA 机器人默认基坐标系，选择 TCP 为 1 号工具，如图 9–86 所示。	图 9–86　选择工具坐标和基坐标

续表

操作步骤及要领	图示
2）新建程序。在示教器屏幕依次点击新建程序文件夹→新建程序（输入程序名为 guanguan），然后打开新建的程序（guanguan）进行编辑，出现以下默认程序语句： DEF guanguan( )　　程序名称 INI　　系统初始化程序 PTP HOME Vel=100%　　HOME 原点，开始安全位置 PTP HOME Vel=100%　　HOME 原点，结束安全位置 END　　程序结束 新建程序如图 9-87 所示。	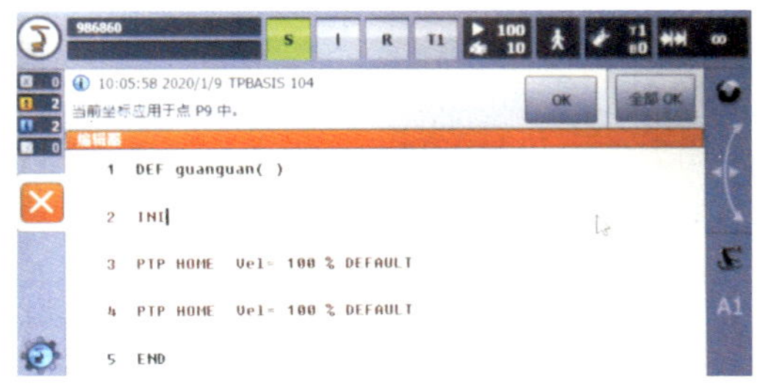 图 9-87　新建程序（guanguan）
3）设置安全过渡点（$P1$）位置。将焊枪移至开始处安全过渡点位置，如图 9-88 所示，点击“指令”键，从该栏中点击“运动”，选择“PTP”或“LIN”，点击“确定参数”，再点击指令“OK”，如图 9-89 所示。	 图 9-88　打底层开始处安全过渡点位置 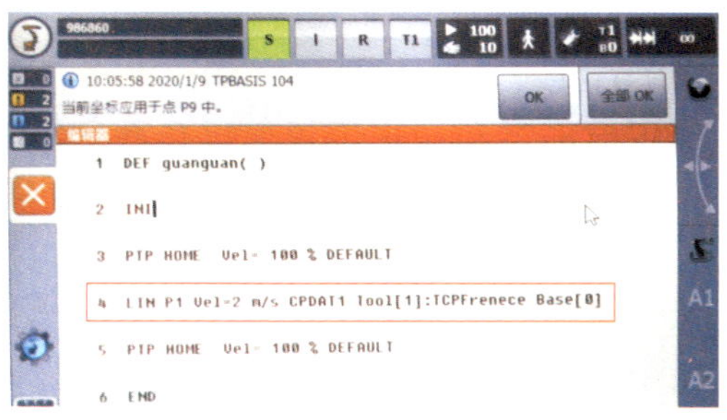 图 9-89　设置始焊处安全过渡点位置

操作步骤及要领	图示
4）设置焊接电流。点击“指令”键，从该栏中点击“模拟输出”，选择“静态”，在弹出的对话框中选择“CHANNEL_1”并更改参数（设置焊接电流，选 0.2，电流值为 110 A），点击指令“OK”，如图 9-90 所示。	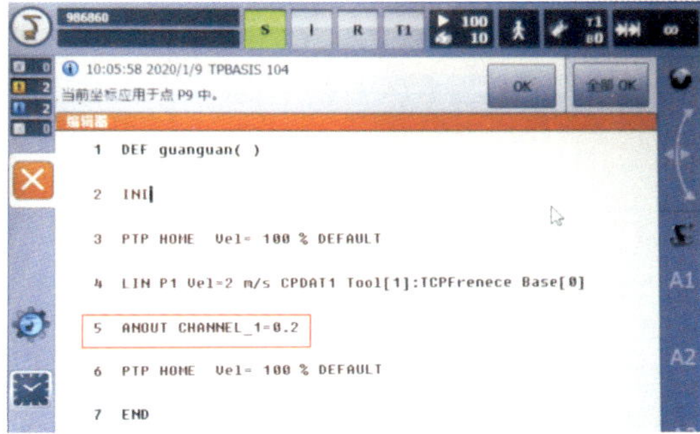 图 9-90　设置打底层焊接电流
5）设置电弧电压。点击“指令”键，从该栏中点击“模拟输出”，选择“静态”，在弹出的对话框中选择“CHANNEL_2”并更改参数（设置电弧电压，选 0.2，电压值为 18 V），点击指令“OK”，如图 9-91 所示。	 图 9-91　设置打底层电弧电压

操作步骤及要领	图示
6）设置始焊点（*P*2）位置。将焊枪移至始焊点位置（在接近参考点时要降低运行速度，以防止发生碰撞），如图 9–92 所示，点击“指令”键，从该栏中点击“ArcTech”，选择“ARC 开”，如图 9–93 所示。	 图 9–92　打底焊始焊点位置 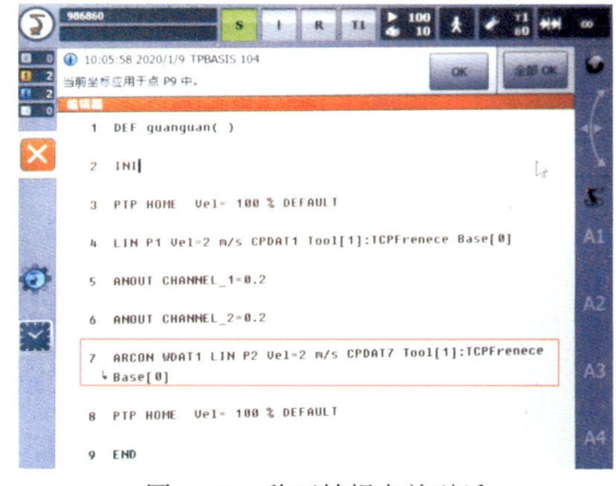 图 9–93　移至始焊点并引弧

操作步骤及要领	图示
选中“ARCON WDAT1 LIN P2 Vel=2 m/s CPDAT7 Tool[1]: TCPFrenece Base[0]”程序段，点击“WDAT1”，展开对话框后，从“焊接参数”项中调整机器人焊接速度为0.1 m/min，如图 9–94 所示。从“摆动”项中选择“Trapezoid（梯形）”，并调整长度（层间距）为 2 mm，偏转（单边宽度）2 mm，角度为 90°，如图 9–95 所示。	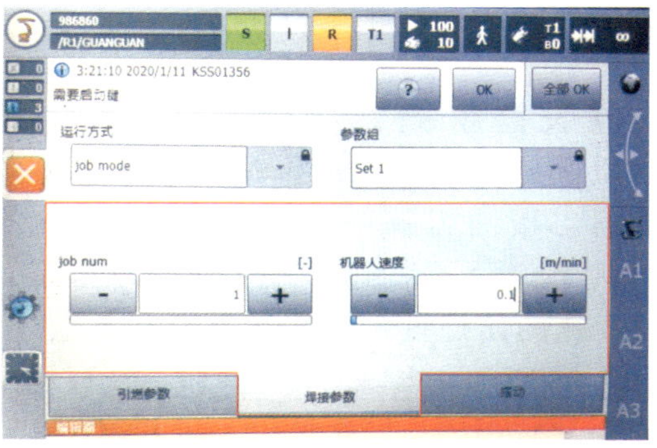 图 9–94　设置焊接速度 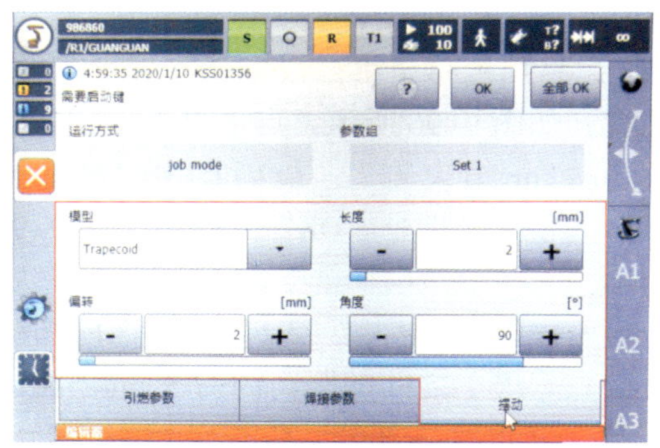 图 9–95　设置摆动参数
7）设置打底焊第一段圆弧辅助点（*P*3）、第一段圆弧终焊点（*P*4）位置。将焊枪移至第一段圆弧辅助点（*P*3）位置，如图 9–96 所示，点击“指令”键，从该栏中点击“ArcTech”，选择“ARC SWITCH”，将该语句中的“PTP”或“LIN”更换为“CIRC”，点击界面下方“Touchup 辅助点”，将焊枪移至第一段圆弧终焊点（*P*4）位置，如图 9–96 所示，点击界面下方“修整 Touchup 结束点”，最后点击“确定参数”，再点击指令“OK”，程序如图 9–97 所示。	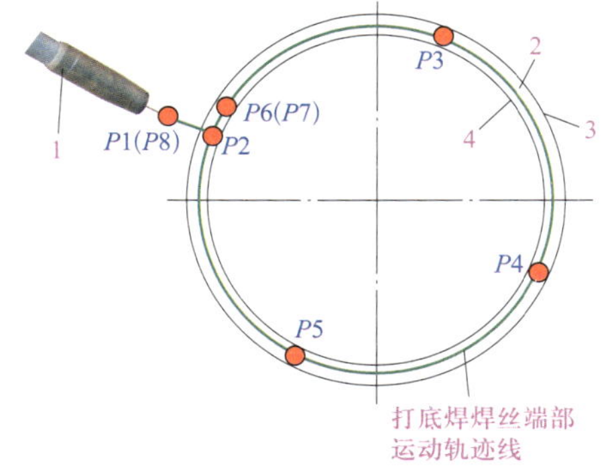 图 9–96　打底焊焊丝端部运动轨迹线 1—焊枪　2—坡口面　3—钢管外壁　4—钢管内壁

续表

操作步骤及要领	图示
8）设置第二段圆弧辅助点（*P*5）、第二段圆弧终焊点（*P*6）位置。将焊枪移至第二段圆弧辅助点（*P*5）位置［此时默认上一段圆弧终焊点（*P*4）即为第二段圆弧的始焊点，此处不中断电弧］，如图 9–96 所示。点击“指令”键，从该栏中点击“ArcTech”，选择“ARC SWITCH”，将该语句中的“PTP”或“LIN”更换为“CIRC”，点击界面下方“Touchup 辅助点”，将焊枪移至第二段圆弧终焊点（*P*6）位置，如图 9–96 所示，点击界面下方“修整 Touchup 结束点”，最后点击“确定参数”，再点击指令“OK”，程序如图 9–98 所示。 第一段圆弧始焊点（*P*2）和第二段圆弧终焊点（*P*6）之间的距离约为 5 mm，目的是将焊缝重合一部分，将焊缝接头，形成一个封闭圆环。	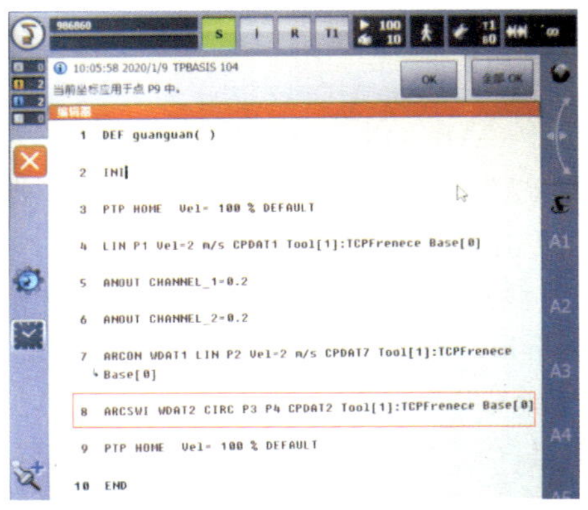 图 9–97　设置 *P*3、*P*4 位置 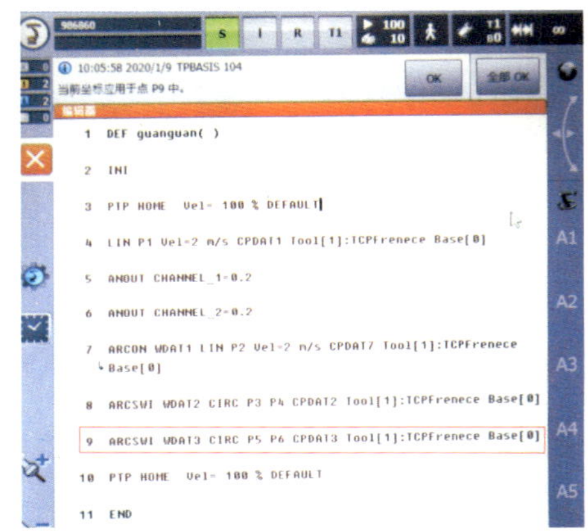 图 9–98　设置 *P*5、*P*6 位置
9）设置程序熄弧点（*P*7）位置。焊枪处于第二段圆弧终焊点（*P*6）位置不动，再点击“指令”键，从该栏中点击“ArcTech”，选择“ARC 关”，选中该语句中的“PTP”或“LIN”，点击“确定参数”，再点击指令“OK”，程序如图 9–99 所示。	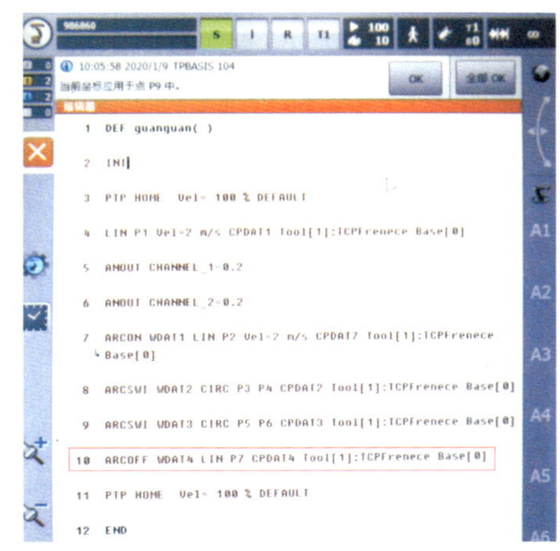 图 9–99　设置打底层终焊点（*P*7）位置

续表

操作步骤及要领	图示

10）设置安全过渡点（*P*8）位置。将焊枪移至结束处安全过渡点（*P*8）位置（*P*8 点可以与 *P*1 点相同，也可以不同，只要在返回 HOME 点不与焊件产生干涉即可），如图 9–96 所示，点击“指令”键，从该栏中点击“运动”，选择“PTP”或“LIN”，点击“确定参数”，再点击指令“OK”，程序如图 9–100 所示。

这样打底焊焊丝端部完整的运动轨迹线由两段圆弧共 8 个点组成，如图 9–96 所示。其中 *P*1 为始焊处安全过渡点，*P*2 为第一段圆弧始焊点，*P*3 为第一段圆弧辅助点，*P*4 既是第一段圆弧终焊点也是第二段圆弧始焊点，*P*5 为第二段圆弧辅助点，*P*6 为第二段圆弧终焊点，然后原地不动调用“ARC 关”，将 *P*6 命名为终焊点 *P*7，所以这里 *P*6 和 *P*7 两个点的位置是相同的，*P*8 为终焊处安全过渡点。

11）返回安全位置。将焊枪返回安全位置（机器人原点位置），如图 9–101 所示，选中“PTP HOME Vel=100%”程序段，点击界面下方“更改”键，点击“确定参数”，再点击指令“OK”，程序如图 9–102 所示。

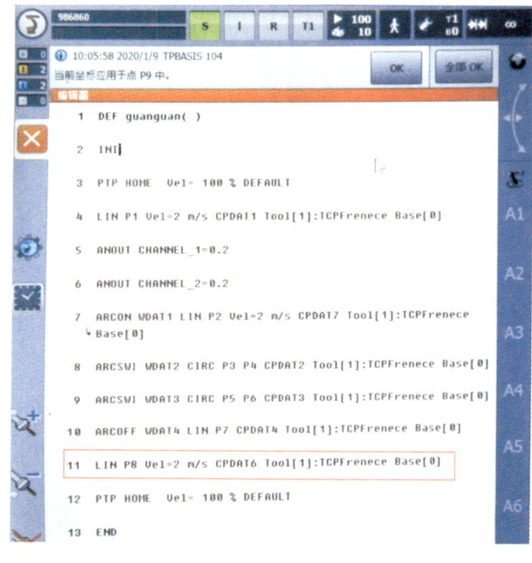

图 9–100　设置打底层终焊处安全过渡点（*P*8）位置

图 9–101　焊枪返回安全位置

续表

<table>
<tr><th>操作步骤及要领</th><th>图示</th></tr>
<tr><td>12）程序复位。点击“界面”上方“R”键，选择程序复位，如图 9-103 所示。</td><td>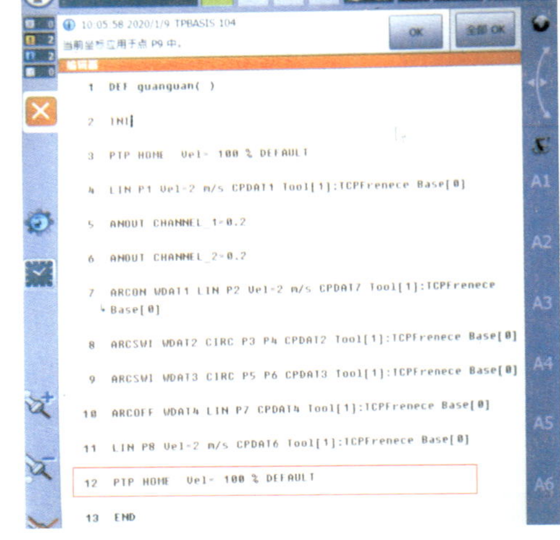

图 9-102　返回安全位置程序
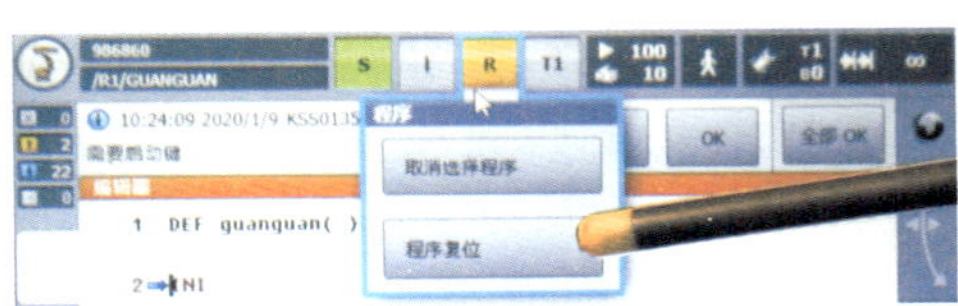

图 9-103　程序复位</td></tr>
<tr><td>13）模拟运行。首先，模拟运行前检查通电状态，确认其关闭，如图 9-104 所示。设置运行方式，若设置运行方式为“动作”（见图 9-105），程序运行过程中在每个点上暂停，包括在辅助点和样条段点上暂停；若设置运行方式为“Go”（见图 9-106），则程序不停顿地运行，直至程序结尾。设置运行速度，如图 9-107 所示，然后在手动（T1）模式下（见图 9-12）按下启动键（见图 9-108），模拟运行程序。</td><td>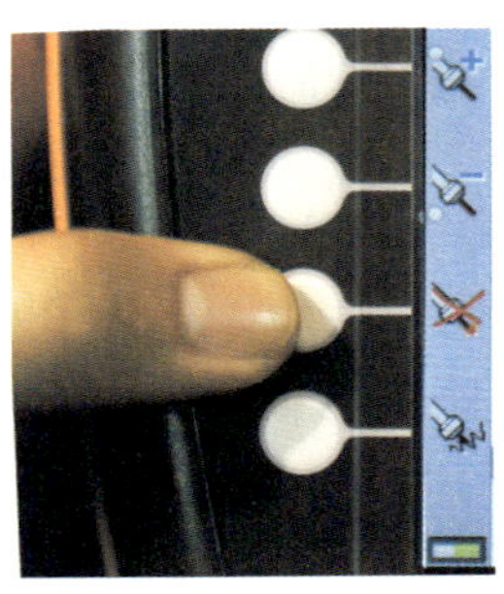
图 9-104　检查通电状态
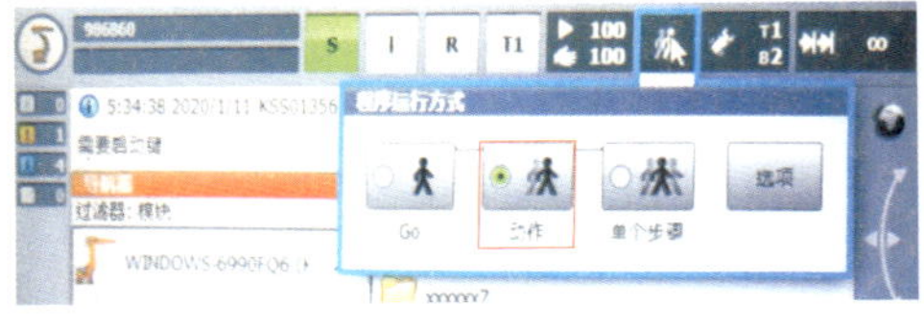

图 9-105　设置运行方式—动作</td></tr>
</table>

续表

操作步骤及要领	图示
	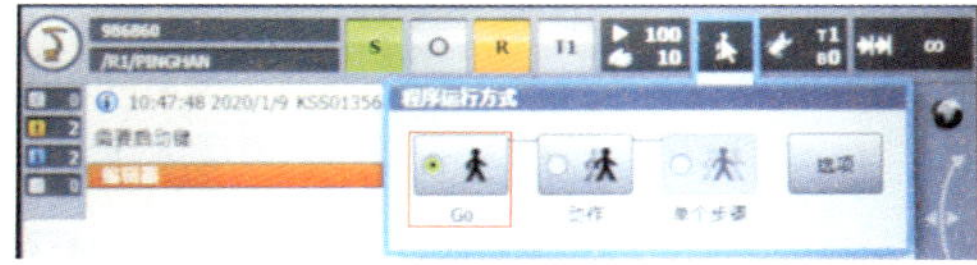 图 9-106　设置运行方式—Go 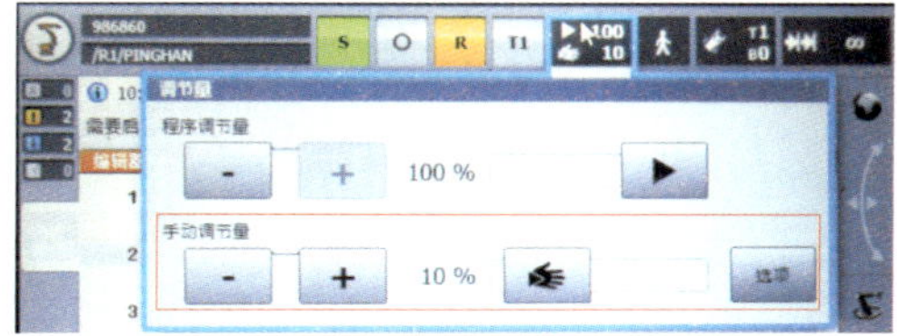 图 9-107　设置运行速度 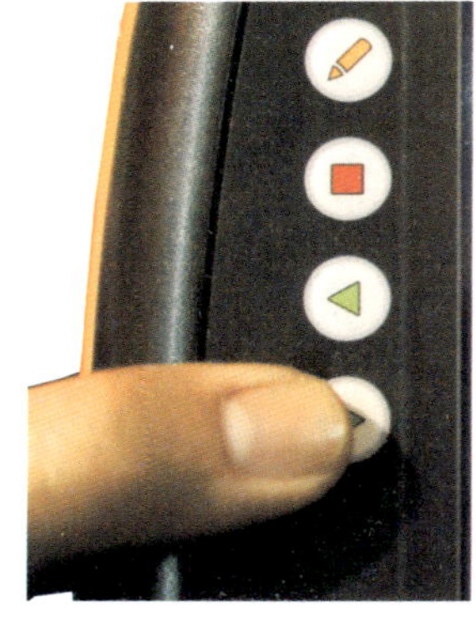 图 9-108　按下启动键
（2）打底层焊接 如果程序经模拟运行无误，将示教器调至自动模式（见图 9-109），穿戴必要的劳动保护用品，开启通电键（见图 9-110），按下启动键（见图 9-108）进行通电焊接，并观察机器人运行情况，如图 9-111 所示，示教器可以挂在控制柜上或握于手中。	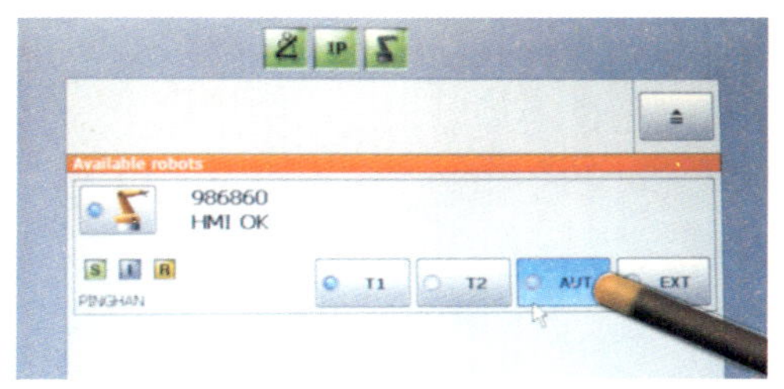 图 9-109　选择自动模式

操作步骤及要领	图示
打底层内部焊缝如图 9-112 所示。	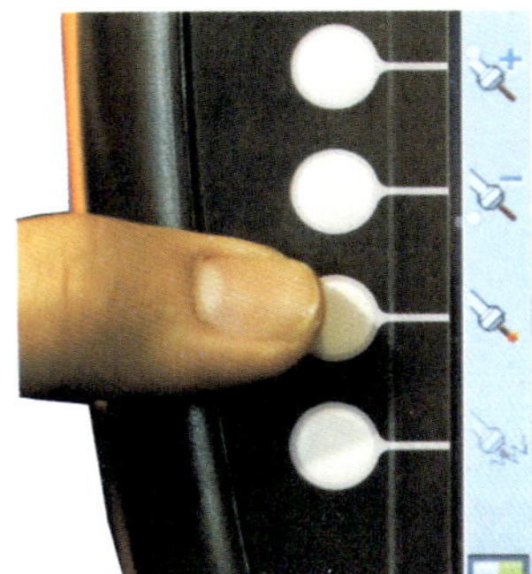 图 9-110　开启通电键  图 9-111　观察机器人运行情况  图 9-112　打底层内部焊缝

续表

操作步骤及要领	图示
（3）盖面层编程 盖面层的示教编程同打底层编程一样，只是在设置焊接电流、电弧电压、焊接速度和摆动项里面的具体参数时可略作调整，具体程序如图 9-113 所示。 这里选用焊接电流为 130A（程序中“ANOUT CHANNEL_1=0.24”），电弧电压为 19 V（程序中“ANOUT CHANNEL_2=0.24”），焊接速度为 0.1 m/min。需要略作调整的是，从“摆动”项中选择“Trapezoid（梯形）”，并调整长度（层间距）为 2.5 mm，偏转（单边宽度）4 mm，角度为 90°，如图 9-114 所示。	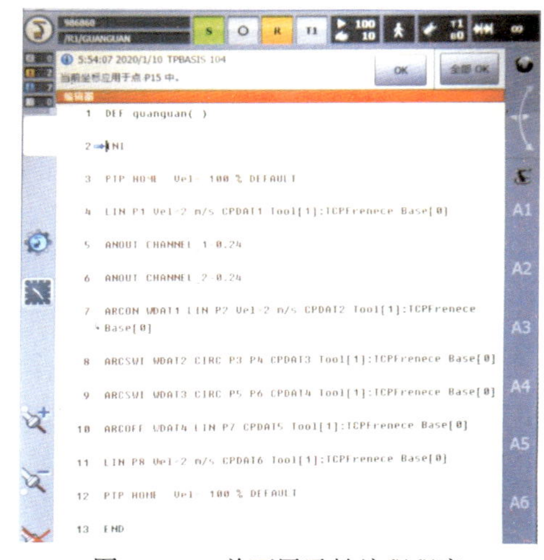 图 9-113 盖面层示教编程程序 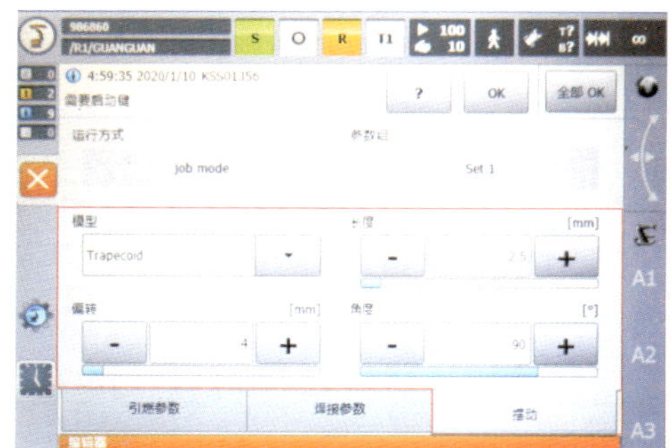 图 9-114 摆动参数设置
（4）盖面层焊接 盖面层焊接具体操作同打底层焊接一样，焊接完成后的盖面层焊缝如图 9-115 所示。	 图 9-115 盖面层焊缝

注意事项

（1）管材对接垂直固定焊时，形成圆弧的始焊点、辅助点和终焊点应在圆弧上均匀分布，且在编程过程中要始终注意调整焊枪的姿态，以便于减少焊接缺陷和利于焊缝成形。

（2）机器人运动轨迹精度为 ±0.1 mm，因此，机器人焊接焊件的装配要求要高于手工焊接的焊件，在下料、坡口加工、打磨以及装配定位方面要严格按照标准和规范进行操作。

5. 焊接质量要求

焊接机器人管材对接垂直固定焊焊接质量要求如下：

（1）示教编程程序正确，焊接参数选择合理。

（2）打底层焊缝背面均焊透，无明显咬边、未熔合、烧穿或焊瘤等缺陷。

（3）盖面层焊缝两侧与母材熔合良好，熔合线直且清晰，焊缝波纹均匀、美观。

课题四 管板骑座式垂直固定俯位焊

学习目标及技能要求

掌握焊接机器人管板骑座式垂直固定俯位焊打底层和盖面层的示教编程及操作方法。

工艺分析

管板骑座式垂直固定俯位焊的焊接位置为平角焊，只是在焊接过程中焊枪要不断地随着钢管的弯曲变换姿态。编程过程与管材对接垂直固定焊基本相同，编程时将整个圆弧分成两段，每段圆弧分别有三个点，分别是始焊点、辅助点和终焊点。只是由于本课题所采用的钢管直径（ϕ57 mm）小，因此，编程过程中焊枪姿态的变换更加频繁和快速。因管板厚度不同，编程时将焊枪摆到合适的姿态更利于焊缝的成形。

1. 焊前准备

（1）焊件材料：20 钢管、Q235 钢板。

（2）焊件尺寸：钢管：ϕ57 mm × 5 mm，L=100 mm；钢板：100 mm × 100 mm × 10 mm，如图 9–116 所示。

（3）焊接要求：单面焊。

（4）焊接材料：焊丝选用 ER49–1，直径为 1.2 mm。

（5）焊接设备：KR5 R1400 型 KUKA 焊接机器人及 Artsen PM400A 型麦格米特电源。

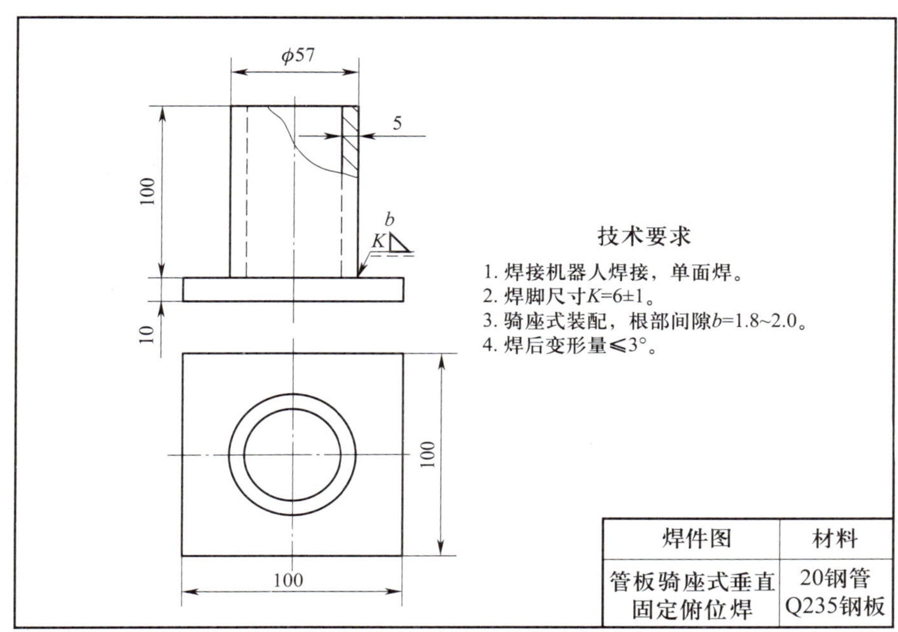

图 9–116　管板骑座式垂直固定俯位焊焊件图

2. 焊件清理与装配

（1）焊前清理

清理焊件待焊处两侧各 20 mm 范围内的油污、锈蚀、水分及其他污物，直至露出金属光泽。

（2）装配

始焊端装配间隙为 1.8 mm，终焊端装配间隙为 2.0 mm。

（3）定位焊

将修磨完毕的焊件采用骑座式装配定位，定位焊采用与正式焊接相同型号的焊丝，按圆周方向在焊件坡口内均布 2 处，焊缝长度为 10 ～ 15 mm，通过修磨将接头处打薄。

3. 确定焊接参数

焊接机器人管板骑座式垂直固定俯位焊焊接参数的选择见表 9–15。

4. 焊接过程

机器人焊接过程中电流密度大，熔深大，即使不开脉冲模式也可以保证焊接质量。因此，在薄壁工件焊接时通常采用大电流一次成形，以保证机器人焊接的工作效率。

焊接机器人管板骑座式垂直固定俯位焊操作步骤见表 9–16。

表 9–15　焊接机器人管板骑座式垂直固定俯位焊焊接参数

焊接层次	焊丝直径（mm）	焊接电流（A）	电弧电压（V）	焊接速度（m/min）	摆动方式
盖面层	1.2	130	19	0.1	梯形摆动

表 9–16　管板骑座式垂直固定俯位焊操作步骤

<table>
<tr><th>操作步骤及要领</th><th>图示</th></tr>
<tr><td>

（1）编程

编程前准备和初步设置焊接参数同本单元课题一。

1）选择坐标和 TCP 工具。用触屏笔点击示教器屏幕右上方的坐标系选项，在界面中选择 KUKA 机器人默认基坐标系，选择 TCP 为 1 号工具，如图 9–117 所示。

2）新建程序。在示教器屏幕依次点击新建程序文件夹→新建程序（输入程序名为 guanban），然后打开新建的程序（guanban）进行编辑，出现以下默认程序语句：

DEF guanban( )　　程序名称
INI　　系统初始化程序
PTP HOME Vel=100%　　HOME 原点，开始安全位置
PTP HOME Vel=100%　　HOME 原点，结束安全位置
END　　程序结束

新建程序如图 9–118 所示。

3）设置安全过渡点（*P*1）位置。将焊枪移至开始处安全过渡点位置，如图 9–119 所示，点击“指令”键，从该栏中点击“运动”，选择“PTP”或“LIN”，点击“确定参数”，再点击指令“OK”，如图 9–120 所示。

</td><td>

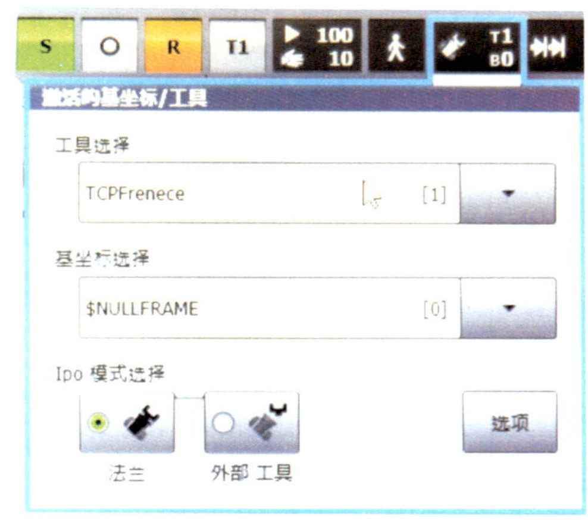

图 9–117　选择工具坐标和基坐标

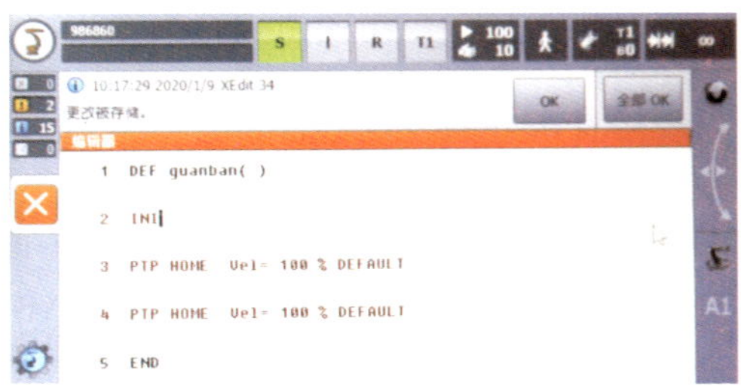

图 9–118　新建程序（guanban）

图 9–119　打底层开始处安全过渡点位置

</td></tr>
</table>

<table>
<tr><th>操作步骤及要领</th><th>图示</th></tr>
<tr><td>4）设置焊接电流。点击“指令”键，从该栏中点击“模拟输出”，选择“静态”，在弹出的对话框中选择“CHANNEl_1”并更改参数（设置焊接电流，选 0.24，电流值为 130 A），点击 指令 “OK”, 如图 9-121 所示。</td><td>

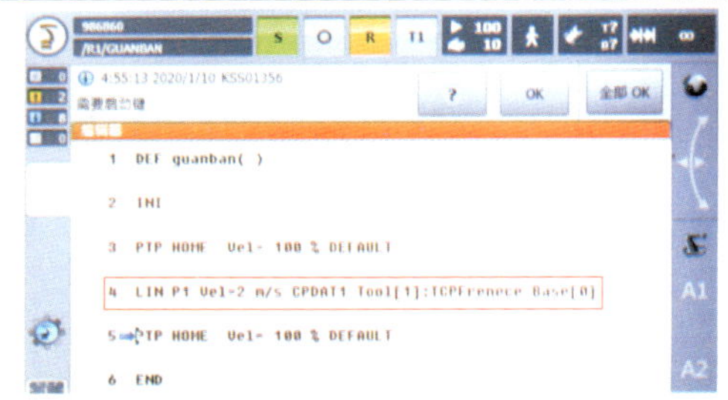

图 9-120　设置始焊处安全过渡点位置

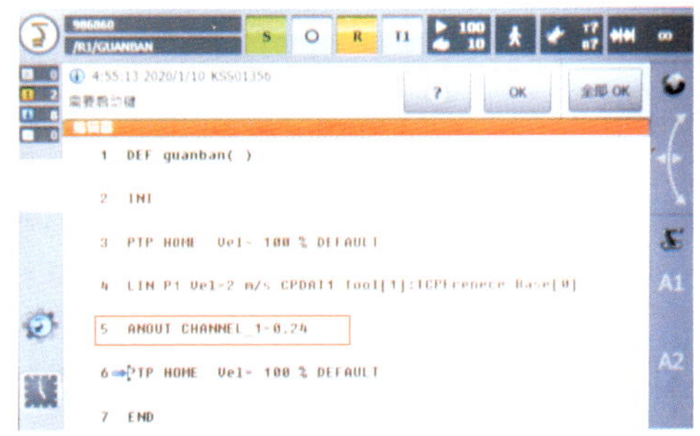

图 9-121　设置焊接电流

</td></tr>
<tr><td>5）设置电弧电压。点击“指令”键，从该栏中点击“模拟输出”，选择“静态”，在弹出的对话框中选择“CHANNEL_2”并更改参数（设置电弧电压，选 0.24，电压值为 19 V），点击指令 “OK” , 如图 9-122 所示。</td><td>

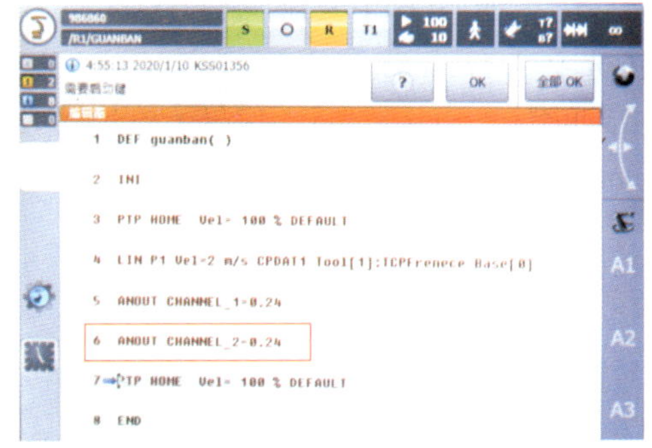

图 9-122　设置电弧电压

</td></tr>
<tr><td>6）设置始焊点（P2）位置。将焊枪移至始焊点位置，摆好焊枪姿态，如图 9-123 所示，点击“指令”键，从该栏中点击“ArcTech”，选择“ARC 开”，如图 9-124 所示。</td><td>

图 9-123　始焊点位置

</td></tr>
</table>

续表

操作步骤及要领	图示
	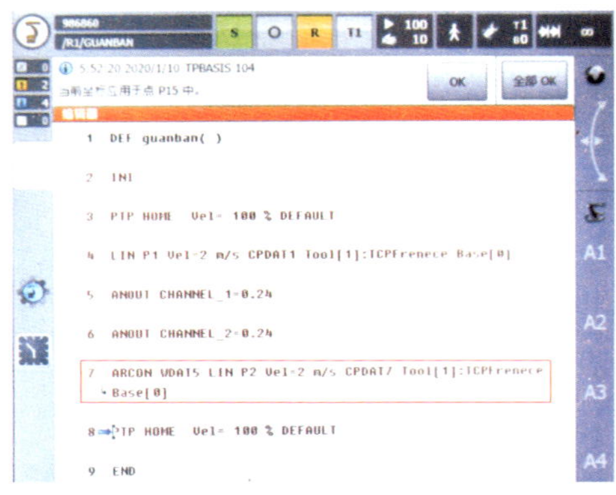 图 9-124　移至始焊点并引弧
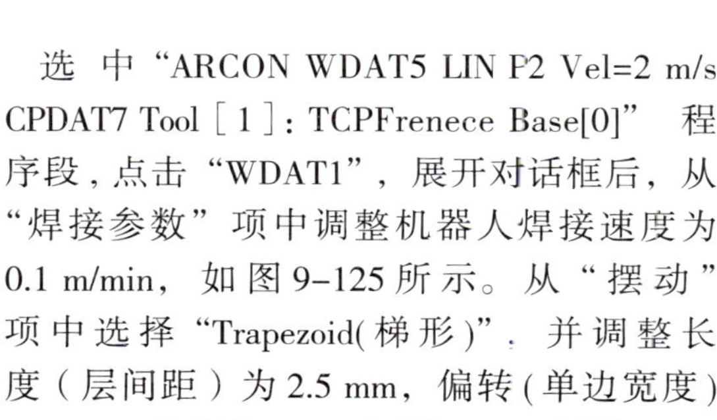 选中“ARCON WDAT5 LIN P2 Vel=2 m/s CPDAT7 Tool［1］: TCPFrenece Base[0]”程序段，点击“WDAT1”，展开对话框后，从“焊接参数”项中调整机器人焊接速度为 0.1 m/min，如图 9-125 所示。从“摆动”项中选择“Trapezoid(梯形)”，并调整长度（层间距）为 2.5 mm，偏转(单边宽度) 3.5 mm，角度为 90°，如图 9-126 所示。	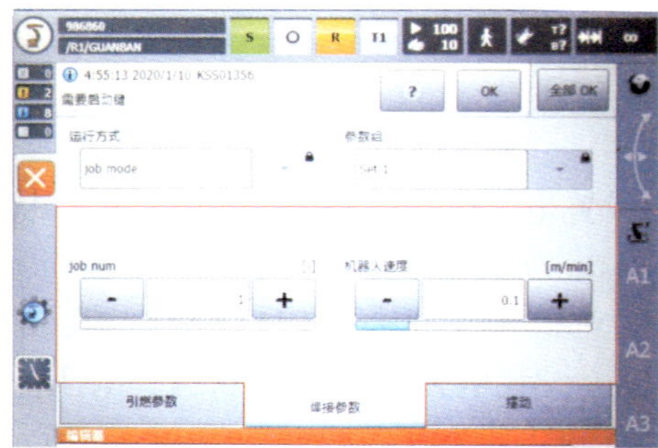 图 9-125　设置焊接速度 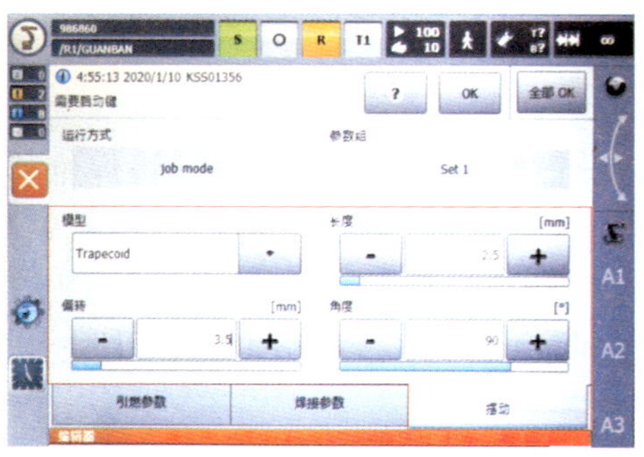 图 9-126　设置摆动参数

<table>
<tr><th>操作步骤及要领</th><th>图示</th></tr>
<tr><td>7）设置打底焊第一段圆弧辅助点（P3）、第一段圆弧终焊点（P4）位置。将焊枪移至第一段圆弧辅助点（P3）位置，如图 9–127 所示，点击“指令”键，从该栏中点击“ArcTech”，选择“ARC SWITCH”，将该语句中的“PTP”或“LIN”更换为“CIRC”，点击界面下方“Touchup 辅助点”，将焊枪移至第一段圆弧终焊点（P4）位置，如图 9–127 所示，点击界面下方“修整 Touchup 结束点”，最后点击“确定参数”，再点击指令“OK”，程序如图 9–128 所示。</td><td>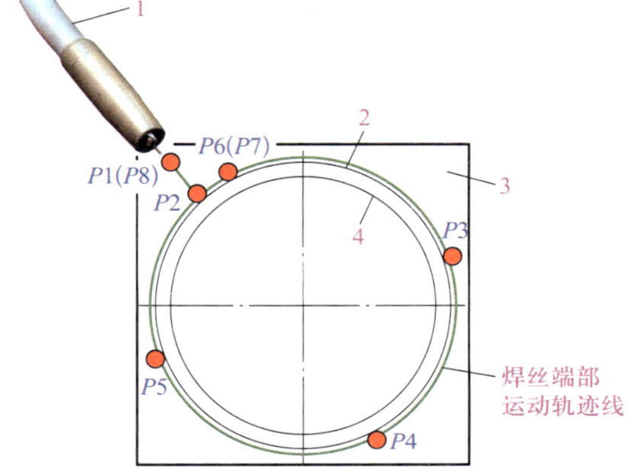

图 9–127　焊丝端部运动轨迹线
1—焊枪　2—钢管外壁　3—钢板　4—钢管内壁
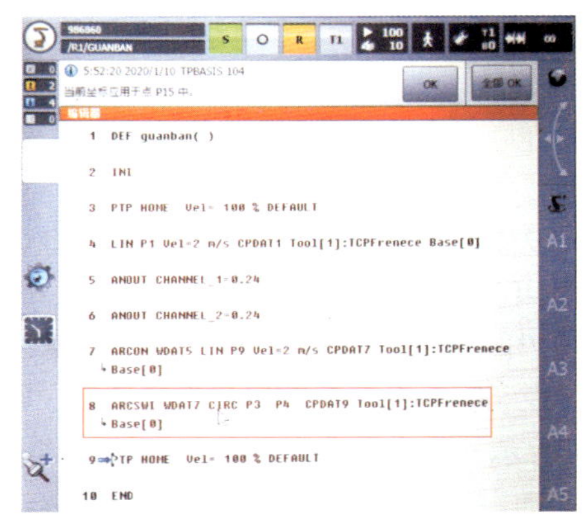

图 9–128　设置 P3、P4 位置</td></tr>
<tr><td>8）设置第二段圆弧辅助点（P5）、第二段圆弧终焊点（P6）位置。将焊枪移至第二段圆弧辅助点（P5）位置［此时默认上一段圆弧终焊点（P4）即为第二段圆弧的始焊点，此处不中断电弧］，如图 9–127 所示。点击“指令”键，从该栏中点击“ArcTech”，选择“ARC SWITCH”，将该语句中的“PTP”或“LIN”更换为“CIRC”，点击界面下方“Touchup 辅助点”，将焊枪移至第二段圆弧终焊点（P6）位置，如图 9–127 所示，点击界面下方“修整 Touchup 结束点”，最后点击“确定参数”，再点击指令“OK”，程序如图 9–129 所示。
第一段圆弧始焊点（P2）和第二段圆弧终焊点（P6）之间的距离约为 5 mm，目的是将焊缝重合一部分，将焊缝接头，形成一个封闭圆环。</td><td>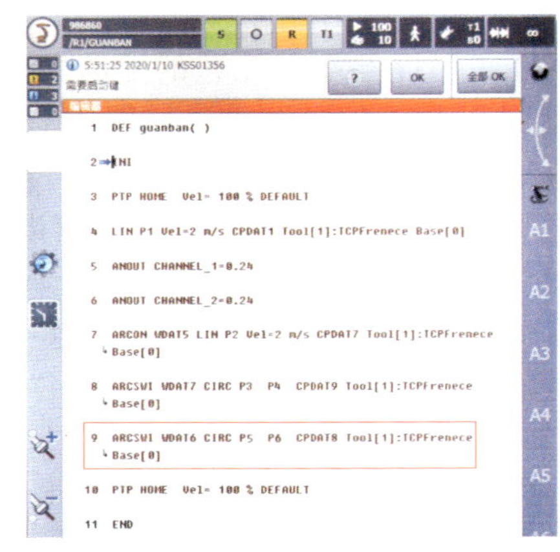

图 9–129　设置 P5、P6 位置</td></tr>
</table>

操作步骤及要领	图示
9）设置程序熄弧点（*P*7）位置。焊枪处于第二段圆弧终焊点（*P*6）位置不动，再点击“指令”键，从该栏中点击“ArcTech”，选择“ARC 关”，选中该语句中的“PTP”或“LIN”，点击“确定参数”，再点击指令“OK”，程序如图 9–130 所示。	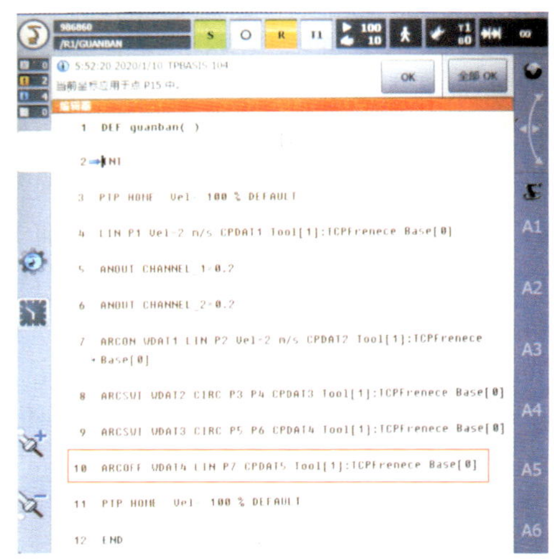 图 9–130　设置终焊点（*P*7）位置
10）设置安全过渡点（*P*8）位置。将焊枪移至结束处安全过渡点（*P*8）位置（*P*8 点可以与 *P*1 点相同，也可以不同，只要在返回 HOME 点不与焊件产生干涉即可），如图 9–127 所示，点击“指令”键，从该栏中点击“运动”，选择“PTP”或“LIN”，点击“确定参数”，再点击指令“OK”，程序如图 9–131 所示。 这样打底焊焊丝端部完整的运动轨迹线由两段圆弧共 8 个点组成，如图 9–127 所示。其中 *P*1 为始焊处安全过渡点，*P*2 为第一段圆弧始焊点，*P*3 为第一段圆弧辅助点，*P*4 既是第一段圆弧终焊点也是第二段圆弧始焊点，*P*5 为第二段圆弧辅助点，*P*6 为第二段圆弧终焊点，然后原地不动调用“ARC 关”，将 *P*6 重新命名为终焊点 *P*7，所以这里 *P*6 和 *P*7 两个点的位置是相同的，*P*8 为终焊处安全过渡点。	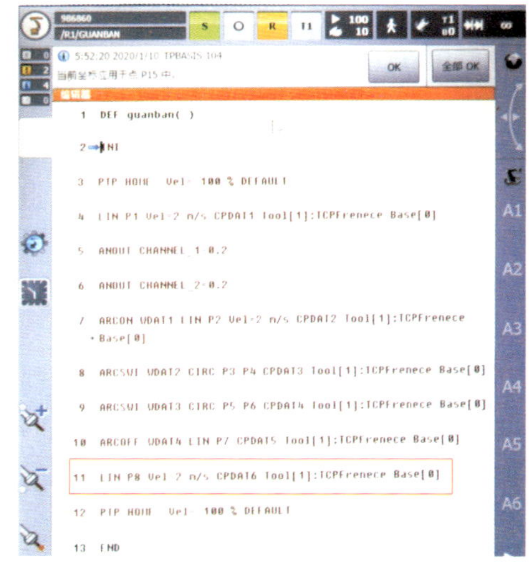 图 9–131　设置终焊处安全过渡点（*P*8）位置

<table>
<tr><th>操作步骤及要领</th><th>图示</th></tr>
<tr><td>11）返回安全位置。将焊枪返回安全位置（机器人原点位置），如图 9-132 所示，选中“PTP HOME Vel=100%”程序段，点击界面下方“更改”键，点击“确定参数”，再点击指令“OK”，程序如图 9-133 所示。</td><td>
图 9-132　焊枪返回安全位置
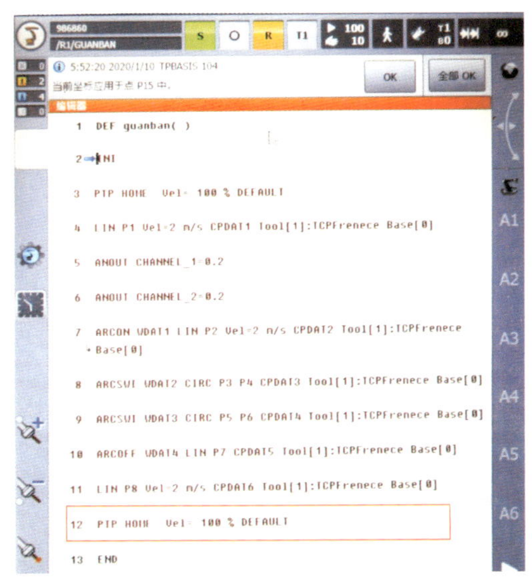

图 9-133　返回安全位置程序</td></tr>
</table>

续表

操作步骤及要领	图示
12）程序复位。点击“界面”上方“R”键，选择程序复位，如图 9–134 所示。 13）模拟运行。首先，模拟运行前检查通电状态，确认其关闭，如图 9–135 所示，设置运行方式，若设置运行方式为“动作”（见图 9–136），程序运行过程中在每个点上暂停，包括在辅助点和样条段点上暂停；若设置运行方式为“Go”（见图 9–137），则程序不停顿地运行，直至程序结尾。设置运行速度，如图 9–138 所示，然后在手动（T1）模式下（见图 9–12）按下启动键（见图 9–139），模拟运行程序。	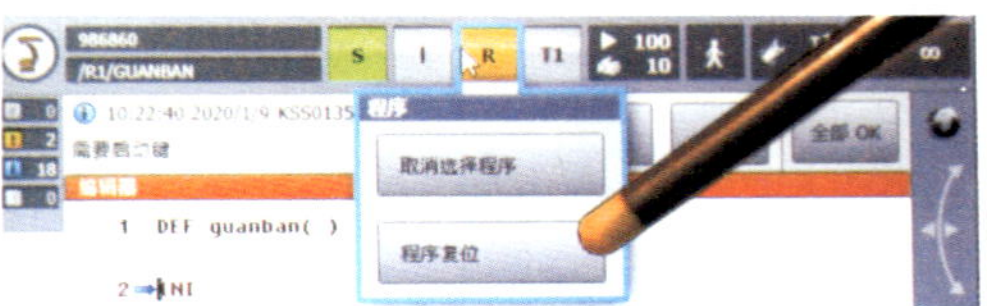 图 9–134　程序复位 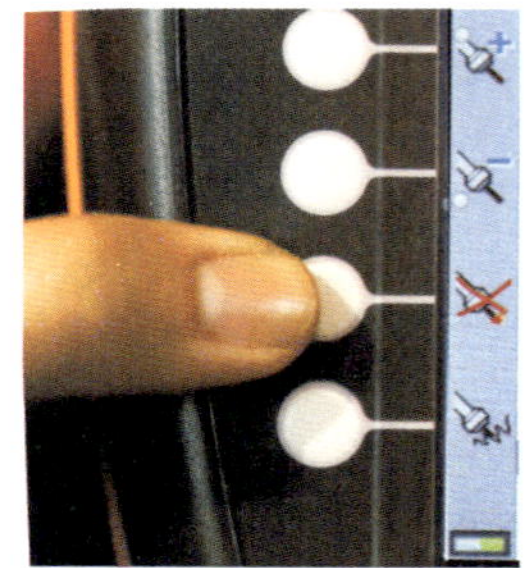 图 9–135　检查通电状态  图 9–136　设置运行方式—动作  图 9–137　设置运行方式—Go

续表

操作步骤及要领	图示
	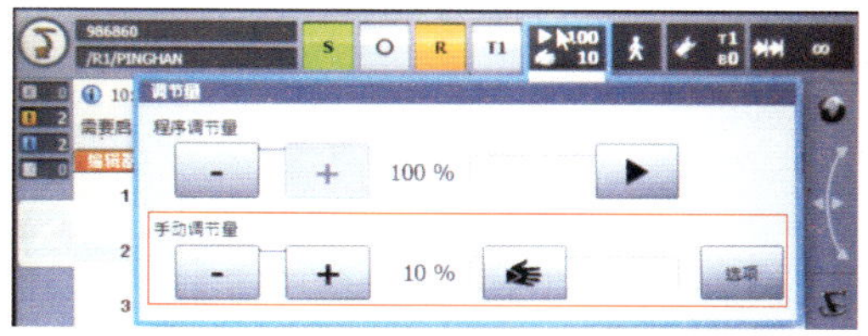 图 9-138　设置运行速度 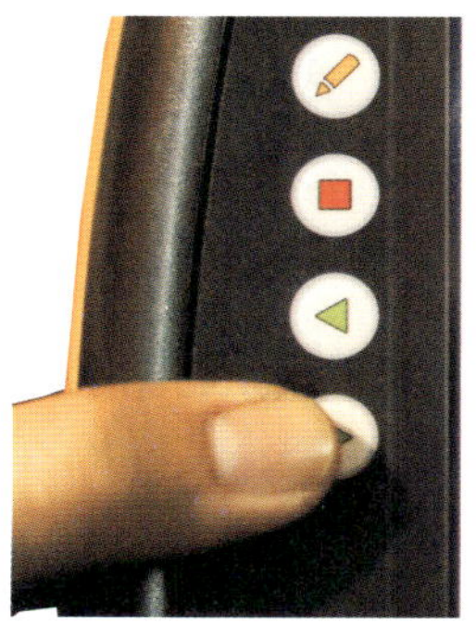 图 9-139　按下启动键
（2）焊接 如果程序经模拟运行无误，将示教器调至自动模式（见图 9-140），穿戴必要的劳动保护用品，开启通电键（见图 9-141），按下启动键（见图 9-139）进行通电焊接，并观察机器人运行情况，如图 9-142 所示，示教器可以挂在控制柜上或握于手中。	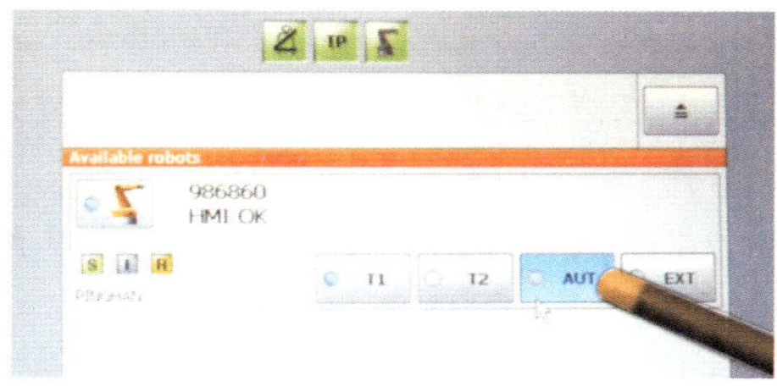 图 9-140　选择自动模式

续表

操作步骤及要领	图示
管板骑座式垂直固定俯位焊焊缝如图9-143所示。	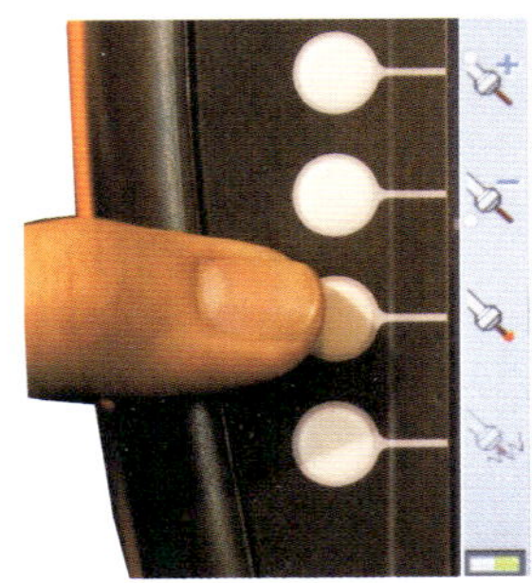 图 9-141　开启通电键  图 9-142　观察机器人运行情况  图 9-143　管板骑座式垂直固定俯位焊焊缝

注意事项

（1）在焊接过程中出现异常或感觉不安全时，要立即按下紧急停止按钮，使机器人停止工作。

（2）进入安全栅栏前，要将操作模式切换至手动模式（示教模式），操作人员必须随身携带示教器，以防他人误操作。

（3）机器人由于各种原因可能会出现预料之外的动作，操作人员应一直保持正面面对机器人进行操作（视线勿离开机器人），不能背对机器人，而且还要处于机器人动作范围外进行作业。

（4）工作结束后，应使机械手臂置于零位或安全位置。

5. 焊接质量要求

焊接机器人管板骑座式垂直固定俯位焊焊接质量要求如下：

（1）示教编程程序正确，焊接参数选择合理。

（2）焊缝两侧与母材熔合良好，焊缝波纹均匀、美观且无明显咬边、未熔合等缺陷。

（3）焊脚尺寸对称且满足尺寸要求。